Elogios para **Burro Genio**

"*Burro Genio* es un libro redentor, una celebración del coraje y la tenacidad de un hombre. La escritura de verdad, como nos muestra Villaseñor, debe encarnar las mismas cualidades."

—*Los Angeles Times Book Review*

"Un libro grande como una montaña. Gigante."

—RAY HOGAN, *San Antonio Express-News*

"Una poderosa autobiografía."

—*San Diego Union Tribune*

Victor Villaseñor es el aclamado autor de *Lluvia de Oro* y *Trece Sentidos*. Su obra le ha valido varios reconocimientos y honores a nivel nacional. Recientemente, fue nombrado miembro fundador de la fundación John Steinbeck. Vive en Oceanside, California.

OTROS LIBROS POR **Victor Villaseñor**

FICCIÓN

Macho!

NO-FICCIÓN

Jury: People vs. Juan Corona

Rain of Gold

Walking Stars

Snow Goose: Global Thanksgiving

Wild Steps of Heaven

Thirteen Senses

GUIONES

Ballad of Gregorio Cortez

Burro Genio

VICTOR VILLASEÑOR

Traducido del inglés por Santiago Ochoa

rayo *Una rama de* HarperCollins*Publishers*

Este libro está dedicado a Ramón y a los chicos de *Pozole* Town, Oceanside, así como a todos los niños y niñas del mundo que llegaron a la escuela con risa en sus ojos, amabilidad en sus corazones, y luego les "rompieron" su espíritu y su genio de manera sistemática. Pero de cuando en cuando, algunos reencontraron su espíritu gracias a un ángel-maestro que los ayudó a recobrar sus alas. A esas almas valientes, tanto de estudiantes como de maestros, les dedico este libro.

Los libros de HarperCollins pueden ser adquiridos para uso educacional, comercial o promocional. Para recibir más información, diríjase a: Special Markets Department, HarperCollins Publishers, 10 East 53rd Street, New York, NY 10022.

Diseño del libro por Shubhani Sarkar

Este libro fue publicado originalmente en inglés en el año 2004 en Estados Unidos por Rayo, una rama de HarperCollins Publishers.

Library of Congress ha catalogado la edición en inglés.

ISBN-13: 978-0-06-056683-8

ISBN-10: 0-06-056683-3

HB 09.09.2019

El Reino de Dios está dentro de todos nosotros.

Jesucristo

Lo que está ante nosotros y lo que está detrás de nosotros son asuntos de poca importancia, comparados con lo que está dentro de nosotros. Y cuando tomamos lo que está adentro y lo incorporamos al mundo, suceden milagros.

Ralph Waldo Emerson

Burro: Animal pequeño semejante al caballo, conocido también como "asno" desde los tiempos bíblicos. Es uno de los animales de carga más antiguos y utilizados en todo el mundo. Animal que se suele cruzar con caballos para obtener mulas, bestias de carga que son más grandes y más fuertes que los burros.

Genio: Deidad protectora o espíritu de una persona; espíritu o habilidad natural. Según antiguas creencias romanas, espíritu protector asignado a una persona desde su nacimiento; deidad tutelar de donde proviene el espíritu de una persona, lugar, etc. Persona que posee una gran capacidad mental o inventiva, especialmente una gran originalidad y creatividad para las artes, las ciencias, etc.

Prólogo

Comencé a escribir este libro en el verano de 1962, cuando tenía veintidós años. Desde hacía dos años escribía cuentos, así que pensé que ya estaba preparado para escribir un libro. Ese año hice seis borradores diferentes de este libro y envié cada borrador a un editor, pero sólo recibí rechazos. El libro se me convirtió en una obsesión. Me emocionaba más después de cada rechazo, porque veía cómo rescribirlo y tal vez, sólo tal vez, cómo mejorarlo un poco.

Empecé a levantarme a las dos o a las tres de la mañana y a trabajar de doce a quince horas diarias. Escribir me producía un agotamiento emocional tan fuerte que al final del día me sentía enfermo. Mi familia se preocupó por mí y le pidieron a un amigo, un escritor de Los Ángeles, que me visitara. Me dijo que se había enterado que yo estaba completamente dedicado a la escritura, así que estaba dispuesto a sacrificar un poco de su apretada agenda para echarle un vistazo a mi trabajo. Le di la última versión del manuscrito. Se lo llevó a su casa y regresó a la semana siguiente. Tenía la cara larga. Me dijo que sentía decírmelo, pero que como amigo de la familia, tenía la obligación de ser sincero, y afirmó sin rodeos que yo no tenía talento, que el libro era pésimo y que yo trataba de escribir más allá de mis capacidades mentales.

Luego me explicó que el mundo de los escritores era muy competitivo y que darme ánimos no sería lo más apropiado. Me sugirió que lo mejor que yo podía hacer era dejar de escribir, que no desperdiciara mi juventud y que más bien sacara provecho de todos los negocios de mi padre. Le di las gracias y mirándome a los ojos me dijo algo sumamente extraño: No vas a creer nada de lo que dije, ¿verdad?

"No," respondí.

Meneó su cabeza. Era evidente que estaba muy preocupado. Pocos meses más tarde me enlisté en el Ejército. Me llevé la última versión del manuscrito y traté de trabajar en ella mientras prestaba el servicio militar. Cuando regresé a Estados Unidos, trabajé en el libro a un ritmo frenético durante algunos años, con lo que había aprendido en el extranjero. Finalmente lo abandoné, me apropié de las herramientas que había desarrollado como escritor, escribí tres libros y los envié a distintas editoriales, pero lo único que recibí fueron más rechazos. Tenía casi treinta años cuando escribí *Macho!* Después de 265 rechazos, por fin logré que me publicaran. Inmediatamente comencé a trabajar en el libro que tienen en sus manos, creyendo que podía sacarlo adelante, pero estaba equivocado.

Vendí otros libros durante las décadas siguientes, pero siempre regresaba a éste. Acumulé más de cien borradores diferentes. Me casé, me convertí en un escritor reconocido y exitoso, tuve dos hijos, pero sin importar cuánto tratara de sacar este libro adelante, no conseguía dar en el blanco, aunque algunos editores me decían que algunas partes del libro eran hermosas. Luego mi padre pasó al Otro Lado, al igual que mi madre, y de alguna manera, con ellos dos en el Mundo Espiritual al lado de mi hermano Joseph, la Voz en mi interior se hizo más fuerte y completamente clara, y pude entonces terminarlo.

Gracias. Tuve que deambular cuarenta años por las selvas de mi mente, mi corazón y mi alma para finalmente escribirlo. Disfrútenlo. Es de mi familia para tu familia.

LIBRO **uno**

CAPÍTULO **uno**

Había escrito durante quince años, recibido más de 260 rechazos y logrado publicar—a Dios gracias—mi primer libro. Era el año de 1973. Yo tenía treinta y tres años y estaba en Long Beach, en un congreso de la CATE, es decir, de la Asociación de Profesores de Inglés de California. Me encontraba en la parte trasera del salón junto a otros cinco escritores que ya habían publicado libros. Estábamos esperando que apareciera el conferencista que pronunciaría el discurso de apertura. No sólo era un escritor que había publicado libros como el resto de nosotros. No; también había escrito un best seller, era un conferencista conocido a nivel nacional, y en cualquier momento llegaría para pronunciar el discurso de apertura ante todos los asistentes al congreso.

Karen, la publicista de nuestra editorial, estaba más nerviosa que el diablo y caminaba de un lado a otro del salón, tratando de pensar en una solución. El escritor del *best seller* debería haber llegado treinta minutos atrás. Se suponía que tomaría el último vuelo del día anterior desde la Costa Este y llegaría esa mañana.

Yo también me sentía bastante nervioso, pues nunca antes había estado con tantos escritores. De hecho, hacía apenas seis meses ni siquiera conocía a un escritor, hasta que fui a la sucursal de Los Ángeles de la editorial neoyorquina que pensaba publicarme. Cuando supe que me iban a publicar un libro, llamé a mi papá y mi mamá de inmediato, gritando al cielo lo emocionado que estaba, pues la editorial Bantam de Nueva York publicaría mi libro *Macho!*

El salón donde nos encontrábamos era pequeño, pero parecía mucho más grande debido a la ansiedad reinante. Yo no tenía ni la más mínima idea de lo que podrían esperar de mí, así que me quedé solo en una esquina para no correr riesgos y me dediqué a observar todo lo que sucedía. Diablos, la única razón por la que estaba allí era porque Karen Black —nuestra publicista—que era blanca, me había llamado de repente el día anterior en la tarde—creo que a última hora—y me había dicho:

"¿No vives al sur de Long Beach?"

"Sí. Así es," le respondí.

"Bien. Espero que no estés muy ocupado ni que te molestes por haberte llamado tan tarde, pero verás, varios de nuestros escritores ofrecerán talleres durante el congreso de la CATE este fin de semana en Long Beach. ¿Por qué no vienes y nos acompañas?"

"¿Cat? ¿Qué es eso?" le pregunté.

"No. CATE, la Asociación de Profesores de Inglés de California. Compran muchos libros. Este congreso es muy importante para nosotros y también podría serlo para ti."

"Ah, entiendo. Sí, claro que iré," dije, respirando profundo. "¿Se supone que asistiré a uno de los talleres?"

"Pensábamos que podrías dictar un taller."

"¿Yo?"

"Claro que sí. Eres un escritor que ya ha publicado."

El corazón comenzó a latirme con fuerza. "¿De qué podría dictar yo un taller a unos maestros de inglés?"

"De tus experiencias con la escritura, de algún maestro especial de inglés que te haya servido de estímulo para convertirte en escritor," dijo tratando de cautivarme. "Hasta luego. Nos vemos allá. No te preocupes. Eres muy creativo, ya saldrás con algo."

Me dio la dirección y al día siguiente salí en mi camioneta blanca desde Oceanside, donde vivía en el mismo rancho en el que me crié, camino a Long Beach. Nunca en mi vida había oído hablar de CATE, y mucho menos sabía lo que significaba dictar un taller. Lo único que sabía era que había perdido dos veces el tercer grado porque no pude aprender a leer, y que tuve muchos problemas durante la primaria y la secundaria. Y luego de diez años de estar escribiendo, finalmente pude venderle mi primer libro a una de las principales editoriales de libros populares de bolsillo, con sede en Nueva York.

Y en ese momento, mientras estaba en un rincón, me sentí muy verde. A fin de cuentas, todos los escritores que estaban en el salón ya habían publicado varios libros y hablaban entre ellos como si fueran grandes amigos, intercambiando historias sobre sus publicaciones, riendo con alegría, comiendo galletas y tomando café. Yo tomaba agua, pues un solo sorbo de café hubiera bastado para enviarme al techo. Una vez que escuché la plática alrededor de la mesa de los refrigerios, me di cuenta que esos escritores no sólo tenían libros publicados, sino que casi todas las primeras ediciones habían salido en pasta dura y luego en ediciones masivas de bolsillo.

Constaté rápidamente que el hecho de que me hubieran publicado un libro en edición de bolsillo no era algo que me diera mucho prestigio. Los libros de bolsillo no se reseñaban, y era gracias a las reseñas que un escritor llamaba la atención, obtenía respeto y vendía libros. Chingaos, estaba tan verde aún que sólo unas semanas atrás había sabido qué era una reseña, así que no dije nada y más bien escuché con atención, tratando de aprender todo lo que pudiera sin demostrar mi ignorancia. Advertí que los demás escritores vestían ropas de ciudad. Pensé que había sido un error haberme puesto mis Levi's, mis botas de vaquero, un cinturón con hebilla grande, una camisa del Oeste y mi viejo blazer azul.

Del otro lado de las puertas cerradas del salón adyacente se escuchaba el bullicio tenue y sordo de los asistentes al congreso mientras almorzaban. Me imaginé que debían ser muchas personas, debido al sonido y al alboroto producido por los platos y las conversaciones. La publicista de nuestra editorial fumaba un cigarrillo tras otro mientras caminaba por el salón. Luego de mirar su reloj por enésima vez, Karen envió a Sandy—su asistente—al vestíbulo a ver si había mensajes, y le dijo que saliera al estacionamiento y echara un vistazo. Todo era como una película; ahí estaba yo, en el salón de atrás, junto a un grupo de escritores de verdad, y en cualquier instante un autor conocido en todo el país llegaría atravesando de prisa el corredor y nos conduciría a través de aquellas puertas cerradas, en donde nos esperaba todo un congreso de maestros.

El corazón me latía con fuerza al menos un millón de veces por hora de tanta emoción. Después de varios años, yo era finalmente un escritor publicado, comiendo palitos de zanahoria al lado de otros escritores publicados. Antes de asistir a ese congreso, sólo había visto escritores en las contratapas de los libros y en pósters de bibliotecas y librerías. Tuve que pellizcarme una y otra vez para estar seguro de que todo lo que veía era realmente cierto. Cada día de los últimos trece años había soñado con algo semejante.

De repente, Sandy entró apresurada al salón y le entregó una nota a Karen. Nuestra publicista la leyó y parecía que iba a gritar pero en vez de ello lanzó una maldición.

"¡Maldita sea!," dijo. "¡No vino en el último vuelo! ¡El avión acaba de aterrizar! ¡El chofer de la limosina dice que tardará cuarenta minutos cuando menos, y no podemos dejar esperando más al público!"

¡Ah! Parecía que a cada segundo que transcurría, todo se asemejaba cada vez más a una película de acción. Karen se dirigió a donde estábamos nosotros, al otro lado del pequeño salón verde y beige, a un costado de la mesa de los refrigerios.

"¿Alguno de ustedes ha pronunciado un discurso de apertura?" preguntó.

Ninguno de nosotros respondió. Apenas si nos miramos unos a otros.

Al ver nuestra reacción, Karen atravesó el salón con pasos largos y seguros. Noté su determinación. Conseguiría lo que quería de nosotros en ese instante.

"Escuchen," nos dijo en tono calmado pero contundente. "Detrás de esas dos puertas verdes hay una sala de convenciones repleta de maestros de inglés. Han esperado pacientemente durante más de media hora. Necesito que alguien se ofrezca para dar el discurso en menos de cinco minutos. ¿Alguno de ustedes puede hacerlo?"

Miré a mis compañeros y no podía creerlo; ninguno de esos escritores, que habían publicado libros de tapa dura y sabían mucho más que yo acerca de lo que estaba sucediendo, dio un paso adelante.

"¡Yo puedo!" dije en tono fuerte y decidido.

Ella me miró, vio el sombrero en mi mano—del que yo me sentía muy orgulloso, pues mi papá me lo había regalado—observó mi camisa, mis jeans y mis botas.

"¿Cuál es tu libro?"

"*Macho!*" respondí.

"Se trata de chicanos, ¿verdad?"

"No, en realidad no. Es sobre un niño mexicano indocumentado que cruza la frontera hacia los Estados..."

"Chicanos, mexicanos... son casi la misma cosa, ¿verdad?"

"Bueno, en cierto modo, sólo que son completamente diferentes, porque los primeros han nacido en los Estados Unidos y los segundos en..."

"¿Has hablado en público?"

"Bueno, no. En realidad no, pero sé que puedo hacerlo, así como... bueno... como sabía que algún día me publicarían un libro."

"¿Cuánto tiempo tardaste en hacerlo?"

No me estaba gustando la forma en que me miraba. "No mucho," dije, mintiendo.

Ella se alejó y preguntó "¿Hay alguien más entre ustedes que haya ofrecido un discurso de apertura?"

Una escritora, la más elegante entre todos nosotros y que según mis cálculos debía tener alrededor de cuarenta años, dijo, "yo he ofrecido varios discursos de apertura, pero siempre me han avisado con antelación, para poder prepararlos."

"¿Tienes algo preparado para tu taller?"

"Por supuesto que sí. Pero estoy segura que sabes que hay mucha diferencia entre un taller y un discurso de apertura," dijo, levantando la ceja derecha, en uno de los gestos más dignos que haya visto.

Karen se dirigió a mí y me dijo: "¿Te das cuenta que hablar en público es algo muy diferente a escribir? Son muy pocos los escritores que son buenos oradores. Se escribe en privado, pero se habla en... Creo que es mejor esperar un poco," añadió, dirigiéndose a Sandy, su asistente.

Karen comenzaba a disgustarme cada vez más. Claro que era bonita, bien vestida, probablemente había sido la mejor estudiante de su curso durante la primaria, la secundaria y la universidad, pero no parecía ser una persona muy abierta o flexible. Me agradaba mucho más Sandy, pues parecía ser más suave, menos sentenciosa, y más abierta. Me imaginé que Karen era soltera y que debía tener alrededor de treinta y cinco años. Y estaba seguro que Sandy—que aún no había cumplido los treinta—tenía novio y había sacado algo más que *Aes* durante su época de estudiante. En cuanto a mí, casi siempre saqué *Ces*, fui luchador, trabajador en el rancho, y tuve una novia a la que le propuse matrimonio pero me rechazó. Además, yo tenía una cara tan infantil que hasta hacía dos años, siempre me pedían identificación en los bares.

Sandy le susurró algo breve a Karen "¡Está bien!" dijo nuestra publicista. "¡Buena idea! Tú," dijo mirándome, "ven conmigo, pero deja el sombrero. ¿Le damos otra camisa? El público es muy educado."

Cerré los ojos para concentrarme en el hecho de que, según deduje, se había decidido que yo daría la conferencia principal, así que mi ropa no era lo más importante.

Seguí a Karen y a Sandy a través del corredor y de repente sentí deseos de orinar. Lo mismo me sucedía en secundaria, cuando era luchador. Me ponía muy nervioso antes de cada pelea y tenía esa horrible sensación de orinar. Pero iba al baño y no podía hacerlo por más que lo intentara. Sin embargo me asustaba decirle esto a Karen y a Sandy, así que las seguí por el largo y estrecho corredor.

Sandy le susurró a Karen en varias ocasiones y luego me miraba. Ella me agradaba; no me miraba como si fuera una lechuga que no encajara con las demás. Escuché su conversación. Sandy le insistía a Karen que estábamos en la Costa Oeste y no en Nueva York, y que en ese sentido un escritor mexicano-americano podría encajar perfectamente con el grupo de maestros, especialmente luego de todas las noticias que aparecían diariamente acerca de César Chávez y de sus compañeros agricultores.

"Está bien," dijo Karen, "puede que funcione. Pero ¿qué pasó con el orador suplente? En estos eventos tan importantes siempre debe haber uno."

Sandy me miró. "Está en el bar," le dijo a Karen. "Lo acabo de ver, pero no creo que podamos contar con él."

"¡Otro escritor borracho! Era lo único que faltaba. Pero no importa, iremos con este escritor. ¿Tenemos algo sobre él? ¿Quién lo va a presentar?"

"Yo puedo hacerlo," dijo Sandy, sonriéndome. "Acabo de leer su biografía. Es muy sólida."

"¿En serio?" exclamó Karen, como si estuviera admirada.

"Está bien, entonces creo que es nuestro hombre del momento." No podía creerlo, pues Karen me miró y me sonrió como si yo hubiera sido ido su primera elección y me preguntó: "¿Cómo te sientes? ¿Hay algo que podamos hacer por ti?"

Me dieron ganas de responderle, "No, gracias, señorita. Ya me has sacado la mierda." Pero sólo le dije, "No, sólo necesito ir al baño y estaré listo."

"¿Te sientes mal?" me preguntó con el rostro descompuesto.

Tuve que respirar profundo. "No, sólo necesito orinar," le respondí.

"¡Ah, bueno! ¡Maravilloso! Sandy, muéstrale el baño. Yo iré a decirle al público que en dos minutos comenzamos. "¿Crees que alcanzarás a estar listo?" me preguntó.

"Claro que sí," dije asintiendo.

"Bien, date prisa entonces. Este discurso es muy importante para nosotros. Dentro de pocos minutos, muchos maestros y distritos escolares sabrán de ti y de tu libro. ¿Hablas bien inglés? Supongo que sí."

Decidí que era mejor no decirle que había perdido dos veces el tercer grado, ni que nunca pude tomar clases de literatura en la universidad porque no conseguí aprobar los cursos remediales de inglés. Me di vuelta sobre mis talones. Se me estaba agotando la paciencia con ella.

"Por favor, no te tomes muy en serio lo que ha dicho Karen," me dijo Sandy mientras cruzábamos apresurados el corredor en dirección al baño. "Cuando la conozcas un poco, te darás cuenta que es muy buena persona. Lo que pasa es que está muy presionada. Este tipo de situaciones pueden ser muy difíciles para un publicista."

Cuando pasamos por el bar, reconocí al famoso escritor de ciencia ficción, bebiendo y comiendo maní. Llegamos al baño y me detuve; Sandy estaba tan cerca de mí que creí que entraría al baño conmigo.

"Te esperaré aquí," me dijo. "Y por favor pásame tu sombrero para que puedas peinarte."

No quería hacerlo, pero se lo pasé.

"¿Tienes un peine, verdad?"

"Sí," respondí, sintiendo como si de repente tuviera una nueva mamá.

"Disculpa que hayamos sido tan agresivas," me dijo, "pero supongo que sabrás que a veces es muy difícil manejar escritores."

Asentí y entré al baño. Inmediatamente me dirigí al orinal y comencé a desabotonarme mis Levi's. Siempre me ponía los Levi's viejos y tradicionales con bragueta porque tenían el tiro corto. Mis piernas son largas para mi estatura, pero mi torso es corto, y los nuevos Levi's de cierre me llegaban muy arriba de la cintura.

No pude orinar por más que lo intenté. Además, tenía que salir pronto. Atravesé el inmenso baño. Estaba completamente solo. Me lavé las manos y me mojé la cara con agua fría. Y luego me acordé de una chica que conocí en San Francisco, poco después de haber salido del Ejército, que siempre que orinaba abría la llave del agua. Yo creía que lo hacía porque no quería que nadie escuchara el sonido que producía al vaciar el excusado, pero ella me explicó que el sonido del agua la relajaba y le ayudaba a orinar con más facilidad. Decidí intentarlo.

Me sequé las manos y la cara, dejé abierta la llave del agua, atravesé el baño y regresé al orinal. Cerré los ojos, respiré despacio y finalmente comencé a orinar. Lo hice durante un largo tiempo y todavía estaba en esas cuando tocaron la puerta. No respondí y seguí orinando. Era como si nunca fuera a terminar de hacerlo.

Luego—y por increíble que parezca—alguien abrió la puerta. "¿Estás bien?" preguntó una voz femenina. Era Karen. "Todo el mundo te está esperando."

"Sí," respondí, completamente molesto.

"Ya sabes que han pasado más de dos minutos."

"Por favor," le dije. "¡Estoy ocupado! ¡Ya salgo!"

"No estás enfermo, ¿verdad?"

"No, estoy bien. Pero cierra la puerta por favor."

Terminé de orinar cuando cerró la puerta, me abotoné los pantalones, regresé al lavabo, me lavé de nuevo la cara con agua fría y cerré la llave. Me pregunté si ella habría pensado que el sonido del agua de la llave lo había producido yo al orinar. Me reí. Era realmente divertido. Tomé un par de toallas de papel, me sequé las manos y la cara, luego me miré al espejo y vi mi cara ancha y de pómulos salientes, mi pelo negro y lacio. Respiré profundo un par de veces, tal como lo hacía en la secundaria antes de una pelea de lucha y luego dije en español—nunca en inglés—"Papito Dios, por favor, Papito. Tienes que estar cerca de mí. Necesito Tu ayuda. De veras. Gracias."

Luego me di la bendición, me sentí mejor y supe que estaba completamente listo, con el favor de Dios. Cuando estaba en segundo año de secundaria, estuve en el equipo de lucha de la escuela, gané nueve peleas de doce, varias de ellas contra juniors y seniors que eran dos o tres años mayores que yo. Sentí que si pude hacer eso, también podía hacer esto. No hay problema. Me di vuelta y salí del baño.

Karen y Sandy me esperaban al lado de la puerta. Karen me tomó del brazo. Tenía mucha fuerza. Me condujo rápidamente a través del vestíbulo y luego cruzamos el corredor en dirección a la puerta trasera del centro de convenciones. Intenté quitarle mi sombrero a Sandy, pero Karen me dijo: "¡De ningún modo! Te lo guardaremos hasta que termines de hablar."

Yo siempre usaba sombrero. Había adquirido esta costumbre desde niño, cuando veía a Beeny y Cecil, la serpiente marina que aparecía en la televisión infantil. Beeny siempre se ponía un sombrero antes de hacer algo importante. Y mi papá, que algunas veces sacaba tiempo para ver conmigo los programas infantiles que pasaban por la televisión, me dijo que estaba de acuerdo con Beeny en un 110 por ciento, pues él también siempre se ponía el sombrero cuando jugaba póquer o cuando tenía que decidir algo importante.

"Oye, quiero mi sombrero," le dije a Karen cuando llegamos al final del corredor.

"No," respondió ella, arrebatándole el sombrero a Sandy y escondiéndolo detrás de su cuerpo. "No permitiré que uno de nuestros escritores salga con un sombrero viejo y ridículo. Ya es suficiente que lleves puesta esa camisa del Oeste tan escandalosa y ese cinturón con una hebilla tan ancha. ¿Acaso no entiendes? Ya eres un escritor publicado. Estás en las grandes ligas."

Respiré profundo. Ese fue el detonante. Ya me había hostigado bastante. Si las mujeres pueden vestir ropas de colores vivos e incluso sostenes con relleno, ¿por qué un hombre no podía ponerse una camisa de color turquesa fuerte y un cinturón de hebilla grande? Era probable que ella tuviera puesto un sostén con relleno. Sandy nos abrió la puerta y en un abrir y cerrar de ojos, ahí estaba yo, al lado de Karen y de cinco escritores en una sala enorme que se extendía en todas las direcciones. El lugar estaba atestado de asistentes sentados alrededor de grandes mesas redondas, casi diez por cada una. Parecía como si hubiera varios centenares, y noté que ya habían comido, que estaban tomando el café y el postre, y que parecían inquietos.

Quedé paralizado. El asunto era algo mucho más importante de lo que yo había imaginado. Sandy agarró el micrófono de inmediato. Tenía un ejemplar de mi libro *Macho!* en sus manos. Miró la contratapa y comenzó a leer y a presentarme al público. Miré alrededor. Necesitaba con urgencia el sombrero que me había regalado mi papá, así fuera para tenerlo en mis manos. Miré a Karen, quien sonreía radiante de felicidad al público con mi sombrero debajo de su camisa, como si estuviera tratando de escondérmelo. Respiré profundo; desde que me acompañó al baño me había tratado como si yo fuera un niño.

Sandy ya casi había terminado de presentarme. Le estaba diciendo al público que yo era uno de los nuevos escritores que había publicado su editorial. "Escribió un libro excelente, titulado *Macho!* pero no es sobre machismo. Narra la historia de un indígena tarasco que viaja desde Michoacán, México, a los Estados Unidos y trabaja en el campo junto a César Chávez." Todos comenzaron a aplaudir, incluso Karen, y en ese instante, mientras sostenía el sombrero para aplaudir, di un paso adelante y se lo arrebaté, me di vuelta y me dirigí al micrófono antes de que pudiera decir o hacer algo.

Yo estaba aterrado, sin embargo me sentía mejor ya que tenía el sombrero de mi padre conmigo. Ese era mi soporte para enfrentar el mundo. Me puse el viejo, sudado y manchado sombrero Stetson e instantáneamente me sentí mejor. Luego miré a Sandy, quien me estaba dando el micrófono, y le di un abrazo agradeciéndole su hermosa introducción. Sentí su cuerpo tenso y empecé a asustarme. Pero al ella escuchar mis palabras de agradecimiento en su oído, se relajó y me devolvió el abrazo. Esto me hizo sentir mejor. Yo estaba listo. Ya había llegado a ese lugar tranquilo y seguro dentro de mí al cual necesitaba llegar. Ella dio la vuelta alrededor mío pero no me dio el micrófono, en su lugar lo acomodó en el soporte metálico construido en la parte superior del podio, el cual estaba hecho de un roble hermoso. Respiré. Ella había sido astuta al hacer esto. Mis manos temblaban demasiado para que ella me diera el micrófono. Pero yo no estaba preocupado. Yo había tenido algunos de mis mejores combates de lucha cuando estaba herido de esta manera.

Sandy se alejó y ahora estaba solo, parado frente a la más grande conglomeración de personas que jamás había visto, excepto obviamente por la pista de carreras de Del Mar. No tenía ni idea de qué hacer, y mucho menos por dónde empezar. En el baño, había pensado en la posibilidad de simplemente abrir mi libro y leer acerca del volcán Paricutín en el estado de Michoacán, México, donde mi novela comienza mi libro.

Pero entonces, también me había acordado cómo durante toda mi vida, había tenido tantos problemas leyendo, especialmente en voz alta, que eso ya no sería la mejor opción para mí. Demonios, para entonces yo ya estaba en quinto grado.

Me daba tanta timidez leer en voz alta que prefería que la maestra me golpeara con la regla antes que pasar la vergüenza de que mis compañeros se dieran cuenta de lo mal que leía.

Comencé a sentir la cabeza acalorada. Me quité el sombrero, lo puse en la tarima y seguí observando al público, compuesto en su mayoría por anglosajones. Había unos pocos negros aquí y allá, pero no pude ver un solo rostro moreno como el mío.

Respiré una vez más y decidí hablar, decirles simplemente cómo había logrado este libro tras entrevistar a algunos de los personajes en nuestro rancho, y cómo combiné la historia del personaje principal con dos de nuestros vaqueros. Luego les explicaría que había concluido que no bastaba con entrevistar personas, y que yo mismo había cruzado la frontera ilegalmente por Mexicali y había trabajado recogiendo melones en Bakersfield, y luego en Fireball, la capital mundial del melón.

Luego, no sé qué fue exactamente lo que me sucedió, pero cuando vi toda esa cantidad de personas, y me di cuenta de que todos eran... maestros de inglés, sentí que se me iba a REVENTAR el corazón. Pero no de miedo sino de puro coraje, y en ese instante supe exactamente qué era lo que realmente quería decirles.

Respiré una vez más. Algunos de los maestros se pusieron de pie con la intención de irse, pero eso no me atemorizó, así como tampoco había sentido temor en las peleas de lucha, cuando notaba que mis adversarios no sentían mayor respeto por mí. En algunas de estas peleas había salido con la velocidad de un rayo, tomando por sorpresa a rivales mayores y con más experiencia que yo, y los había neutralizado en cuestión de segundos.

"¡DISCÚLPENME!" grité, sin darme cuenta que el micrófono amplificaría con un volumen estruendoso. "PERO ENTIENDO que todos ustedes son maestros de inglés." Mi voz retumbante hizo que todos permanecieran en su sitio. Miré a Karen y a Sandy, que estaban a unos veinte pies a mi derecha. Karen parecía como si fuera a cagarse en cualquier momento.

Cerré los ojos, me saqué a los publicistas y a todo lo demás de mi cabeza, y me monté a horcajadas en un caballo de mil libras ¡a lo charro chingón! ¡A diez pies de altura! ¡Más rápido y más fuerte que cualquier persona en el mundo! Abrí mis ojos y capté la atención del podio como lo haría con un becerro al enlazarlo. "¡Alguna vez tuve un maestro de inglés!" dije, sintiendo mi corazón en la garganta. Unos sonrieron, otros se rieron, y los que se habían puesto de pie se sentaron de nuevo. "Y hasta el día de hoy... realmente espero... con todo mi corazón... que ese maestro de inglés ¡SE MUERA LUEGO DE UNA DOLOROSA AGONÍA QUE DURE AL MENOS UNA SEMANA! ¡PORQUE!" grité a través del micrófono mientras agarraba el podio con tal fuerza que lo sacudí, a pesar de lo sólido que era. "¡Puedo perdonar a los padres malos! ¡Porque tal vez se trate de un accidente! ¡Tal vez ni siquiera hubieran querido ser padres! ¡Pero los maestros no son accidentales! ¡Se estudia para ser maestro! Se tiene que trabajar en ello durante años. Así que no puedo y no perdono a los maestros que son abusivos, rudos y que torturan a los niños con comas, puntos y faltas de ortografía, y los hacen sentir poco menos que humanos porque no logran o no pueden hacerlo bien.

Pero por otra parte, le pido a Dios, con toda mi alma y corazón, que todos los buenos maestros...los que son pacientes... atentos... considerados y amables, se vayan al cielo cuando mueran y sean recompensados con helado de vainilla y pastel de manzana ¡POR TODA LA ETERNIDAD! ¡Porque, ustedes saben, un mal maestro, como Moses, el terrible maestro que tuve en Carlsbad, puede matar a los estudiantes aquí en el corazón, y no sólo con sus pruebas, sino con el aire superior y las sonrisas taimadas que les da a los mejores estudiantes, pero nunca a quienes también estudian mucho, o tal vez más que los otros—como yo—pero que no obtienen los resultados esperados!"

"¡Fui TORTURADO por varios maestros! ¿Me escucharon? ¡TORTURADO!" Grité levantando el podio del suelo. "Chingaos, perdí dos veces tercer grado porque, PORQUE..." Estaba llorando tanto que tuve que secarme las lágrimas de mis ojos con las manos, pero no estaba dispuesto a detenerme. Me llené de valor. Sentí la misma sensación agradable de aquel lugar infalible que se apoderaba de mí cuando estaba todos los días en mi cuarto, escribiendo antes del amanecer... con todo mi corazón y mi alma.

"¡DE VERAS!" grité. "ENTIENDAN que esto, de lo que estoy hablando, es ¡IMPORTANTE! ¡Escribí durante diez años antes de que me publicaran! ¡Había escrito más de seis libros... sesenta y cinco cuentos y cuatro obras de teatro... y me habían rechazado más de doscientas sesenta veces antes de publicarme por primera vez! Lo que me sostenía año tras año era el odio y la rabia por los maestros abusivos... con la esperanza de que algún día fuera publicado y tuviera una voz, para poder así marcar una diferencia, aquí abajo, en nuestros corazones y entrañas," dije, agarrándome mis propias entrañas, "donde realmente vivimos, ¡si es que hemos de vivir una vida que valga la pena! ¡Porque, ustedes saben que la verdadera enseñanza no consiste en enseñar aquí, en el cerebro," dije, golpeándome en la frente, "sino que también consiste en estimular a los estudiantes a tener corazón... compasión, agallas, entendimiento y esperanza!"

"Mi abuela—Dios bendiga su alma—¡una india yaqui del norte de México, es la mejor maestra que he tenido! ¿Y saben qué me enseñó? Que todos y cada uno de los días son un milagro que nos ha concedido Dios, y que el trabajo, como sembrar por ejemplo maíz y chayotes con nuestras manos, es algo sagrado. Ella me enseñó todo esto con amabilidad, y cuando al comienzo no entendí, no me ridiculizó ni me menospreció ni me hizo sentir inferior a un ser humano."

Estaba llorando tanto que tuve que dejar de hablar para tomar aire. Súbitamente, Sandy se acercó, me dio palmaditas en la espalda y me pasó un vaso de agua. Me lo tomé todo. Sentí la necesidad de orinar pero me esforcé en contenerme.

"¿Te sientes bien?" me preguntó Sandy mientras me tomaba del brazo. "¿Puedes continuar?" Cerré mis ojos y respiré profundamente. "Sí," respondí, sintiendo que mi corazón retumbaba y retumbaba como un tambor poderoso. "Puedo seguir. ¡Tengo que hacerlo!" añadí. Mi abuela estaba a mi lado. Podía sentirla y verla por completo.

"Está bien," dijo Sandy. "Lo estás haciendo bien. No era precisamente lo que esperaban, pero... tienes su atención."

Estuve a un paso de reírme. Sandy tenía razón. Después de mirar al público, vi que todos estaban prestando atención. De hecho, algunos estaban al borde de sus sillas, dispuestos a aceptar cada una de mis palabras. Sin embargo, otros sacudían sus cabezas como si quisieran irse. Le lancé una mirada a Karen, quien parecía poseída por la ira y deslizaba el dedo índice por su garganta. Creí que iba a decirme que me degollaría en cuanto pudiera. Yo sólo me reí. Chingaos, no había nada en el mundo que pudiera callarme. Había contenido todo este fuego dentro de mí desde que empecé a estudiar.

Varias personas que estaban atrás comenzaron a levantarse de sus sillas para irse, pero no iban a intimidarme. No por nada era hijo de mi papá y de mi mamá, y nieto de mis dos abuelas indígenas. Yo vengo de un antiguo linaje de personas... que tuvieron que soportar el hambre, las revoluciones y las masacres.

"Y USTEDES," grité por el micrófono. "Los que están atrás... levantándose para irse... ¡ME ALEGRO QUE SE VAYAN! ¡Porque está claro que ustedes son los maestros malos de los que estoy hablando! ¡Si fueran buenos maestros, estarían de acuerdo con lo que estoy diciendo!" Tres cuartas partes de los maestros que se habían levantado se sentaron de inmediato. Eso me encantó. Al fin estaba poniendo a todos en su lugar, así como lo habían hecho conmigo durante tantos años. "Cuando comencé a estudiar," continué, "yo no hablaba inglés, sólo español. Y nunca nos enseñaron inglés de una manera cordial o civilizada. No; lo cierto es que nos gritaban: 'Sólo inglés, nada de español' y se burlaban de nosotros, nos insultaban y nos daban golpes en la cabeza o bofetadas si nos sorprendían hablando español. ¡Y LO ÚNICO QUE SABÍAMOS ERA ESPAÑOL! En mi primer día en el jardín infantil, necesitaba ir al baño, pero la maestra me gritó que ¡NO! ¡Me oriné en la ropa y los orines se deslizaron por mis piernas hasta que se formó un charco alrededor de mis zapatos, y todos los niños que estaban cerca me miraron con asco, se taparon la nariz y se burlaron de mí en el recreo!

"¡ESO NO ESTÁ BIEN! ¡Los maestros, con su actitud arrogante, nos incitaban a pelear unos con otros! ¡LOS ESTUDIANTES *A* CONTRA TODOS LOS DEMÁS! Los estudiantes *B* sintiéndose bien porque no son estudiantes *C* ni *D*. ¡La CONFRONTACIÓN y LA GUERRA es lo que ustedes los maestros comienzan a inculcarles a los estudiantes desde el jardín infantil! Que nos digan continuamente que 'necesitamos estudiar la historia para no repetirla,' es UNA MIERDA. ¿No se dan cuenta?" dije, secándome los ojos. "¡Seguimos repitiendo la historia porque eso es lo que ustedes enseñan: la mezquindad, la codicia, que todos los hombres y mujeres vayan por su lado, sin compasión ninguna!"

Los maestros de dos mesas se pusieron de pie y comenzaron a salir.

"¡SIÉNTENSE!" grité. "¡No tienen permiso para irse! ¡La clase todavía no ha terminado! ¡Diablos, apenas estoy comenzando! Han venido a oír hablar a un escritor, y ahora—lo juro por Dios—¡van a oír HABLAR A UN ESCRITOR!"

"¡NO VOY A SENTARME a escuchar más insultos!" me gritó una maestra que estaba entre el medio y la parte trasera del salón.

"¡Sólo eres un autor malcriado y bien pagado, mientras todos los que estamos aquí somos maestros mal pagados y todos los días trabajamos más de la cuenta!"

"¡Recibí $4,500 por el libro que acabo de publicar!" le dije. "Tardé tres años en escribirlo. Sacando la comisión de mi agente, son menos de $1,500 al año. Yo no me estoy quejando ni diciendo que me pagan mal. ¡Estoy contento! ¡MUY CONTENTO de que me hayan publicado! Creo que es un honor ser escritor, así como es un honor ser maestro, una persona que puede..."

"¡Sólo hablas en términos generales! ¡No nos estás diciendo nada en concreto!" gritó ella, interrumpiéndome.

"¿Quieres que te diga algo en concreto?" le repliqué. "Pues bien, ¡NO ME GUSTAS en concreto! ¡Porque si tuvieras un poco de compasión y no te sintieras tan culpable por ser uno de esos maestros abusivos, no te ofenderías por lo que estoy diciendo! ¡ASÍ QUE VETE! Tú y todos los maestros que estén ofendidos."

Un par de maestros me aplaudieron; estaban a pocas mesas de distancia de las personas que se iban a retirar, pero la maestra que habló—y cerca de una docena de maestros más—salieron ruidosamente con sus maletines, abrigos y bolsas.

Sin embargo, el noventa por ciento se quedó, y cuando terminé de hablar—unos treinta minutos después—por lo menos la tercera parte de ellos se estaban secando las lágrimas. Cuando terminé, la ovación fue tan grande, de tal volumen y magnitud, que las paredes del inmenso salón vibraron.

Los maestros se precipitaron hacia mí. Karen y Sandy tuvieron que apartarlos para poder llevarme a nuestra cabina, situada en otro inmenso salón al otro lado del corredor, para autografiar libros. El número de personas que hacían fila para que les diera mi autógrafo era tal que las filas de los otros escritores se veían cortas, y eso que el salón estaba lleno de otras prestigiosas casas editoriales de Nueva York y de sus propios escritores.

Varias veces los maestros me preguntaron si podría hablar en sus escuelas, pues mi caso era muy real y sus estudiantes necesitaban realidad por encima de todo. Otros me preguntaron si había escrito libros sobre educación. Yo les dije que no, que todavía no, que *Macho!* era mi primer libro.

Y Karen ya no sabía qué hacer por mí. Me traía agua todo el tiempo, snacks para comer, me tomaba del brazo y de la espalda y me preguntaba si necesitaba algo que me diera la energía para seguir autografiando libros, cosa que hice por más de tres horas. Y cuando terminé, Sandy me dio un gran abrazo y un beso en la mejilla.

"¡Sabía que podías hacerlo!" me dijo resplandeciente. "Después de leer tu biografía, tuve la certeza de que alguien que hubiera soportado tantas cosas durante tanto tiempo antes de ser publicado, debía tener toda una compuerta conteniendo todo lo que necesitabas decir. ¡Estuviste fenomenal! De hecho, se nos agotaron tus libros. ¿Y sabes qué? Vinieron a entrevistarte de LA *Times* y del periódico de Long Beach."

"¿Quieres decir que mi libro va a ser reseñado?" pregunté completamente emocionado.

"Sí, también. Estoy segura de eso. Pero ahora quieren hacer un reportaje especial sobre ti. Eso es mejor aún que una reseña. Les llegará a personas que no leen la sección de las reseñas de libros. Te has encarrilado," agregó. "¡Felicitaciones!" me dijo y me abrazó una vez más.

¡Yo estaba volando!

Me hicieron las dos entrevistas en el lobby y me tomaron fotos. Ese mismo día en la noche, estaba solo en el bar del hotel tomándome una cerveza, cuando un hombre se me acercó y me dijo, "¿Eres el escritor que le dijo a Gladys March que no te gustaba en concreto, frente a todo el auditorio?"

No supe qué responder. Estaba exhausto, realmente cansado, y ese hombre, que debía tener cuarenta y tantos años, parecía atlético, probablemente había jugado fútbol y todavía levantaba pesas. Y bueno, también podía ser el esposo o el mejor amigo de aquella mujer. Pero, ¡qué demonios! Lo que había hecho, hecho estaba, y no me echaría para atrás. Me paré del asiento para que no pudiera golpearme mientras estuviera sentado.

"Sí," contesté con firmeza. "Le dije eso, pero no sé si se llama Gladys no se qué." La expresión enérgica de su rostro se transformó en una amplia sonrisa y extendió su mano derecha. "¡Déjame saludarte e invitarte a una cerveza! Soy miembro del sindicato de maestros y esa mujer es una de las personas más egocéntricas y abusivas que he tenido la desgracia de conocer. Siempre está quejándose sobre el cheque que recibe y las horas que trabaja, pero nunca sugiere nada para ayudar a los estudiantes ni para mejorar el sistema."

Nos dimos la mano y él me dio una palmada enérgica en la espalda. "¡Buen trabajo!"me dijo "¡Buen trabajo! Pero dime, ¿por qué no habíamos escuchado nada de ti? Es evidente que eres un escritor y un conferencista muy talentoso, según me han dicho las personas que te escucharon y que están leyendo tu libro."

Y era cierto; durante toda la tarde y esa parte de la noche, vi a varias personas leyendo mi libro; me dijeron que era excelente y que era la mejor conferencia que habían escuchado en varios años. Dios mío, ¡qué sensación tan increíble era ésta, después de tanto tiempo de rechazos! ¡Me habían sucedido tantas cosas desde que había salido esa mañana de Oceanside, que de repente, me sentí completamente extenuado!

"Creo que será en otra ocasión, si no te molesta," le dije. "He tenido un día pesado. Necesito irme a mi habitación."

"Está bien," dijo sonriendo. "Descansa; sólo quería estrechar la mano del hombre que por fin le habló claro a esa fastidiosa. Conozco a Gladys desde hace quince años y nadie había tenido el valor para ponerla en su lugar."

"Buenas noches," le dije.

"Buenas noches," me respondió. "Sólo quiero hacerte una pregunta," agregó: "¿Realmente te rechazaron doscientas sesenta veces antes de que te publicaran, o fue un truco publicitario de tu parte?"

Respiré profundo. "No," dije, "no fue ningún truco, fue algo real."

Me miró en silencio durante un largo rato y luego dijo, "Pero seguramente hubo por lo menos un maestro que te ayudara. No pudiste tener una experiencia tan negativa."

Volví a respirar profundo, pensé por un momento y me encogí de hombros.

Él asintió. "Está bien, pero piensa en lo que te dije," señaló. "Y antes de tu próxima conferencia—pues por la forma en que está respondiendo la gente, sé que vas a ser un conferencista popular en este medio—nos sería de una ayuda enorme si pudieras contarnos también cualquier tipo de experiencia positiva que hayas tenido.

"Las conferencias de denuncia son buenas, pero también necesitamos saber de aquellos maestros que han tenido una influencia constructiva sobre ti. Créeme, la mayoría de mis maestros son lo suficientemente inteligentes y honestos como para admitir los defectos de nuestro sistema, así que también necesitamos saber qué funciona. Felicitaciones," me dijo, extendiéndome su mano de nuevo. "Admiro tu perseverancia, y si pudieras decirnos cómo la adquiriste, sería de una ayuda enorme para nosotros."

Asentí. Vi que ese hombre tenía toda la razón; yo había dado era una plática para despertar conciencias, pero había muchas otras cosas que necesitaba aprender—no sólo para hablar—sino también para escribir.

Pero, Dios mío, mis heridas todavía estaban tan frescas que me era muy difícil recordar las experiencias agradables que hubiera podido tener en la escuela.

"Gracias," le dije, salí del bar y me dirigí al lobby. Me sentía bastante aturdido. Fue una buena decisión aceptar la habitación de hotel que me ofreció Karen. No hubiera podido regresar a casa. No sé qué se me vino a la cabeza cuando vi a tantos maestros de inglés. ¡Fue como si mi corazón y mi alma hubieran detonado con tanto odio y rabia que hubiese querido asesinar, escalpar y masacrar! Había actuado con coraje, confiando totalmente en mis propios instintos, así como lo hacía cuando escribía. Era realmente reconfortante haber descubierto que la escritura era mi ventana de escape, pues de lo contrario, estaba seguro que me habría convertido en un asesino en serie y matado a todos esos maestros racistas y desalmados que nos golpearon a los mexicanos desde que entramos al jardín infantil, todo esto con la bendición absoluta de nuestro sistema educativo que tenía un solo lado y parecía sacado de la Edad Media.

¡Mierda! En tercer grado, la escuela ya me producía tanto pánico que comencé a orinarme en la cama. Le agradecí a mi mamá que me hubiera acostado con canciones y oraciones, y que hubiera comprado un forro de caucho para poner encima del colchón, y que me hubiera dado la esperanza y el coraje necesarios para continuar. Y le agradecí a mi papá, quien siempre me dijo que nosotros, los indios, éramos como la hierba, que las rosas hay que regarlas con agua y echarles fertilizantes pues de lo contrario se mueren, pero que la hierba no necesitaba nada; que uno podía echarle veneno y hasta concreto, y que la hierba lo rompería hasta alcanzar la luz solar de Dios. "Ese es el poder de nuestro pueblo," me decía mi papá, "nosotros somos la hierba, *¡LAS YERBAS DE TODO EL MUNDO!*"

Cuando crucé el lobby y entré al elevador me sentí tan cansado que estuve a punto de caerme. Chingaos, nunca antes había hablado en público. Nunca estuve en el equipo de debates de la escuela. Jamás se me había pasado por la cabeza que hablar en público pudiera ser tan duro. Llegué a mi habitación, me desvestí, abrí la ventana, me metí en cama y le agradecí a Papito Dios por haberme regalado otro maravilloso día en el Paraíso.

Esto fue también lo que Doña Guadalupe, mi anciana abuela yaqui, me enseñó a hacer todas las noches: a darle gracias a Dios al final de cada día, pues cada uno era un paraíso que nos daba el Todopoderoso. Ella me dijo siempre que los seres humanos éramos polvo estelar, que habíamos llegado a este planeta como estrellas viajeras, así como Jesús había venido a hacer la voluntad de Papito Dios en esta tierra firme.

Me dormí sintiendo un gran bienestar, pues sabía que había hecho lo mejor con todo mi corazón y mi alma. No me sentí mal en lo más mínimo por haber confrontado a esos maestros y decirles lo que realmente pensaba. Después de todo, ¿no se había enfadado Jesús con los usureros en las gradas del templo?

Al mismo tiempo, también comprendí que aquel miembro del sindicato de maestros había dicho la verdad y que aún me faltaba mucho por aprender. ¿Quiénes eran los maestros que me habían ayudado? ¿Y qué había en mi vida que me hubiera dado el corazón... las agallas... para seguir y no desfallecer, sin importar lo que pasara?

CAPÍTULO **dos**

Dormí y soñé en la habitación grande y espaciosa del hotel. Soñé con las diferentes aguas que se habían deslizado y escurrido bajo el puente donde había vivido mi vida. Un puente entre mis raíces indias y europeas, un puente entre mis culturas mexicana y norteamericana, un puente entre mis creencias indígenas y mi crianza católico-cristiana, un puente entre mis primeros años de vida en el barrio y mi vida posterior en nuestro rancho grande, y luego el vasto mundo fuera de nuestras puertas. Dormí, sintiéndome tibio y abrigado bajo las mantas de la cama del hotel en Long Beach, el Océano Pacífico golpeando suavemente en la orilla cerca de allí, mientras soñaba... recordando, como en un sueño lejano y brumoso, que sí, que yo tuve un maestro muy especial que estuvo sólo dos o tres días con nosotros, pero que ciertamente me había tocado el alma en un tiempo tan breve como ese.

Recordé muy claramente que estaba en séptimo grado. Estudiaba en la Academia del Ejército y la Marina en Carlsbad, California, a unas cuatro millas al sur de nuestro rancho grande. Yo había comenzado mis estudios en una antigua escuela pública que ya no existe, pues fue trasladada al oeste de la actual Escuela Secundaria de Oceanside. Durante cinco años estudié en la escuela pública pero tuve tantas dificultades que mi mamá terminó hablando con nuestro sacerdote y decidieron que yo estudiara en una escuela católica, creyendo que tendría una atención más personalizada. En sexto grado todavía tenía un retraso de dos años en lectura. Fue ahí cuando Jack Thill, nuestro vendedor de seguros, les sugirió a mis padres que yo debería entrar a la escuela militar local, donde me enseñarían disciplina, y donde seguramente aprendería a leer.

Estaba aterrorizado el primer día que fui a la escuela militar. Joseph, mi hermano mayor, que murió cuando yo tenía nueve años, había estudiado en esa escuela y mis padres me dijeron que a Joseph le había encantado pero no les creí, porque no había pasado más que algunos minutos y ya me había metido en un problema serio. Nunca antes me había puesto ropa de lana, pues vivía en la parte sur de California. Mi uniforme era de lana y me picaba tanto que cuando nos dijeron que formáramos, pusiéramos atención, miráramos al frente y dejáramos de movernos, yo no pude estarme quieto. Yo creía que las monjas eran malas luego de haber estudiado tres años en una escuela de la parroquia, pero esta escuela militar era mucho peor.

Un compañero cadete, no mucho mayor que yo, plantó su cara frente a la mía y me gritó que dejara de moverme, que yo no era una chamaca, que ya era un cadete de la Academia del Ejército y la Marina y tenía que pararme con altura, enderezar los hombros, mantener mis ojos al frente y estarme quieto. Me asusté tanto que poco me faltó para orinarme. ¿Cómo podía pararme con altura si yo era chaparrito? Además, el uniforme me picaba tanto que no podía dejar de moverme por nada en el mundo. El cadete seguía gritándome en la cara; su boca era enorme, de dientes blancos y grandes.

A los pocos días entendí que era así que los cadetes eran promovidos a cabos y sargentos: intimidándonos a los otros cadetes y gritándonos en la cara. También vi que esos cadetes que los oficiales ponían a cargo de los nuevos reclutas como nosotros realmente disfrutaban de su poder. De hecho, vi que algunos de ellos tenían la misma sonrisa solapada cuando nos gritaban que la de las monjas católicas y los maestros más malos de las escuelas públicas.

Mi mamá me salvó de nuevo tal como me había salvado cuando me compró el forro de caucho que puso en mi colchón para que no lo arruinara. Me compró una tela sedosa cuando le dije que el uniforme me picaba y la cosió a mano en la parte trasera y delantera de mi camiseta, y en los muslos de los pantalones. Yo amaba a mi mamá; me prometió que nunca le diría a nadie que le había puesto un forro a mi uniforme, así como me había prometido que nunca diría nada sobre el forro de caucho que tenía mi cama.

Llevaba unos seis meses en la Academia del Ejército y la Marina y creí que la rutina sería la misma hasta que nos reuniéramos, formáramos y marcháramos a la clase de inglés. Nuestro maestro regular, el capitán Moses, no estaba presente. Frente a todos nosotros estaba un hombre al que nunca antes habíamos visto. No llevaba uniforme. Vestía ropas de civil, era chaparro y güero, muy musculoso y tenía una sonrisa de oreja a oreja.

"¡Buenos días!" nos dijo con una voz que sonaba muy alegre. Cuando nos sentamos, señaló un póster grande que había colgado en la pared donde aparecía alguien esquiando.

"Me llamo Swift, y soy el maestro suplente," dijo. "Entiendo que el señor Moses está enfermo. Mi esposa y yo somos de Colorado... donde fuimos... ¡adictos al esquí! Por eso somos maestros suplentes. Nos mudamos al sur de California a comienzos de este año para ser adictos al surf y es por eso que seguiremos siendo maestros suplentes. Conocí a mi esposa en la Universidad de Boulder, en Colorado. Es una deportista excelente. Apuesto que incluso hoy, podría derrotar fácilmente a los mejores corredores de esta escuela en la prueba de las cien yardas. Nunca he podido ganarle, y eso que soy bastante rápido."

Soltó una de las sonrisas más grandes que he visto, miró al salón y nos saludó a todos. Parecía ser muy diferente a los otros maestros. No se veía cansado; parecía derrochar vitalidad y alegría. "Jody y yo nos casamos," dijo, sentado sobre su escritorio, "cuando terminamos la universidad. Nos encantan los deportes. En Colorado nos gustaba esquiar, y aquí, en el sur de California, nos gusta levantarnos al amanecer y surfear antes de venir a la Academia. No hay sensación en el mundo que pueda compararse a bajar esquiando las Rocosas a cuarenta o cincuenta millas por hora, con la excepción de sentir el viento y el rocío en tu cara cuando agarras una buena ola. ¡Nos encanta la velocidad! Estamos pensando en construir un velero con nuestras propias manos, tener dos hijos y medio y navegar por el mundo."

Algunos de nosotros nos reímos. ¡Era tan divertido! ¡Él y su esposa tendrían dos hijos y medio! Pero también percibí que no todos se reían. Algunos chamacos no sabían qué pensar.

"Eso es," nos dijo, con una sonrisa de oreja a oreja, "en pocas palabras, lo que me gusta hacer y lo que he compartido con ustedes. Ahora quiero que ustedes compartan conmigo lo que les guste hacer," dijo y se puso de pie. "No me importa la ortografía ni la puntuación. Cuando mi esposa y yo éramos maestros de esquí en Colorado, descubrimos que lo más importante era que nuestros estudiantes descendieran por las cuestas y se emocionaran esquiando. La técnica viene después. Lo primero es la diversión y la emoción; así la gente aprenderá cien veces más rápido."

"¿Entienden? No es normal ni saludable mantener a unos jóvenes llenos de energía como ustedes encerrados en un salón de clases. Es natural que quieran jugar, correr, saltar y divertirse, y es por esto que por el momento no nos preocupamos por los puntos, comas ni por las faltas de ortografía, aunque sepamos que esta es una clase de inglés. Lo que queremos es que sientan tanta emoción al leer y escribir que el amor por el aprendizaje los acompañe por el resto de sus vidas. No quiero impedir su deseo natural de aventurarse en un mundo de libros, de escribir y de querer aprender." Hizo una pausa y nos miró a todos. "¿A quién le gusta lo que he dicho?" preguntó con una amplia sonrisa.

Levanté mi mano, y creí que todos los demás también habían levantado las suyas, pero me equivoqué; algunos cadetes no lo hicieron.

"Está bien," dijo, "para quienes no se sientan cómodos con este método de enseñanza, los mantendré alejados de la cuesta y les calificaré sus trabajos por la gramática y la puntuación," agregó.

Eso me pareció muy interesante. Los cadetes que no habían levantado la mano eran los tres estudiantes que siempre sacaban *A* y uno de los estudiantes *C*. Yo casi siempre sacaba *D*, pero también sacaba *C* y de vez en cuando una que otra *C+*.

"Está bien," dijo él, "comiencen a escribir. Repito que lo más importante es que yo compartí con ustedes lo que me gusta hacer, así que espero que ustedes también compartan conmigo lo que les guste hacer. No me importa lo que sea. Puede ser cualquier cosa. ¡Lo único que quiero es SENTIR la EMOCIÓN de lo que a ustedes les gusta!" agregó con tal vigor que pensé que iba a estallar.

Saber que no tenía que preocuparme por errores de ortografía ni por signos de puntuación fue como si me hubieran dado alas. Dios mío, nunca antes había tenido un maestro que se definiera a sí mismo como un adicto y que compartiera con nosotros historias de su vida con tanta pasión. Rápidamente comencé a escribir acerca de lo que prefería hacer cuando era niño: montar a caballo en las colinas que había detrás de nuestra casa y cazar ardillas y conejos con mi rifle de aire Red Rider o con mi arco de flechas grandes. Sin embargo, noté que algunos de los cadetes no comenzaron a escribir de inmediato. Uno de ellos quiso saber cuánto tiempo teníamos, y otro preguntó qué tan largos debían ser nuestros ensayos.

El señor Swift nos dijo que nos tomáramos toda la clase para hacerlo, y que podían ser de dos a diez páginas de extensión, que los recogería al final de la clase, los calificaría esa noche y nos los devolvería al día siguiente.

Wallrick, el mejor estudiante de la clase, que también era el líder, preguntó si sacaríamos notas más altas por escribir ensayos que se aproximaran más a diez que a dos páginas de extensión.

"Sí y no" dijo el señor Swift. "Lo primero que tendré en cuenta será la calidad, pero la extensión también influirá. Una carrera de cien yardas—como las que solía correr mi esposa—es una obra de arte, pero una maratón es..." agregó, meneando la cabeza. "... ¡algo increíble!"

Siguieron hablando pero no presté mucha atención, pues ya estaba escribiendo. Luego escribí sobre Joseph, mi hermano mayor, a quien en casa siempre le decíamos José o *Chavaboy*; escribí que se había muerto cuando yo estaba en tercer grado. Ésa fue la primera vez que perdí un año.

Al cabo de un tiempo, escuché que el maestro suplente le decía a Wallrick, quien seguía haciendo preguntas, que discutir no era necesariamente prueba de una mente inquisitiva, sino que también podía ser interpretado como una tendencia a aplazar las cosas y nos dijo que ya era tiempo de comenzar.

Yo me había puesto en marcha y ya iba en la segunda página. ¡Dios mío, sin los grilletes de la ortografía y de la puntuación, yo estaba volando! Todo me fluía. Escribía sobre mi hermano Joseph, cuando se enfermó y estuvo mucho tiempo en el hospital antes de morir. Mis padres pasaban mucho tiempo visitándolo en el Hospital Scripps en La Jolla, y yo estaba muy contento de que Shep, el perro de mi hermano, pasara más tiempo conmigo. Porque, ustedes saben, los perros, al igual que los gatos y los caballos, no pasan tiempo con uno a menos que uno les guste de veras.

Escribí que en ese entonces yo tenía ocho años y que cuando estaba en tercer grado y salía de clases me iba a cazar con Shep y con mi arco. Shep ya estaba en el rancho cuando nos mudamos del barrio de Carlsbad a South Oceanside. No era muy grande; era mitad coyote y mitad perro ovejero. Cuando salíamos de caza detrás de las colinas de nuestro rancho y nos íbamos siguiendo la línea del ferrocarril que corría hacia el interior, desde Oceanside hasta Vista, nunca perseguía a los conejos ni a las ardillas como los otros perros. No, él miraba en qué dirección iban y corría alrededor, los rodeada con mucha rapidez y algunos se entraban a sus madrigueras, pero Shep perseguía a los que no lograban hacerlo hasta que se trepaban a un árbol o a un poste.

Luego—le vi hacer eso cientos de veces—se hacía debajo del árbol o del poste, establecía contacto visual con la ardilla y comenzaba a dar vueltas con la lengua afuera, salivando. La ardilla se ponía tan nerviosa al verlo dar vueltas allá abajo, que giraba una y otra vez tratando de mantener sus ojos en Shep.

Shep cambiaba repentinamente su dirección y corría realmente rápido alrededor del árbol o del poste en dirección opuesta y la ardilla se asustaba tanto que se caía. Shep se abalanzaba de inmediato sobre ella, la agarraba del cuello y le daba una o dos sacudidas con tal fuerza que se lo quebraba y la mataba. Shep siempre cazaba más ardillas que las que yo podía cazar con mi rifle de aire o con mi arco. Si debo decir la verdad, mi rifle de aire era tan débil que las balas ni siquiera penetraban la piel de un conejo ni de una ardilla, a menos que estuviera muy cerca, y yo era tan lento y torpe con mi arco que nunca cacé ningún animal mientras estuve en tercero.

Terminé mi ensayo narrando que había cazado con Shep durante varios meses, antes y después de la escuela, y que cuando Joseph murió, Shep huyó a las montañas y nunca más volvimos a verlo. No podía creerlo, había escrito nueve páginas y media. ¡Había descendido por esa cuesta a cien millas por hora! Pero no quería parar, así la clase terminara y el señor Swift ya estuviera recogiendo los trabajos. Aún quería decirle al maestro que los indios que trabajaban en nuestro rancho me habían explicado que Shep, quien siempre había querido más a mi hermano que a la vida misma, desapareció porque había corrido hasta la cima más alta para interceptar su alma y llevarla de nuevo al cielo.

Rosa y su esposo Emilio me explicaron que los perros, los gatos, los caballos y todos los animales podían hacer esto con mucha mayor facilidad que nosotros los humanos porque eran mucho más cercanos a Dios que nosotros. Era por esto que Jesús había nacido en un pesebre, para aprender el amor de los animales que estaban en el establo y realizar así Su Más Sagrado Trabajo en la Tierra cuando fuera adulto.

Entregué mi ensayo y lo titulé, "El ser humano más inteligente que he conocido: Shep, el perro de mi hermano" y al día siguiente, cuando nos devolvió el trabajo, vi que había sacado una *A*.

Inmediatamente me di cuenta que este maestro suplente podía estar en problemas. Nunca había sacado una *A* en mi vida, así que llamé al señor Swift para platicar con él y evitarle líos.

"Mire," le dije, "Puede que usted sepa mucho acerca de esquiar y de surfear, pero no creo que sepa mucho acerca de enseñar."

"¿Por qué dices eso?" me preguntó.

Mi corazón latía como un tambor. Sabía que me cortaría mi propia garganta si decía lo que iba a decir, pero tenía que hacerlo. Yo no quería meter en problemas al señor Swift, pues me gustaba y mucho. "Porque, usted sabe, señor," dije, y el corazón me palpitaba como si se me fuera a salir. "Yo soy mexicano, así que usted no puede ponerme una *A*. Tiene que ponerme una *D* o una *C*, o puede librarse poniéndome una *C+*." Comencé a llorar, "porque he sacado unas cuantas, pero usted no puede" añadí sintiendo mi pecho tan oprimido que difícilmente podía respirar, "ponerme una *A*. Eso está mal, señor."

Él me miró como si no yo supiera lo que decía, respiró profundo y puso suavemente su mano en mi hombro. "No sé a qué te refieres," dijo. "Lo único que sé es que nunca había visto que los animales fueran tan inteligentes y especiales hasta que leí tu historia."

"¿De veras?"

"Sí, de veras. Y también estoy convencido que Shep, el perro de tu hermano, es el humano más inteligente que haya conocido. Dime algo, ¿referirse a los animales como seres humanos hace parte de tus ancestros indígenas?" me preguntó.

Me encogí de hombros. No sabía cómo responder a su pregunta. Me era muy difícil aún saber dónde terminaba mi crianza católico-cristiana y dónde las enseñanzas indígenas de mis abuelas. Para mí, todo era como un río corriendo con corrientes diferentes pero juntas. Cuando el río San Luis Rey desembocaba en el mar, quién podía decir cuál agua venía de cuál cañón, especialmente cuando uno veía que el río San Luis Rey no nacía en el monte Palomar, a unas treinta millas al interior, sino que realmente nacía más allá, en el inmenso campo abierto al este donde mi papá y mi tío Archie iban a cazar venados con los familiares de Archie que vivían en la Reservación Indígena de Pala.

"Está bien, no necesitas saberlo," me dijo, "pero sigue escribiendo de una forma tan pura y honesta como escribiste ayer. Quiero ver qué escribirás hoy. A propósito, te quedas con la *A*."

Me sentí dos, tres, cuatro veces ¡SORPRENDIDO! Nunca en mi vida había sacado una *A*. ¡El corazón me latía a un millón por hora! Ese día escribí en la clase como nunca antes lo había hecho, narrando más detalles sobre la historia de Shep, sobre cómo le aulló toda la noche a la luna y desapareció en las primeras horas de la madrugada cuando mi hermano murió.

Después escribí que no nos sorprendimos cuando papá y mamá llegaron del Hospital Scripps en La Jolla y le dijeron a mi hermanita Linda que nuestro hermano Joseph había muerto, porque Rosa y Emilio ya nos lo habían dicho. Lloré mientras escribía. El señor Swift me masajeó la espalda cuando me vio llorar. La clase terminó, pero yo estaba tan concentrado en escribir que no vi que el resto de los cadetes se habían puesto de pie para marchar hacia la próxima clase. Dios mío, el señor

Swift tenía razón; si nos salíamos de los límites de la ortografía y de la puntuación, la escritura y la lectura podían ser emocionantes.

Recordé todo esto como si hubiera sucedido en un sueño lejano y brumoso mientras dormía y soñaba en la habitación del hotel en Long Beach. Dios mío, no había sido consciente de eso, pero le debía mi amor por la lectura y la escritura a ese maestro suplente de séptimo, que en sólo tres días me tocó el alma y el corazón.

Mis ojos se llenaron de lágrimas. Dios mío, cómo me gustaría encontrarme a ese maestro y darle una copia de mi libro *Macho!* Tomé aire varias veces. Enseñar no tenía que ser un proceso largo, aburrido y dispendioso. No, enseñar podía ser algo tan rápido como un rayo. ¡Ese maestro había atravesado los valles de mis dudas más fuertes e iluminado las grietas de mi mente derrotada e inhibida, accediendo a una capacidad natural de narrar historias dentro de mí que era completamente profunda! Ah, cómo deseé haberles platicado ayer a esos maestros acerca del señor Swift o Smith—no recordaba su nombre con exactitud—pero sabía que comenzaba con S, seguido de un nombre que sonaba completamente americano.

Me sequé las lágrimas, me estiré, respiré y me desperté. Y le pedí a Dios que al menos pudiera encontrarme al miembro del sindicato de maestros y decirle que sí, que tenía razón, que me había acordado de un maestro magnífico que me había ayudado mucho.

Seguí desperezándome y me froté los ojos para espantar el sueño. Escuché el suave oleaje en el puerto de Long Beach, fuera de mi habitación. Estaba en el décimo piso y podía ver la luz del nuevo día comenzando a pintar el cielo del este con colores naranjas, amarillos y franjas color rosa. Sería otro día maravilloso... aquí, en este paraíso del sur de California.

Comprendí con mucha claridad que el maestro del sindicato había tenido mucho acierto en decirme que las conferencias de denuncia eran buenas, pero que los maestros también necesitaban saber qué era lo que funcionaba del sistema. El día anterior, cuando di la plática, estaba tan poseído por la ira que no fui capaz de recordar nada bueno que me hubiera sucedido en la escuela. Pero esa mañana, después de un descanso reparador, también pude recordar cosas muy buenas.

Recordé con nitidez que ese maestro suplente—a quien seguiré llamando el señor Swift—no sólo me dio alas, sino que me hizo algunas preguntas que ocuparon mi mente durante varios años. Nunca olvidaré el día en que salí del salón de clase con la primera *A* de mi vida. Inmediatamente, los estudiantes más destacados—que me estaban esperando—me tumbaron los libros de la mano, agarraron mi ensayo y me dijeron, "¡No escribiste bien esta palabra! ¡No usaste ninguna puntuación! ¿Cómo pudo ponerte *A*?"

"¿Qué sacaron ustedes?" pregunté.

Farfullaron confusamente, arrugaron el ensayo y lo arrojaron al suelo. Estuve a un paso de llorar pero me contuve y cuando me incliné para recogerlo, vi que dos manos me ayudaban. Miré hacia arriba; era George Hillam. Él estaba en horario diurno como yo, lo que significaba que teníamos que regresar todas las tardes a nuestras casas, y a diferencia de los demás estudiantes, no dormíamos en la escuela.

"Sacaron *B*" me dijo Hillam. "Están molestos por eso. Wallrick sacó *D* y el maestro le escribió que sabía de dónde había sacado gran parte de su historia."

"¿Estás diciendo que Wallrick copió?" pregunté mientras recogíamos mis libros y mis cosas.

"No, no copió, pero utilizó material que no era suyo."

"No entiendo," dije.

"Mira," dijo Hillam con paciencia, "el maestro nos dijo que escribiéramos sobre lo que nos gustaba hacer, y él escribió sobre lo que otra persona hubiera escrito acerca de lo que le gustaba hacer, que era navegar en bote, ¿entiendes? Wallrick trató de hacerle la barba al nuevo maestro, así como siempre lo hace con Moses y con todos los demás."

"¡Ah, entiendo!" dije, cuando logré comprender. "El señor Swift dijo que él y su esposa iban a construir un bote, y entonces Wallrick escribió sobre eso. Pero utilizó una historia que no era la suya, pensando que obtendría una nota bien alta."

"Exactamente," dijo Hillam.

"¿Qué nota sacaste?" le pregunté.

"También saqué una *A*. Escribí lo mucho que me gusta hornear galletas ¡y comérmelas todas!" dijo Hillam, riéndose tan fuerte que su gran panza se movió de arriba a abajo.

George era gordito y uno de los chavos más populares del curso. Su padre tenía una tienda en el centro de Oceanside, y era bastante alto y delgado, pero su madre, que tenía los ojos azules más lindos del mundo, era gorda como George.

Todos los compañeros ya habían formado. George y yo fuimos los últimos en entrar a la fila. Parecía como si él y yo casi siempre llegáramos tarde a todo. George por lo general sacaba *C* y *B*, así que también estaba muy emocionado con su *A*.

Durante esos tres días saqué *A*; al igual que George, terminé por olvidar que era mexicano y que no era un buen estudiante y todas esas cosas negativas que me repitieron desde que comencé a estudiar. Por primera vez en mi vida dejé de ser uno de los estudiantes más atrasados de mi curso. Me estaba convirtiendo en un chavo normal, me gustaba ir a la escuela, trabajar bien en casa en mis deberes, y no veía la hora de regresar al día siguiente a la clase de inglés.

¡Yo volaba!

¡Era un águila volando por el cielo!

Era ese halcón de cola roja que vivía en la cima de Torrey Pines cerca de casa, que graznaba con placer cuando yo salía a cazar, haciendo que las palomas y las codornices levantaran vuelo. En ese momento, entendí por primera vez en mi vida porqué la lectura y la escritura siempre me habían parecido tan aburridas y absurdas. Ni siquiera sospechaba que tuvieran alguna importancia en nuestras vidas por fuera de la escuela. "Pueden ver" nos explicó el señor Swift, "que todo el mundo se comunica a través de la lectura y la escritura. Un científico aprende ciencias a través de la lectura, y más adelante comunica sus descubrimientos a otros científicos por medio de la escritura. Un agricultor aprende sobre nuevos tractores y métodos agrícolas por medio de la lectura, y puede decirle al mundo acerca de cualquier descubrimiento que realice por medio de la escritura."

"Hace muchos años," continuó explicando, "todo se hacía alrededor de las hogueras, como por ejemplo, compartir información y contar historias, pero ahora en los tiempos modernos, cuando el mundo conocido ha crecido tanto, todo se hace por medio de la palabra escrita."

También nos dijo que podíamos aprender las bases de cualquier cosa en el mundo con sólo tener un carné de biblioteca, y que gracias a la práctica y a la experiencia, no tendríamos ninguna limitación. Me quedé boquiabierto: siempre había creído que las bibliotecas eran sitios de castigo, en donde nos obligaban a estar quietos y en silencio. Nunca había considerado que todos esos libros de la biblioteca fueran nuestro "pasaporte" al universo del conocimiento, como decía el señor Swift.

Escribí sobre el Duque de Medianoche, el caballo más noble que tuvimos en nuestro rancho, que derribaba el portón o saltaba cercas para estar al lado de la yegua próxima a parir y protegerla de los coyotes que vivían más abajo de nuestra casa, en una zona pantanosa donde el mar se adentraba en un brazo de agua dulce. Pero al cuarto día, cuando regresé a la escuela para mostrarle al señor Swift lo que había escrito en casa, resultó que ya se había ido y en su lugar estaba de nuevo el capitán Moses.

Inmediatamente los tres mejores estudiantes comenzaron a hablarle con impaciencia en medio de un gran alboroto, y luego me señalaron. Miré a Hillam. ¿Por qué no lo habían señalado? Él también había sacado buenas notas durante la ausencia de Moses. Vi que el capitán se enojó tanto cuando los estudiantes le platicaron, que las orejas se le enrojecieron y luego adquirieron un resplandor púrpura.

No acabábamos de sentarnos cuando Moses se me acercó rápidamente. Me ordenó levantarme y ponerme en posición de atención. Comenzó a gritarme y a hundirme su dedo índice en el pecho con tanta fuerza que me dolió de verdad.

"¡Devuélveme tus trabajos!" me ordenó. "¡No sé qué le hiciste a ese maestro, pero ya no podrás salirte con la tuya!"

Le di rápidamente los trabajos que me pedía, incluido el que había escrito la noche anterior sobre el Duque de Medianoche y la yegua que iba a parir. Se dirigió a su escritorio—sin darme permiso para sentarme—tomó su marcador rojo y comenzó a revisarlos con saña.

Me sentí tan solo y tan mal que podría haber llorado. También noté que el señor Swift había calificado mis cuatro trabajos con lápiz, con trazos suaves, como si respetara lo que hacíamos. Pero Moses marcaba mis ensayos con una rabia y una contrariedad que yo sólo había visto en los caballos castrados cuando trataban de montar a una yegua a la que no lograban hacerle nada.

Sudaba cuando terminó de revisar mi primer ensayo, tachó la *A* escrita a lápiz, se rió, escribió una enorme *D* y le dijo en voz alta a toda la clase: "Él es un granjerito tan ignorante que cree que los animales son humanos y que pueden pensar y razonar." Todos mis compañeros se burlaron de mí, especialmente los tres mejores estudiantes. El único que no se rió fue Hillam. Miraba al suelo y noté que se sentía mal por mí.

Después de ponerme una *D*, Moses siguió con mi segundo ensayo y tachó la *A* sin leerlo siquiera. Luego se rió y les dijo a todos que yo había escrito que mi perro Shep había desaparecido para llevar el alma de mi hermano al cielo tras su muerte. Agregó que la ciencia había demostrado que el alma no existía, que él había conocido personalmente a mi hermano Joseph cuando estudiaba en la Academia del Ejército y la Marina, y que Joseph Villaseñor era un cadete de verdad, al que no le daba miedo jugar al fútbol como a mí, y que yo era un católico cobarde al que le gustaba ponerse vestido y ayudarle a decir misa al sacerdote.

Bajé la cabeza. ¡Era terrible! Mi mamá me había conseguido un permiso especial para salir temprano los viernes y recibir clases para ser sacristán, pero fracasé porque no leía bien.

Moses escribió con su marcador rojo la segunda *D*, más grande incluso que la primera. Era tan grande que yo podía verla desde el otro extremo del salón, donde seguía en posición de atención. Las lágrimas me resbalaban por las mejillas, pero no me atrevía a secármelas por temor a meterme en más problemas.

Luego, el capitán Moses agarró mi tercer ensayo, en el que había escrito mi nombre completo, Victor Edmundo Villaseñor—a pesar de que yo sólo escribía Victor Villaseñor—y lo primero que hizo fue tachar Edmundo, escribió E-d-m-o-n-d con letras enormes, volvió a reírse y les dijo a todos que yo era tan estúpido que ni siquiera sabía escribir mi propio nombre. Luego me puso una *F* enorme sin leer el ensayo.

Recuerdo muy bien que en ese instante algo detonó dentro de mí. No sabía qué era, pero enderecé mis hombros y me mantuve tan erguido como pude, satisfecho de no estar sentado. Miré a Moses; ya no me sentía avergonzado de las lágrimas que resbalaban por mis mejillas, pues ya no eran lágrimas de miedo sino de ¡PURO CORAJE!

Ya no era un cadete.

Era un guerrero, un valiente ancestral que escuchaba el latido de mi corazón como nunca antes lo había escuchado. Nunca más volvería a orinarme en mis pantalones en la escuela, ni en mi cama mientras dormía, porque... simplemente, en ese momento supe que iba a matar... a ese maestro Moses que estaba delante de mí, así como había ayudado a matar a más de cien cabezas de ganado en nuestro rancho durante los últimos diez años.

Ya no estaba en tercero, ni cazando en las colinas detrás de la casa con mi rifle de aire, ni con mi arco y flechas que eran demasiado grandes para mí. Ahora cazaba pájaros con un arma calibre .20, conejos y ardillas con un rifle calibre .22, y venados con el rifle Winchester 30/30 de mi papá. El año anterior, a los trece años, había tomado y aprobado el curso de seguridad para cazar, recibido la licencia de caza del estado de California y matado mi primer ciervo con el rifle de mi papá, gracias a un tiro a trescientas yardas de distancia.

¡Yo era excelente con las armas y los caballos! ¡De veras! Y también sabía cómo seguir y leer el terreno mejor que cualquiera que conociera. Nadie de mi escuela había cazado o matado animales de presa como yo. Y mientras miraba a ese hombre uniformado frente a mí, supe que nunca más volvería a sentir tanto miedo de él... ni de nadie más, como para sentir que me orinaba.

No, ahora estaba preparado. Me encontraba en ese lugar plácido y verdadero al que mi papá me había explicado que todos los hombres buenos debían ir para poder defender su hogar, su casa, su familia, así como había hecho él con su madre y sus hermanas durante la Revolución Mexicana.

Mi corazón latía aceleradamente como un tambor poderoso, y las lágrimas resbalaban por mis mejillas, pero ya no me sentía nervioso ni atemorizado en lo más mínimo. No, ahora me sentía simplemente como un gallo de estaca, en un remoto lugar mexicano.

Moses gritó ordenándome que me sentara, pero ya no lo escuchaba. No, estaba bien donde estaba, allí, sobre mis propios pies. Me sentía fantástico, en un lugar seguro y mío, y nunca más volverían a molestarme. Porque, sencillamente de ahora en adelante, si alguien me hostigaba o me insultaba, lo mataría... así como había matado al ciervo.

¿Por qué? Simplemente porque el nombre de una persona era sagrado, nos había sido dado por personas que nos amaban. Y mi nombre E-d-m-u-n-d-o me lo había puesto mi papá, quien me dijo que lo había escogido porque una vez, cuando estaba en prisión—estuvo tres veces en prisión—un cocinero grande y enorme, a quien le decían "Patas Chicas" porque sus pies eran monstruosos, tomó a mi papá, un indio mexicano igual que él, bajo su protección, procuró enseñarle a leer y le explicó que saber leer y escribir no sólo eran las herramientas del Hombre Blanco, sino también el futuro de nuestra gente.

El cocinero le había leído *El Conde de Montecristo* a mi papá, en una versión en español. El héroe de aquel libro se llamaba Edmundo Dantes, quien fue apresado injustamente pero escapó, encontró un tesoro, y logró vengarse de quienes lo hicieron encarcelar y raptaron a su futura prometida. Sin embargo, Edmundo encontró una luz más reveladora aún que la venganza: el amor. Un francés de apellido Dumas había escrito ese libro, y ese francés,—le dijo Patas Chicas a mi papá—era un negro, hijo de esclavo africano. Y al cumplir cincuenta años, ese negro descomunal mandó a fabricar un arnés de cuero para los hombros, y se levantaba del pajar de sus establos y alzaba un caballo de tiro a un pie del suelo, con sus piernas y su espalda. Esa, me dijo mi papá, fue la historia que le dio a él, a mi papá, las agallas, las alas y la esperanza para sobrevivir en la cárcel. Y en ese entonces sólo era un chamaco de trece años al que todos esos monstruos de la cárcel trataban de violar.

"Y por eso te puse Edmundo," me dijo mi papá con lágrimas en los ojos, "para darte fuerza de corazón, para que nunca te rindas, no importa los cambios que dé la vida o si a veces todo te parece imposible. ¡Eres Edmundo! ¡Victor Edmundo! ¡Indiscutiblemente victorioso como Edmundo Dantes!"

Y ese maestro, el capitán Moses, se había burlado de mi nombre, un nombre sagrado, y lo había cambiado por otro sin el menor respeto hacia mí ni hacia mi familia, al igual que hicieron con los esclavos traídos de África, y con los indios, a quienes despojaron de sus tierras sagradas y confinaron en reservaciones.

Sí, no sólo iba a matar a Moses—con todo mi corazón—sino que también iba a destriparlo, a enlazarlo y a colgarlo bocabajo de un árbol, como hacíamos con el ganado que sacrificábamos. Luego le haría un corte de costilla a costilla, asegurándome de que no muriera, para que pudiera ver cómo se le salían los intestinos, y luego gritaría cuando le echara un saco lleno de ratas para que se lo devoraran vivo.

Ahora era yo quien exhibía una sonrisita siniestra mientras permanecía allí en clase, con aquellos pensamientos de venganza tan gratos. El capitán Moses siguió gritándome para que me sentara. "¡ES UNA ORDEN! ¡Siéntese, cadete!"

Pero no lo obedecí; permanecí de pie, mirándolo con calma. Era libre. Nunca más me dejaría atrapar y esclavizar por el miedo como me había sucedido desde el primer día de clases, cuando golpearon a Ramón, el mejor, más valiente e inteligente de todos nosotros, hasta que comenzó a sangrar y todos nos horrorizamos.

Tomé aire mientras miraba a Moses gritarme ¡y me sentí tan fuerte y libre como cuando llegaba a casa y cruzaba las puertas de nuestro inmenso rancho grande y sabía que nada malo podía sucederme porque yo tenía familia... y su sangre bombeaba con fuerza en mi corazón!

¡Ya estaba preparado!

¡Era libre!

Había encontrado mi lugar, un lugar seguro y cálido desde donde podía observar el mundo sin ningún temor. Nunca más sentiría tanto miedo como para no poder aguantar las ganas de orinar.

Sonó el segundo timbre. La clase había terminado. Yo no me había sentado. Había derrotado a Moses. Y además, todos lo habían visto.

Recogí mis libros. Fui el último en salir. Todos mis compañeros estaban formando afuera, listos para marchar hacia la próxima clase. Súbitamente, mientras salía del salón, los tres estudiantes que siempre sacaban *A* se acercaron y me golpearon con tanta fuerza que caí al piso. Mis libros y cuadernos salieron volando. Me dieron patadas en las costillas y luego batieron palmas entre sí. Me golpearon tan fuerte que me quedé sin aire. Recogí mis libros y cuadernos en silencio, pero era extraño, pues no me sentí intimidado ni asustado como normalmente me hubiera sucedido. George Hillam se acercó, pero esa vez no me ayudó a recoger mis cosas.

"Tonto," me susurró. "Esta vez metiste la pata. ¿Acaso no sabes que no puedes ir en contra del establecimiento? Puedes pensar en hacerlo. Todos lo hacemos, incluso con nuestros padres. Pero no puedes mirar a las personas a la cara, diciéndoles con tu mirada que tienes ganas de asesinarlos y evitar que descubran tus intenciones."

Me sentí muy confundido. Al igual que muchas personas gordas que conocía, Hillam siempre entendía todo con tanta rapidez, y eso me dejó asombrado.

"Moses les dijo que te agredieran," añadió. "Por eso es que no puedo ayudarte, pues también me agredirían."

"Ah," dije, mirando hacia atrás, y me di cuenta que Moses lo había visto todo, se había puesto su capa militar y se dirigía hacia donde estaban los otros maestros. "Ahora entiendo," le dije a Hillam, "entonces estamos en guerra."

Ahora que ya sabía cómo eran las cosas, recogí rápidamente mis cosas y traté de pensar en todas las maniobras que habíamos estudiado en los cursos de historia militar. Esos tres cadetes me habían hecho daño, y Wallrick fue quien me golpeó más fuerte.

Respiré profundo, miré alrededor e intenté pensar en una manera de vengarme. Vi a Igo, un cadete nuevo y güero de North Hollywood. Su madre, su tío o alguien de su familia pertenecía al mundo del cine. Igo era grande, fuerte y musculoso. Me hice a su lado cuando formamos para marchar a la próxima clase. Estábamos en posición de atención esperando a ser contados, entonces le hundí el dedo en las costillas e inmediatamente volví a tomar posición, mirando hacia el frente.

"¡Basta ya!" me dijo Igo, se dio vuelta y hundió su dedo en mis costillas.

Al escuchar el alboroto, Wallrick, el estudiante estrella y líder del curso, se dio vuelta y vio lo que sucedía.

"¡Párale ya, Igo!" gruñó.

"¡Él comenzó!" contestó Igo.

"¿Le hundiste el dedo a Igo?" me preguntó Wallrick.

"No señor," dije, mintiendo y fingiendo estar tan asustado que era incapaz de mentir o de hacer una travesura. "Nunca le haría eso; ¡él es mucho más grande y fuerte que yo!"

Satisfecho de que yo fuera un cobarde que sabía cuál era mi lugar, Wallrick se dispuso a presentar nuestro grupo a los cadetes e instructores que estaban reunidos.

Le hundí de nuevo el dedo a Igo en las costillas con mucha rapidez y le saqué la lengua. Igo, que tenía un temperamento calmado, sonrió y me golpeó en el hombro. Y Wallrick, que estaba listo para formar, se dio vuelta y vio el alboroto; también se dio cuenta que otros líderes estaban esperando que él pusiera orden en nuestro grupo. Se molestó tanto que vino corriendo hacia nosotros y se plantó frente a Igo.

"VUELVES A MOLESTAR UNA VEZ MÁS," rugió. "Y nos veremos detrás de las barracas antes del almuerzo. ¡Te enseñaré a obedecer las órdenes!"

"Pero, señor, fue él quien..."

"¡No me digas señor! ¡Soy un sargento! ¡Este es mi trabajo!"

"Pero sargento, fue él quien comenzó..."

Los ojos de nuestro líder estaban ensangrentados de la furia. Me lanzó una mirada, pero yo miraba al frente, los hombros derechos, y parecía un militar atemorizado. Así que nuestro brillante líder se convenció de que yo era demasiado cobarde como para hacer algo indebido.

"¡No me mientas!" se dio vuelta, gritándole a Igo. "¡Encuéntrate conmigo detrás de las barracas si es que acaso tienes pelotas!"

"Bueno, allá nos vemos. Pero honestamente, fue él quien..."

"¡ATENCIÓN!" gritó Wallrick. "¡No permitiré que nadie de mi escuadrón me haga quedar mal!"

Nunca olvidaré que estuvimos muy distraídos en la clase siguiente, pues estábamos muy alborotados. Nos dejaron hacer la limpieza antes del almuerzo, y nos dirigimos a la parte posterior de las barracas a ver qué podría suceder. Allá estaba Wallrick sin camisa, y era obvio que era el chavo más grande y fuerte de séptimo. Ya se afeitaba, medía casi seis pies y parecía un estudiante de secundaria, aunque apenas tendría unos trece años, como el resto de nosotros. De hecho, yo era casi un año mayor que muchos de mis compañeros, pues había perdido tercero, pero tenía una cara tan infantil que nadie creía mi verdadera edad.

Wallrick flexionaba sus brazos y se apretaba los nudillos. Igo llegó después; era evidente que no quería pelear, pero que lo haría para salvar su honor. Los otros cadetes formaron un círculo alrededor de Wallrick y de Igo. Yo me mantuve fuera de vista porque no quería que Igo me viera y prefiriera perseguirme antes que pelear con Wallrick. Todos apostaban a que este ganaría, pero yo pensé que Igo tenía buenas probabilidades, porque había jugado con él pocos días atrás y noté que era muy rápido y ágil.

Wallrick avanzó meneándose e insultando a Igo con fuego en su mirada, diciéndole que le iba a dar una lección, porque no permitiría que nadie de su escuadrón arruinara su posibilidad de convertirse en el cadete asistente de la Academia, para luego ingresar a West Point.

Igo lo golpeó.

Le dio un derechazo en la cara mientras nuestro líder estudiantil seguía hablando acerca de su futuro. El golpe sorprendió a Wallrick. De hecho, nos sorprendió a todos. Wallrick se detuvo y se llevó la mano derecha a los labios, se miró las yemas de los dedos, vio sangre y sus ojos se turbaron aún más.

Gritó y se abalanzó sobre Igo, pero el chavo de North Hollywood era demasiado ágil, así que simplemente se hizo a un lado y golpeó a Wallrick con dos izquierdas rápidas en la cara, luego le dio un gancho en el estómago y todos gritamos al escuchar el estruendo del golpe. Igo realmente sabía boxear, pero Wallrick era más grande y más fuerte; no por nada era el líder de la clase, así que no se rindió. Tomó aire, lo agarró del cuello con una llave, e intentó separarle la cabeza del cuello con todas sus fuerzas y luego lo golpeó con las rodillas.

Igo gritó de dolor, pero como también era fuerte, levantó a Wallrick del suelo, lo arrojó y se abalanzaron el uno sobre el otro mientras rodaban por la hierba. Dios mío, nunca tuve intenciones de que eso sucediera, sólo quería ajustar un poco las cuentas con Moses y con los tres estudiantes que me habían golpeado y pateado.

La pelea continuó y los dos terminaron cubiertos de sangre. Sin embargo, era claro que Igo había ganado y ahora tenía muchos amigos. Ya era hora de limpiar los salones antes de almorzar. Pero cuando Igo me vio, se olvidó del almuerzo y salió detrás de mí, diciendo que me mataría. Yo le llevaba ventaja, así que salí corriendo y me escondí detrás de unos cestos de basura que olían tan mal que pensé que no tendría deseos de buscarme durante mucho tiempo.

Mi estrategia funcionó. Igo se fue, pero después de almuerzo me vio de nuevo, y presentí que me agarraría porque yo no era rápido y ya no tenía ventaja.

Corrí alrededor de una edificación, intentando pensar qué podía hacer en ese instante. Y entonces recordé que mi papá me había enseñado a ponerles trampas a los conejos, como lo había hecho durante la Revolución Mexicana, con el fin de conseguir comida para su madre y hermanas que estaban pasando hambre.

Me aposté en la otra esquina del edificio grande, saqué la pluma y el lápiz de mi bolsa, escogí uno recién tajado y cuando escuché que Igo se acercaba para girar por la esquina a toda marcha, lo sostuve como si fuera una espada. Como era rápido, golpeó mi lápiz con su pecho a toda velocidad y se lo enterró.

Al ver el lápiz largo y amarillo clavado en su pecho—lo solté cuando sentí que se lo enterró—gritó aterrorizado y comenzó a palidecer y a jadear.

"¡Me mataste!" gritó. "¡Me atravesaste el corazón!"

"No," le dije, pues yo había destajado muchas cabezas de ganado. "El corazón está aquí, al otro lado. Además, yo no te lo clavé. Simplemente lo sostuve y quedaste atrapado en él, así como un conejo que corre por un sendero con trampas de palos afilados."

"Me envenenaré por el plomo," dijo, debilitado por el miedo.

"Yo te lo sacaré," me ofrecí.

"¡No!" gritó él.

Pero yo ya había agarrado el lápiz y se lo saqué. Él se derrumbó llorando. "Llévame a la enfermería," me suplicó. "No me quiero morir."

"No te vas a morir," le dije. "Yo me enterré un lápiz y no me morí."

"¿Crees que me dará tétano?" me preguntó. "Ven. Ayúdame. Necesito ir a la enfermería."

"Está bien. Te ayudaré, pero no trates de ajustar cuentas conmigo. Siento haberte involucrado en esa pelea con Wallrick, pero nunca pensé que llegara a ese extremo. Sólo quería que él y yo quedáramos a mano, pues me derribó y me pateó. "Además," continué, "tú le ganaste, y nunca más tendrás problemas en esta escuela. Es más, deberías estar contento conmigo. Ahora eres un héroe."

"¡Cabrón!" me dijo. "Lo habías planeado todo desde la primera vez que me hundiste el dedo, ¿verdad?"

Yo me reí pero no le dije nada.

Cuando llegamos a la enfermería, Igo hizo algo que nunca olvidaré... no me delató por haberle enterrado el lápiz ni por haber armado la pelea. Sólo le dijo a la enfermera que se había caído sobre su lápiz. Nos volvimos buenos amigos. A Moses no le gustó nada saber que Igo le había sacado la mugre a su mascota y estudiante estrella, y que él y yo éramos buenos amigos, pero no le volvió a decir a sus mascotas que me atacaran.

Sin embargo, yo no gané la guerra; sólo unas cuantas batallas aquí y allá. George Hillam tenía razón, uno no puede combatir solo contra el establecimiento. Moses siguió hostigándome, poniéndome malas notas y ridiculizándome delante de toda la clase, hasta que me apabulló de tal manera que comencé a odiar al señor Swift por haberme dado esperanzas.

¡Yo era ESTÚPIDO! Eso no tenía discusión.

¡Y lo único que importaba era la ortografía y la puntuación, no con lo que soñaras o lo que te gustara hacer!

Sin embargo, tan seguro como que el sol se ponía y la luna salía todas las noches, estaba escrito en mi corazón y mi alma: Moses era hombre muerto.

CAPÍTULO **tres**

Desperté en el hotel de Long Beach y no pude encontrar al maestro miembro del sindicato. Me dijeron que ya se había ido, pero me hicieron tantos pedidos para dar conferencias que Karen Black, nuestra publicista, me dijo que mi editorial de Nueva York establecería una agencia de conferencias para sus autores y que podían coordinar mis pláticas por el 25 por ciento de mi tarifa. Le dije que ni siquiera sabía que me pagarían, así que tendría que pensarlo.

Luego supe que el escritor vivo más prolífico del mundo, Louis L´Amour, el autor de historias de vaqueros que tenía más de 300 millones de libros impresos, daría una plática ese día a la hora del almuerzo. Su libro *Hondo* era uno de mis favoritos de siempre y una de mis películas preferidas, así como Steinbeck, Faulkner, James Joyce, Anne Frank, Tolstoy, Dostoievsky, Azuela, Rimbaud y Camus eran algunos de mis escritores preferidos de todos los tiempos.

Vi a Louis L´Amour con su esposa Catherine y sus dos hijos antes de la plática y le pregunté si tenía algún consejo para los escritores.

Encontramos un lugar silencioso en el bar pero no pedimos licor. Me dijo: "Primero, un escritor escribe. Esa es su labor, su trabajo. Segundo, no se trata del dinero. Se trata de escribir; fue por eso que sólo me casé cuando tenía cincuenta años, ya que antes no ganaba suficiente dinero para casarme y escribir al mismo tiempo. Y mi libro *Hondo,* que tú dices que te encanta, lo vendí a una compañía cinematográfica por quinientos dólares y todos me dicen que me engañaron. Yo digo que no; necesitaba esos quinientos dólares y ellos me los pagaron. Las películas son publicidad gratis para nuestros libros. Escuché que diste mucho de qué hablar con tu plática de ayer. Eso está bien; tienes su atención. Ahora ve a casa y escribe."

"Lo que más puede arruinar a los escritores, por sobre todas las cosas, es beber, pensar en el dinero, quererse codear con los ricos y famosos y asistir a muchas convenciones de este tipo. John Wayne ha actuado en tres películas que se han hecho sobre mis libros; he tenido la oportunidad de conocerlo, pero nunca lo he hecho. ¿Por qué? Después de todo, escribir es un trabajo como cualquier otro, como cavar una zanja, construir una casa, un granero o un corral, y yo estaba muy ocupado escribiendo en aquellas ocasiones como para conocerlo."

"El éxito temprano ha arruinado a muchos de los mejores escritores más que cualquier otra causa," añadió. "Escriben un primer libro excelente porque tenían mucho tiempo y nada qué perder. Pero luego, con el sabor del éxito, se paralizan o comienzan a beber o a codearse, o a querer incursionar en la política y nunca logran publicar un segundo libro de la misma calidad o intensidad. Así que actúa con mucha cautela, y sumérgete en una larga y fructífera vida de ser un escritor, de ser un narrador alrededor del fuego de tu pueblo y de tu generación. Tu oficio es tan antiguo como el tiempo, y tu labor más importante es elevar el espíritu humano para que podamos seguir con dignidad y honestidad. Eso es todo."

Quedé anonadado. Nunca esperé recibir tanto y mucho menos de una forma tan condensada. Después le dijo a su esposa que me diera el número telefónico de su casa y que los llamara cuando quisiera, de día o de noche, porque él había leído las primeras páginas de mi libro *Macho!* y sabía que yo estaba en algo, como le gustaba decir a Hemingway.

Subí a mi Ford, a mi "potro blanco" y conduje de regreso a casa, sintiéndome con diez pies de estatura y diez años mayor que cuando había salido hacia Long Beach, tan sólo unas treinta horas atrás.

Pocos días después, en el periódico de Long Beach apareció una foto mía grande y un extenso artículo, luego el LA *Times* reseñó mi libro, ¡y comparó a *Macho!* con lo mejor de Steinbeck, ese gran escritor!

¡Había despegado! Respiré despacio para mantener la calma: ¡estaba volando TAN ALTO!

LIBRO dos

CAPÍTULO **cuatro**

Tenía cinco años. Era el año de 1945. Mi papá, Juan Salvador Villaseñor y yo fuimos desde la casa de nuestro rancho hasta los corrales para platicar.

"Mijito," me dijo, "mañana comienzas a estudiar, así que es muy importante que entiendas quién eres y cuál es tu gente. Eres un mexicano. Y los mexicanos son personas tan buenas y fuertes que en todas partes, todos quieren ser mexicanos. Recuerda lo que pasaba en el barrio de Carlsbad; los gringos y los negros iban a nuestra sala de billar, se comían unas cuantas enchiladas, tomaban un par de tequilas y cantaban con los mariachis. Eso demuestra que todo el mundo ama a los mexicanos y que quieren ser mexicanos. ¿Entiendes?"

Asentí. "Sí, papá, entiendo."

"¡Qué bien! Porque ahora que vas a estudiar, tienes que ser un buen hombrecito y empezar a analizar a las chamacas, para que a su debido tiempo, sepas cómo escoger a la mujer adecuada para que sea tu esposa. Porque lo más importante que puede hacer un hombre en toda su vida es escoger a la mujer adecuada para procrear, es decir, casarse primero y procrear después, ya que de la mujer proviene el..."

"... el instinto de supervivencia," dije, pues había escuchado esto desde que tenía memoria.

"Bien," dijo papá, "muy bien. Te acordaste. Y para que les parezcas atractivo a las mujeres, mijito, tienes que dejar de hurgarte la nariz y de limpiarte en los pantalones. ¿Entiendes? *Lo cortés no quita lo valiente, y lo valiente no quita lo cortés.*"

También había escuchado eso desde que tenía memoria, pues era uno de los dichos mexicanos más antiguos.

"Sí," asentí, "creo que sí."

"Y además," dijo mi papá mientras fumaba su puro grande y largo y pasábamos debajo del molle viejo y alto, "de ahora en adelante tienes que ser responsable, lo que equivale a que todos los hombres y las mujeres sepan limpiarse el trasero."

Asentí de nuevo. Escuchaba con mucha atención todo lo que decía mi papá, porque como vivía en un rancho con caballos, ganado, camiones y tractores, había aprendido que si no estaba atento a lo que me decían, lo más probable era que me atropellara un tractor, que se me soltara la silla mientras montaba a caballo, o peor aún, que una serpiente cascabel me hiciera morir del susto por no haber prestado atención y no saber en qué lugar del cielo estaba el Padre Sol y haber mirado en cambio a las sombras del camino. Sin embargo, me costaba escuchar a mi papá, pues la cabeza no hacía más que darme vueltas.

A fin de cuentas, nunca antes me había alejado de mi familia y de todos modos, ¿qué necesidad tenía de ir a la escuela? Estaba aprendiendo todo lo que necesitaba allá en el rancho. Yo sabía ordeñar una vaca, sabía sembrar y recoger maíz para que pudiéramos hacer tortillas. ¿Qué otra cosa podría aprender en otro lugar?

"¿Me estás entendiendo entonces, mijito?" me dijo mi papá, fumando su puro. "Ahora tendrás que aprender a defenderte por tus propios medios."

Negué con la cabeza. "No, Papá, realmente no entiendo," dije en español. Yo no sabía inglés y en el rancho siempre hablábamos español. "¿Cómo hago para dejar de hurgarme la nariz, cuándo se me sequen los mocos? Cuando los mocos comienzan a picarme, si no me los saco me duelen. Y todavía no sé cómo limpiarme bien el trasero. ¿Hago una bola con el papel o lo extiendo en el piso y lo enrollo con mucho cuidado para que esté liso cuando me limpie?"

"¿Quién te enseñó eso de extenderlo en el piso y doblarlo?" me preguntó. "Yo nunca había pensado en eso, siempre hago una bola. ¡Oye, mijito! Todavía no has comenzado a estudiar y se te ha ocurrido una gran idea. Te diré algo: ¡te va a ir bien en la escuela! ¡Chingaos! Ya estás pensando, y en eso consiste la educación, en aprender a pensar."

Me sentí bien cuando me dijo esto, pero de todos modos no me gustaba la idea de tener que ir a la escuela. "¿Puedo ir por lo menos a caballo?" pregunté. Montaba a caballo desde los tres años, ¡y en un caballo grande yo me sentía como Superman, más rápido que una bala y más fuerte que una locomotora!

"No, creo que no," me dijo mi papá.

"¿Por qué no? El tío Archie dice que cuando él iba a la escuela, la mitad de los chamacos de la reservación iban a caballo, y que también llevaban sus rifles y cazaban cuando regresaban a casa para cenar."

Mi papá levantó su sombrero Stetson y se rascó la cabeza. "Eso fue hace mucho tiempo, mijito. Ya no podemos ir a la ciudad a caballo ni con armas. Ya somos civilizados."

No me gustó eso. Creía que tendría mejores posibilidades en la escuela si llevaba mi caballo y mi rifle de aire. Yo era muy bajito para ir a pie, y como iría a un territorio nuevo para mí, concluí que tendría más posibilidades si iba armado y a caballo.

Esa noche casi no dormí de lo inquieto que estaba. Di vueltas todo el tiempo y mi hermano y mi hermana no podían ayudarme, porque ya había aprendido que cuando te caías del caballo, sólo tú podías encargarte de tus asuntos. Nada de lo que te recomendaran cuando te cayeras de un caballo podía evitar que comieras tierra y te sintieras tan aturdido que el cerebro no te funcionara hasta no respirar. Pero después de comer tierra dos o tres veces, caerse de un caballo ya no era tan terrible. Eso lo aprendí solo.

El lunes en la mañana me desperté muy temprano, me bañé, me lavé los dientes, hice la cama, doblé mi ropa y me puse mis Levi's nuevos y la nueva camisa a cuadros y de manga larga que me había comprado mi mamá en el JCPenney del centro de Oceanside. Me encantaba ir a esa tienda con mi mamá, porque tenían una jarra atada a un cable en la que echabas el dinero cuando pagabas, y luego alguien la subía rápidamente hasta que llegaba a una ventanita. Después la jarra se detenía misteriosamente, una empleada que estaba al lado de la ventana la agarraba, abría la tapa, sacaba el dinero, echaba el cambio, hacía el recibo, metía todo en la jarra, soltaba la cuerda, y la jarra descendía tan rápidamente como un pájaro al que se le estuvieran quemando las plumas. También me gustaba ir a JCPenney porque—mi mamá Lupe siempre lo decía—el dinero rendía más allí que en Sears. Sin embargo, era en Sears donde comprábamos casi todos los implementos para la granja y los caballos.

Después del desayuno, mi mamá me llevó al baño y limpió el huevo que me había caído en la camisa. Me di cuenta que mi mamá había sido muy sabia en insistir que compráramos una camisa a cuadros y no la azul que yo quería, porque la parte que me limpió casi no se notaba gracias a los cuadros.

Se marchó cuando terminó de limpiarme y me quedé solo en el baño. Oriné en el excusado que estaba lleno de manchas de color naranja por el agua de nuestro pozo, luego me subí en mi caja para verme en el espejo que estaba encima del lavabo, que también estaba lleno de manchas de color naranja, y vi que mi pelo estaba bien peinado, salvo atrás, donde siempre se me erizaba como las púas de un puercoespín. Me di la bendición y comencé a hablar con Dios.

"Papito," dije, "tal vez te hayas olvidado, pues sé que Tú has estado muy ocupado, pero hoy iré solo a la escuela y soy un chamaco muy pequeño, especialmente ahora que iré a pie, así que necesito que Tú estés por favor a mi lado y me ayudes en caso de que cometa un error y me meta en problemas. ¿Sí? ¿Hacemos ese trato, Papito, vas a estar a mi lado?"

Cerré mis ojos con fuerza, como mi mamagrande Doña Guadalupe me había enseñado, y poder así escuchar la voz de Dios dentro de mí. Sin embargo, escuché algo que no creo que fuera la voz de Papito, porque oí que mi mamá me gritó, "¡Apúrate! ¡No puedes llegar tarde el primer día de escuela!"

El corazón me latió con fuerza. Me di la bendición rápidamente, y dije "Dios, nos vemos en la escuela," y salí de nuestro viejo baño, crucé la cocina y salí por la puerta trasera. Abrí la puerta del coche, aparté a la gallina del asiento de pasajeros donde había decidido anidar, y salí con mi mamá, mientras las plumas volaban a nuestro alrededor. Mi mamá entraba a trabajar a esa hora, pero ese día me llevó a la escuela. Después iría al centro de Oceanside, a llevar la contabilidad de nuestra tienda de licores que quedaba muy cerca de la estación del tren, a poca distancia del muelle, que entre otras cosas, me encantaba; mi tío Archie a veces me llevaba a pescar allí.

Mi mamá encendió el coche que estaba debajo de los dos molles inmensos. Pasamos bajo unos pinos y luego recorrimos el extenso camino de entrada de nuestro rancho grande, a la sombra de unos eucaliptos altos.

"Te va a gustar la escuela," me dijo Mamá. "Algunos de los días más felices de mi vida fueron cuando estudié en *La Lluvia de Oro* con tu madrina Manuelita."

"Pero, ¿no te dio un poco de miedo el primer día?"

"Sí, creo que sí, pero tu madrina Manuelita era la monitora y las dos íbamos juntas a la escuela. No te preocupes," añadió. "Conseguirás amigos, y con amigos, el estudio y la vida son mucho más fáciles, mijito."

Confié en que mi mamá tuviera la razón, porque como vivía en un rancho, no conocía chamacos de mi edad y mucho menos tenía amigos. Creo que mi perro Sam era lo más cercano a un amigo, pero Hans y Helen Huelster, nuestros amigos alemanes, lo habían matado accidentalmente un año atrás.

Miré por la ventana del coche. Vi docenas de faisanes en nuestra huerta de limones y naranjos, y al ver estas aves tan hermosas, mi corazón adquirió alas. Luego pasamos por la huerta oscurecida por los inmensos árboles de aguacates y por el viejo árbol de nísperos donde se siempre había centenares de pájaros. Sonreí al verlos; luego llegamos a California Street, en donde teníamos nuestro buzón de correo. Giramos a la derecha, pasamos por la casa de mi tía Tota—la hermana mayor de mi mamá, que estaba casada con el tío Archie—luego tomamos una curva hacia la izquierda, después un giro cerrado hacia la derecha, pasamos por la nueva tienda de Hightower y llegamos a Coast Highway, que en ese entonces se llamaba Hill Street. Allí giramos a la derecha. En aquella época, Hill era la calle más grande, ancha y larga de Oceanside. De hecho, era parte de la antigua 101 Highway, que bordeaba toda la costa de California.

Mi mamá, que era muy buena conductora, aceleró la marcha y descendimos por una pequeña colina, arriba del puentecito por el que pasaba el brazo de mar que llegaba hasta nuestra propiedad. Subimos otra colina, al lado del cementerio donde yacía mi mamagrande Doña Guadalupe, y después pasamos por Short Street, que posteriormente se llamaría Oceanside Boulevard. Perdí la cuenta de las calles por las que circulábamos, pues de allí en adelante ya no íbamos por el perímetro de nuestro rancho grande y no sabía dónde estábamos.

Más adelante giramos a la derecha y subimos una cuesta pendiente llena de calles cortas, como si fuéramos hacia la Escuela Secundaria de Oceanside, que era muy grande. Estaba contento de que casi siempre hubiéramos girado a la derecha, porque no me gustaban los giros a la izquierda. Recordé muy claramente que cuando vivíamos en el barrio de Carlsbad, mi abuela sólo giraba a la derecha cuando me llevaba en coche, en la época en que yo era muy chico, y sólo me gustaban los giros a la derecha.

No pude creer lo que sucedió después: mientras pensaba en mi abuela, mi mamá giró abruptamente a la izquierda y se estacionó. Sentí como si todo mi mundo se hubiera trastocado. Aparecieron mi mamagrande y mi perro Sam, y supe que los necesitaría a ambos, y también a Papito Dios, si es que quería sobrevivir a ese día.

"Esta es tu escuela," me dijo mi mamá, mientras abría la puerta y se bajaba del coche.

No me gustó lo que vi. Por todas partes corrían chamacos desconocidos para mí. Mi mamá cerró la puerta, vino por detrás del coche y me abrió la puerta.

"Vamos, mijito" me dijo.

"No," respondí. "No quiero entrar, Mamá."

"Tienes que hacerlo," me dijo.

"¿Por qué?" pregunté. "Papá nunca fue a la escuela, y él dice que lo único que tiene que hacer una persona en este país es pagar impuestos y morirse."

Ella se rió. "Bueno, eso será cierto cuando crezcas, mijito y cuando tengas negocios, pero todavía eres un chamaco, y tienes que estudiar antes de pagar impuestos y de morirte. Ven," me dijo, "dame la mano: Yo te llevo."

Me negué. "Mamá," le dije, "¿Podrías quedarte hoy conmigo?"

"No creo que pueda," me respondió. "Preguntaré; tal vez pueda. En ese caso iré a la tienda, revisaré la caja y regresaré."

"¿De veras?"

"Sí."

Sus palabras me reconfortaron, le di la mano a mi mamá y me bajé del coche. Había muchos chamacos con sus padres. Mi mamá se apoyó sobre los talones de sus lindos zapatos rojos y comenzó a quitarme todas las plumas blancas y marrones que tenía en la camisa y en el pelo. Miré tres eucaliptos inmensos que había enfrente de la escuela. Dos de ellos tenían una corteza suave, pero el otro tenía una corteza agrietada, sobre todo en la parte de abajo, y fue el que más me gustó de los tres. Noté que se reía como un elefante blanco, viejo e inmenso, mientras veía a los chamacos pasar a su lado. Le asentí y le dije "Buenos días" y por supuesto, él me hizo un guiño, así como siempre me decía mi mamagrande que hacían los árboles cuando los tratábamos con el corazón abierto.

"Ven, mijito" dijo mi mamá, mientras se ponía de pie y cerraba la puerta del coche. "Ya te quité casi todas las plumas. Vamos a tener que comenzar a cerrar las ventanas en las noches, para que las gallinas dejen de anidar en los asientos."

Asentí. Algo que me gustaba mucho de mi mamá y de mi papá era que siempre pensaban por anticipado, para no cometer dos veces el mismo error, pues cometer el mismo error—algo que yo hacía con frecuencia de chamaco—podía ser doloroso, pues la vida te daba una y otra vez en el trasero.

Le agradecí a mi mamá por haberme limpiado y cruzamos la calle; se veía tan alta y hermosa con sus nuevos zapatos rojos de tacón alto y su vestido largo y suave de color gris plateado que producía un sonido suave y agradable al caminar. Ella llevaba mi merienda y me había agarrado de la mano. Sentía su mano tan tibia y agradable que el calor se extendió por mi brazo. Yo amaba a mi mamá. Ella lo era todo para mí, así como la mamá de mi papá lo había sido todo para él cuando era chamaco. Mis ojos miraban en todas las direcciones. Nunca antes había visto tantos chamacos. Casi todos eran más grandes que yo, hablaban inglés, se reían y se divertían. No vi chamacos que parecieran asustados ni que estuvieran agarrados de sus mamás de puro miedo como estaba yo. Pero no me importó; me gustaba agarrarle la mano a mi mamá.

Sin embargo, me detuve cuando nos acercamos a los tres eucaliptos. No quería seguir.

"No, Mamá" dije, haciendo que se acercara a mí para poder susurrarle al oído, "esta escuela es mala, no quiero entrar."

"Pero, ¿cómo puedes saber que es mala?" me contestó. "Ni siquiera has entrado."

"Me lo dijo ese árbol arrugado." Los árboles me habían hablado toda la vida, desde que mi mamagrande me enseñó a sembrar maíz y a escuchar a los vegetales de nuestra huerta. Y a los árboles viejos no sólo les gustaba hablar mucho, sino que valía la pena escucharlos, me decía mi abuela, porque han visto mucho de la vida y por eso eran muy inteligentes.

"¿Qué te dijo, mijito?" me preguntó mi mamá.

"Me dijo que en esta escuela suceden cosas feas y horribles."

"¿Y luego te dijo que no entraras a esta escuela?"

"No. No me dijo eso, Mamá. Me dijo que tendré que ser muy, muy fuerte y tener mucho cuidado en esta escuela."

"Ya ves, mijito, entonces este árbol no te está diciendo que no vengas acá. Sólo te está diciendo que debes aprender a ser fuerte y a tener cuidado, así como me aconsejaba el Árbol Llorón en *La Lluvia de Oro*, durante la Revolución. Así que vamos, mijito, tienes que ser valiente, y si te pasa algo malo antes de que yo regrese de la tienda, entonces corre y abraza a tu amigo el árbol, hasta que yo vuelva. ¿Está bien?"

"Sí," dije, sintiéndome mucho mejor. "Y te prometo que no me hurgaré la nariz, Mamá, aunque los mocos se me sequen y me piquen mucho."

"Bueno, aquí tienes mi pañuelo," me dijo. "Así podrás sonarte la nariz como un caballero, en vez de hurgártela como un tontito."

Sonreí al escuchar esa palabra porque la dijo en un tono muy cariñoso. Me sentí muy orgulloso de tener el pañuelo de mi mamá, pues sabía que mi mamagrande lo había bordado con rosas pequeñas, especialmente para ella. Me guardé el pañuelo en la bolsa derecha de atrás de mis Levi's, y pasamos a un lado de los eucaliptos, cruzamos la puerta de malla metálica que era mucho más alta que yo y nos dirigimos hacia las instalaciones de la escuela.

Los chamacos jugaban béisbol y corrían en todas las direcciones. Un chavo se nos acercó a tanta velocidad mientras perseguía un balón grande y blanco, que se tropezó conmigo, estuvo a un paso de derribarme, y cuando vio que yo estaba agarrado de la mano de mi mamá, se rió y me dijo "cobarde" o algo así, pero yo no la solté. No, mi papá me había explicado muy bien que un hombre de verdad no se ofendía si otros hombres se burlaban de él por estar cerca de las mujeres de su familia, y que ese hombre de verdad se sentía orgulloso de estar cerca y de amar a las mujeres de su vida.

Mi mamá les hizo varias preguntas a algunas personas, me llevó por un sendero que no tenía caca de gallina como el de nuestra casa, y seguimos hacia el edificio del fondo. De repente, sonó una alarma tan fuerte que me dio un susto de la chingada y me tapé los oídos con las manos.

Los chamacos comenzaron a correr en todas las direcciones y sus padres se despidieron y se subieron a sus coches. Mi mamá y yo éramos casi las únicas personas que estábamos afuera. Esa fue la primera vez que escuché hablar español a otra persona que no fuera de la casa. Una señora mexicana, que iba con sus tres hijos y que parecía más perdida aún que nosotros, le pidió ayuda a mi mamá, quien sacó una hoja, la leyó y señaló el edificio al que nos dirigíamos.

Me di cuenta que una de las hijas de la señora probablemente tenía mi edad, pero parecía ser más alta y valiente que yo. Rápidamente concluí que pertenecía al tipo de mujeres con las que mi papá me había dicho que debería casarme primero y procrear después. Porque desde que yo tenía memoria, mi papá me había dicho que cualquier criador de toros de lidia o de gallos de pelea sabía que cuando había encontrado un buen toro o gallo, no preguntaba cuál era el toro o el gallo. No, preguntaba por la vaca o la gallina, porque las vacas, que llevaban a sus crías en la panza, y las gallinas, que sabían hacer sus nidos y sentarse sobre sus huevos, habían recibido instintos muy especiales por parte de Dios. Las mujeres eran la base de cualquier hogar, tribu o nación, me decía siempre mi papá, así que nunca era demasiado temprano para que un chamaco comenzara a estudiar a las chamacas y saber cómo escoger a la mejor esposa posible. Y entonces miré a esa chamaca caminando al lado de su mamá, mientras nos dirigíamos al edificio del fondo. Era muy linda.

Mi mamá tocó la puerta. Una mujer alta abrió, leyó la hoja que le entregó mi mamá y me dijo que entrara y me hiciera en la parte de atrás. Sin embargo, el salón tenía un olor extraño y todos los chamacos que estaban adelante me miraron. Me sentí paralizado y me negué a desprenderme de mi mamá.

Entonces, la mujer alta, que era la maestra, leyó el papel que le había pasado la otra mamá y le dijo a la chamaca que se dirigiera a la parte trasera del salón, donde estaban todos los mexicanos. Y para mi sorpresa, la chamaca—que era alta y de pelo oscuro—besó a su mamá, se dio vuelta y obedeció las instrucciones de la maestra.

Al ver eso, me solté de la mano de mi mamá; esa chamaca me había deslumbrado. Se veía tan valiente caminando por el pasillo del centro mientras todos los estudiantes tenían sus ojos puestos en ella. En cambio yo estaba a un paso de orinarme en los pantalones del susto que tenía.

Inmediatamente pensé que los padres de estas chamacas también les habían dicho que nos miraran a los chamacos para ver quién de nosotros podría ser un buen esposo. Si eso era cierto, estaba seguro que ninguna chava que tuviera dos dedos de frente me quisiera por esposo, debido a la forma en que me estaba comportando.

Me sequé los ojos rápidamente, me aseguré de no hurgarme la nariz, que ya me picaba bastante, y extendí el pie derecho para dar el primer paso hacia el pasillo central y llegar hasta mi silla. Pero luego, sin saber porqué, sentí mucho miedo, retraje el pie, me dije, "al diablo lo que piensen estas chamacas de mí," y le agarré la pierna a mi mamá —ya no sólo su mano—del susto que tenía.

Algunos de los chamacos se rieron. Cerré mis ojos para no tener que verlos y comencé a rezar. "Dios," dije, "por favor ayúdame a ser valiente y a no ser tan cobarde."

Luego le recé a Jesús, el hijo de Dios, quien fue tan valiente que no gritó cuando le enterraron esos clavos enormes en sus manos. ¡Cómo hubiera gritado yo! Le pedí a Jesús que viniera y me ayudara a ser valiente como Él, y ya me estaba sintiendo un poco mejor cuando la maestra, que era grande y alta, me agarró para desprenderme de mi mamá. Yo GRITÉ a todo pulmón. Y creo que le di un susto de la chingada a la maestra, porque retrocedió de un salto y los ojos se le desorbitaron del susto.

Recobró su compostura, se acercó de nuevo a mí, y todo terminó en un tira y afloje para ver si podía desprenderme de mi mamá. Pero yo era fuerte, no me solté y todos los estudiantes se rieron. La maestra y mi mamá me agarraron y me llevaron hasta mi silla. Sin embargo, yo no la soltaba. Seguí llorando y escondiendo mi cara en su vestido, para que nadie viera lo cobarde que era yo.

"Mamá," le dije. "¡Quiero que te quedes! Por favor, no quiero estudiar aquí, ¡Algo malo me va a suceder!"

"No te va a suceder nada malo, mijito," me respondió. "Algunos de mis recuerdos más felices son de la escuela. Así que suéltame, ¿No ves cómo todos se están comportando bien y en silencio? Tú también puedes hacer lo mismo, mijito," me dijo mi mamá. "Ya tienes cinco años. Eres un chamaco grande. Toma tu almuerzo y suéltame por favor."

Miré alrededor y entendí que mi mamá tenía razón. Todos los chamacos de mi edad estaban sentados en sus pupitres sin llorar. Mi mamá me soltó un dedo tras otro, me empujó suavemente y me dijo que me quedara quieto. Me entregó la bolsa marrón donde estaba mi almuerzo. Miré la parte trasera de los hermosos zapatos rojos de mi mamá mientras se dirigía por el pasillo central, se detenía, hablaba con la maestra —que tenía zapatos negros—y luego salía por la puerta.

Cuando dejé de ver los zapatos rojos de mi mamá, estuve a un paso de volver a gritar, pero un chamaco que estaba a mi lado me dijo en español, "cálmate, vamos a estar bien, mano."

Me di vuelta y lo miré. Dios mío, su español me sonó tan suave y reconfortante; era el chamaco moreno más apuesto que había visto. Sus ojos eran tan grandes y hermosos como los de una cabra. Dejé de llorar cuando lo miré; estaba tan calmado y seguro.

Me sequé los ojos, me pasé la mano por la nariz y me la limpié en mi Levi's, pero luego me acordé del pañuelo de mi mamá, lo saqué y me limpié la mano con él. Me sentí bien; mi mamagrande había hecho un trabajo muy lindo al bordar a mano ese pañuelo.

Miré por la ventana y vi el hermoso sombrero rojo de mi mamá mientras atravesaba la puerta de malla metálica, y cruzaba la calle para subirse al coche. Respiré y acerqué mi cara al pañuelo de mi mamá, olí su fragancia, me sentí mejor, le recé otra plegaria corta a Jesús para que me ayudara a ser valiente y me di la bendición que por cierto era algo que siempre me gustaba hacer.

"No tienes por qué llorar," siguió diciéndome en español el chamaco que estaba a mi lado. "Estamos juntos acá atrás, y vamos a estar bien. ¿Nunca antes has estado lejos de tu mamá?"

"Sí, pero siempre estaba con mi mamagrande, con mi papá o con mis hermanos."

"Yo también," dijo él. "Cuando era pequeño, pero ahora somos grandes y tenemos que..."

Escuchamos un grito muy fuerte y espantoso. "¡SÓLO INGLÉS!" gritó la maestra, que vino hacia donde estábamos los mexicanos. En la parte de atrás del salón habíamos unos ocho chamacos mexicanos y tres negros. Los demás estudiantes eran blancos y estaban adelante. "Ustedes dos no van a seguir susurrándose entre sí, diciéndose secretos en mi clase ¿entienden?"

Su cara tenía tal expresión de furia que dejé de llorar y me asusté tanto que por poco me orino en los pantalones.

"¡Pipí!" exclamé, poniéndome de pie y sosteniendo el pañuelo de mi mamá entre mis piernas con todas mis fuerzas. Todos los chamacos se rieron.

"¡No irán al baño hasta la hora del descanso!" gritó ella. "¡Siéntate!" añadió, agarrándome de los hombros y empujándome. "¡Ya has dado suficientes problemas por hoy! ¡No tendrás más atención especial!" Se dio vuelta y se dirigió a todo el salón. "¿Entendido? Estamos aquí para aprender, y eso es lo que vamos a hacer: ¡APRENDER!"

Yo estaba sentado en silencio, con los ojos cerrados, pidiéndole a Dios que nadie se diera cuenta que me estaba orinando. Pero no pude contenerme a pesar de apretar mis piernas con todas mis fuerzas. Al comienzo, mis calzoncillos y el pañuelo absorbieron casi todo el orín, y le pedí a Dios que la cosa terminara ahí. Pero para mi sorpresa, el orín seguía saliendo y comenzó a deslizarse por mis piernas y lo sentí caliente cuando formó un charco en la silla de mi pupitre, debajo de mis pantalones.

Era increíble, pero yo seguía orinando, el chorro era constante y sentí que empezaría a gotear desde los bordes de la silla. Y por supuesto, yo sabía que todos los que estaban cerca de mí escucharían el sonido del goteo al igual que cuando la lluvia cae del techo de las casas.

Me corrí hacia delante para que tal vez así mis orines se deslizaran por el interior de mis Levi's y a Dios gracias la estrategia funcionó. Al sentarme un poco más adelante de la silla sentí que mis orines comenzaron a deslizarse por dentro de mis Levi's, caían en mis botas y me calentaban lo pies.

Pero no podía controlar el olor, y muy pronto los estudiantes que estaban cerca comenzaron a husmear y a mirar en mi dirección. Y entonces vi que la chamaca alta que había entrado de una forma tan valiente al salón se dio vuelta y me lanzó una mirada llena de asco. Comencé a llorar; no pude evitarlo. Ya había fracasado, aunque era apenas mi primer día en la escuela. Ninguna chamaca que tuviera dos dedos de frente me querría como esposo. Yo era un cobarde, y los cobardes éramos unos buenos para nada. Vi que una de las ventajas de que sólo hubiera mexicanos alrededor mío era que ninguno dijo una sola palabra, y así el resto del salón no se enteró de la vergüenza tan espantosa que yo tenía.

Cuando anunciaron el descanso ya me había orinado por completo. Sin embargo, fui al baño, me encerré en una de las cabinas, me quité mis Levi's y mis calzoncillos y los arrojé al excusado junto con el pañuelo de mi mamá, pero no desaparecían por más que vaciara el excusado. Luego, y para aumentar la pesadilla, el excusado comenzó a rebozarse.

"¡Dios mío!" exclamé, "¿por qué dejas que me sucedan estas cosas tan espantosas, Papito? ¿Acaso he hecho algo malo? ¿O estás tan ocupado que te olvidaste que teníamos un trato y que Tú estarías hoy a mi lado?"

Me apresuré a ponerme mis Levi's mojados, saqué el pañuelo blanco de mi mamá del excusado, y salí lo más rápido que pude para que nadie se enterara que había echado a perder el excusado, pues el agua estaba por todas partes.

Una vez afuera, intenté escurrir todos los orines y el agua del pañuelo de mi mamá. Sentía que el corazón me latía a un millón por hora. Entonces vi al eucalipto viejo y arrugado que estaba junto a mí, al lado derecho de la zona de juegos. Me sonreía, "Sé valiente," me dijo con una voz suave y amable. "Sé valiente."

Y una vez dijo esto, sus brazos se movieron y todas sus hojas comenzaron a cantar y a bailar. Respiré profundo. No supe qué hacer, pero él había sido tan amable y bondadoso que me sentí mucho menos asustado. Miré alrededor y me di cuenta que todos los estudiantes mexicanos del curso estaban al otro lado del patio.

"Ve con ellos," me dijo el árbol viejo e inmenso y me guiñó. "Y recuerda siempre lo que te dijo tu mamá, que la escuela y la vida son mucho más fáciles cuando tenemos amigos. Mira, yo por ejemplo no estoy solo. Tengo dos buenos amigos a mi lado."

Y era cierto; el eucalipto viejo y arrugado tenía dos árboles de corteza suave a su lado que también bailaron y me sonrieron mientras el viento se colaba por entre sus hojas. Me sentí mucho mejor. "Gracias," les dije a los tres árboles, y luego me di vuelta y crucé el patio.

El chamaco moreno y apuesto se llamaba Ramón, y era el que más hablaba. Ningún otro chamaco me prestó atención, pero ¿quién podría culparlos? Yo era el llorón del grupo.

"¿Qué vamos a hacer?" preguntó un chamaco.

"No sé," dijo Ramón, "pero lo cierto es que nos están tratando como a unos pendejos."

Estuvimos de acuerdo con el análisis que había hecho Ramón y comenzamos a dar nuestras opiniones y a sentirnos mejor cuando de pronto, como salida de la nada, apareció una mujer enorme y musculosa con voz de hombre y se acercó a nosotros.

"¡ESPAÑOL NO!" gritó. "¡Ya les han dicho en clase! ¡Sólo pueden HABLAR INGLÉS en la escuela! ¿Me entienden?"

"Pipi," dije en voz baja, preguntándome si esta palabra era en español o en inglés. Apreté mis piernas con todas mis fuerzas una vez más y le pedí a Dios para no orinarme.

Para mi gran sorpresa, todos mis compañeros se callaron asustados, y Ramón dijo, calmado y en español: "Ustedes no son nuestros padres, no tienen derecho a gritarnos, sobre todo si estamos aquí."

"Les he dicho que NO HABLEN ESPAÑOL," gritó la maestra, agarrando a Ramón por los hombros y sacudiéndolo.

"¡OYE, TÚ NO ERES MI MAMÁ!" le gritó Ramón a la maestra. "¡Suéltame! ¡No tienes ningún derecho a agarrarme así!"

Sin embargo, ella no lo soltó. Lo agarró del cabello y lo sacudió con más fuerza. "¡Dije que ESPAÑOL NO!" gritó ella. "¿Me escuchan? ¡ESPAÑOL NO!"

"¡LA TUYA, PINCHE VIEJA MALA!" le gritó Ramón.

"¿Qué dijiste? bramó la maestra. "¿Creen que no sé vulgaridades en español?"

Luego le dio una, dos, tres bofetadas, pero Ramón siguió hablando en español y nos dijo que no nos asustáramos, que éramos mexicanos y que no éramos sus esclavos.

Dejé de llorar en ese instante. Dios mío, no podía creerlo, este Ramón tenía que ser el chamaco más valiente del mundo. La maestra lo siguió golpeando hasta que le dejó la cara cubierta de sangre.

Me sequé las lágrimas y pensé en la imagen de Nuestro Señor Jesús que había en las paredes de la iglesia, llevando la cruz a sus espaldas camino al calvario. Rápidamente me di la bendición; rezaba cuando el timbre sonó y ella dejó de golpear a Ramón, quien sólo era un chamaco de cinco años como nosotros y luego lo llevó al baño.

"Y ustedes, hispanos despreciables, váyanse AHORA MISMO al salón mientras le limpio a este cabroncito la boca con jabón."

Llegó otro maestro, pero no nos gritó. Había visto lo que había sucedido y nos acompañó con mucha amabilidad al salón. Había tenido razón al decirle a mi mamá que algo malo me sucedería en esta escuela.

No había transcurrido una hora desde que mi mamá se había ido y todo era tan horrible que a mí me parecía casi el fin del mundo.

Ese día, mi mamá no regresó hasta que las clases acabaron y cuando la vi, me enfadé y le grité: "Mamá, ¿por qué no viniste por mí como lo prometiste?"

"Yo sí vine," me dijo, "pero las directivas me dijeron que los padres de familia no podían entrar a la escuela a menos que se tratara de una emergencia," y luego me preguntó si estaba bien.

Me encogí de hombros. No supe qué decir. Comparado con Ramón, me imagino que estaba bien. Y esa tarde, lavé mis Levi's y el pañuelo de mi mamá para que nadie se enterara de mi terrible vergüenza.

Luego en la cena, cuando mi papá me preguntó cómo me había ido en la escuela, tampoco supe qué decirle, pues no quería que descubriera que su hijo era un llorón y un cobarde, y que él había sido un tonto al decirme que todo el mundo quería a los mexicanos, porque no era así. ¡Los maestros nos odiaban!

Así que sólo le dije, "bien, Papá" y no volví a hablar esa noche, ni al día siguiente ni al otro. Y a cada día que pasaba, la situación en la escuela era más hostil y terrorífica que el día anterior. Estaban crucificando literalmente a Ramón, lo golpeaban con saña porque era el único de nosotros que no se sometía.

Al final de mi primera semana de escuela, comencé a tener pesadillas casi todas las noches y a orinarme en la cama. Nunca antes me había orinado pero no pude evitarlo. Cada noche soñaba que los maestros enormes nos perseguían a los estudiantes mexicanos y tenían dientes grandes y afilados como los de los perros, y nosotros corríamos para no que no nos devoraran si hablábamos español. Y algunas veces se nos salía el español.

La escuela se convirtió en un infierno, y cuando estaba en casa no quería saber nada de las historias que mi papá contaba acerca de lo magníficos que éramos los mexicanos. Mi papá era un TONTO ESTÚPIDO. ¡No tenía la más mínima idea de LO QUE DECÍA!

CAPÍTULO **cinco**

Recordé que por esa misma época, comenzó a estudiar en la escuela un chamaco pelirrojo que hablaba un inglés mucho peor que el de nosotros los mexicanos, y pensamos que por fin otro estudiante que no fuera mexicano recibiría bofetadas y sería tildado de estúpido.

Pero estábamos equivocados. La maestra no golpeaba al nuevo estudiante, ni le quitaba las pecas de la cara. No, ella lo felicitaba y le decía que era muy inteligente, hasta que nosotros, los chamacos vatos, nos unimos y fuimos a quejarnos.

"¿Por qué no lo golpea en la cabeza ni lo insulta como lo hace con nosotros? Su inglés es peor que el nuestro y es extranjero," le dijimos a la maestra.

"Él no es extranjero," respondió la maestra. "Ustedes, cabroncitos, son los extranjeros. Él es de Boston, una ciudad histórica muy importante de los Estados Unidos situada en la Costa Este."

No le creímos. ¿Cómo podía ser de Estados Unidos si hablaba de una forma tan extraña? En vez de "*car*" decía "*ca-a*" como un gallo hablándole al viento. Se llamaba Howard, pero durante los primeros días no supimos su nombre por la forma en que lo pronunciaba. Sin embargo, me caía bien. Un día lo derribé y nos pusimos a luchar en el patio. Era fuerte como yo y nos divertimos mucho dando vueltas y golpeándonos, hasta que varios vatos amigos se nos acercaron y me dijeron, "¡No te dejes! ¡Pégale!"

Cuando escuchó eso, Howard se detuvo y me miró con ojos grandes. "¿Eres mex-iii-cano?" me preguntó.

Traduje rápidamente lo que me había dicho en inglés bostoniano a inglés californiano y le contesté, "Sí, claro, soy mexicano."

Y ese chamaco, que había luchado conmigo con tanta confianza, dejó escapar un grito de terror que me pegó un susto de la chingada y dijo "¡ENTONCES TIENES UN CUCHILLO!"

Creí que había dicho que él tenía un cuchillo, así que me di vuelta y salí corriendo tan rápido como pude para huir de él. Pero mientras corría, pensé en lo que él había dicho, me di vuelta y vi que corría en dirección opuesta. Me detuve y comencé a perseguirlo, lo alcancé al final del patio; sudaba y lloraba a cántaros.

"Oye, Howard," le dije, "yo no tengo cuchillo."

"¡Ah, sí! ¡Si tienes!" gritó en medio del llanto.

"No," dije.

"¡Que sí!" volvió a gritar. Sus ojos estaban llenos de lágrimas. "Mis padres me dijeron que todos los mex-iii-canos siempre andan con cuchillo."

"¿De veras? No sabía eso. Mañana traeré uno," le dije.

El timbre sonó y nos dirigimos a los salones. A pesar de esto, nos caíamos bien y al día siguiente llevé una pequeña navaja oxidada que no pude abrir. Se la mostré en el descanso y le pregunté si quería ir a mi rancho a cazar con arco y flechas o para que aprendiera a montar en un puerco capón.

"Me gustaría," me dijo, "pero ya no puedo andar contigo."

"¿Por qué no?" le pregunté.

"Porque anoche hablé con mis papás y me dijeron que no me hiciera con mexicanos porque son gente mala y sucia, en la que no se puede confiar."

"No lo sabía," respondí, sintiendo una opresión en el pecho. "Lo siento."

No supe qué hacer, pues Howard me simpatizaba bastante y no quería que se metiera en problemas por andar con gente "mala y sucia." Me alejé y me sentí terrible.

No sabía que los mexicanos fuéramos malos, sucios y poco confiables. Yo sólo creía que éramos estúpidos, más cercanos a los animales, y no tan inteligentes como los blancos, tal como la maestra nos lo recordaba constantemente.

Pasé el resto del día con mis vatos amigos para no ofender a nadie más y me sentí muy mal. Cuando mis amigos me preguntaron qué me sucedía, no quise decirles lo que había descubierto sobre nuestra gente, y permanecí callado, mientras las lágrimas me resbalaban por las mejillas.

Esa tarde, cuando llegué a nuestro rancho, no dejé de pensar una y otra vez en eso. Pude ver claramente que lo que Howard había dicho sobre nosotros los mexicanos, que éramos malos y sucios, era completamente cierto. Nuestros corrales estaban llenos de estiércol y había millones de moscas en el ordeñadero; y nuestros coches, el camión y los tractores estaban cubiertos de mugre y fango.

Y durante la cena, sentí como si me estuviera sentando a comer con personas que nunca antes había visto. Mi mamá, que siempre me había parecido tan bonita, me pareció que ya no lo era. Su piel morena tenía el color de la mugre, sus ojos marrones eran demasiado grandes, su pelo era negro y sus labios demasiado gruesos. Además, era rellenita y de pechos grandes y se veía desagradable, pues siempre estaba cargando a mi hermanita Linda, amamantándola todo el tiempo.

Y mi papá, Dios mío, su cabeza era grande, con cabello negro y ensortijado y un cuello realmente grueso como el de un toro, y era muy ruidoso. Comía con las manos, utilizando las tortillas para llevarse la comida a la boca, y comía con la boca abierta, riéndose y contando una historia tras otra, mostrando la comida mientras masticaba. Nunca antes me había dado cuenta, pero él se limpiaba sus manos en el mantel, y lo halaba más y más a medida que comíamos, y todos teníamos que correr nuestras sillas hacia él si queríamos conservar los platos enfrente de nosotros.

Y en cuanto a mi hermana Tencha y a mi hermano Joseph, del que yo siempre había pensado que era muy apuesto, también noté que eran unos mexicanos gordos y sucios igual que mis padres.

Recuerdo muy bien que sentí deseos de llorar. Nunca antes había notado aquello en mi familia. Realmente éramos personas sucias, malas y feas, tal como la maestra del patio se la pasaba diciendo. Ella tenía razón; le mentíamos al decirle que no habíamos hablado en español en el patio pero lo cierto era que hablábamos español siempre que teníamos la oportunidad. ¿Por qué? Pues porque era agradable escuchar la lengua con que nuestras madres nos habían arrullado cuando éramos bebés.

Me sentí tan mal de estar al lado de estas personas tan feas, sucias y malas, de mi familia, que me levanté y me fui al baño para alejarme de ellos. Luego—nunca lo olvidaré—vomité y me subí en mi banca para poder lavarme la boca. ¡Y entonces, cuando me miré en el espejo, me di cuenta, Dios mío, que yo también era mexicano y feo! ¡Tenía dientes grandes, cara ancha con pómulos salientes y mi piel también tenía un color sucio y moreno!

"¡Ay Dios mío, Papito!" grité. "¿POR QUÉ HICISTE QUE YO FUERA MEXICANO?"

Esa noche me desperté gritando y mi mamá tuvo que ir varias veces a mi cuarto y acompañarme hasta que me volví a dormir. Y si ella me preguntaba qué me sucedía, ¿qué podía contestarle? No quería que mis padres descubrieran que éramos personas malas, sucias y poco confiables. Yo los amaba. De veras, y no quería herirlos con las verdades tan horribles que estaba aprendiendo sobre nosotros en la escuela.

A fin de cuentas, la escuela era mucho más grande que nuestra casa, tenía una bandera enorme a la entrada, así que ellos sabían muy bien lo que decían, y no mi papá y mi mamá, que eran unos pobres tontos.

CAPÍTULO seis

No recuerdo exactamente porqué pero al día siguiente llevé dos navajas a la escuela. Creo que pensé que si era un mexicano sucio y malo, pues lo mejor sería llevar dos cuchillos; no uno, y ser así el mexicano más malo y sucio de todos. Encontré la navaja en el cobertizo del tractor. El cuchillo era mucho más grande; mi papá lo usaba para castrar puercos y novillos en el rancho, así que era muy afilado y había que abrirlo con mucho cuidado, pues te podías hacer un corte muy profundo.

Llegué a la escuela, les mostré los cuchillos a mis vatos amigos, les dije que me habían contado que los mexicanos siempre andábamos con cuchillos, y que de ahora en adelante yo cargaría dos.

"Pero, eso no es cierto," dijo "Blackbird", uno de los vatos, "¡mi familia tiene armas, no cuchillos!" Tenía ese apodo porque era el más moreno de los vatos.

"Sí," dijo "Screwdriver", que era el más flaco del grupo. "Mi familia tiene pistolas y rifles, no sólo cuchillos, así que yo propongo que traigamos armas a la escuela para protegernos de estos pinches maestros."

A todos nos pareció muy razonable. ¿Por qué limitarnos sólo a cuchillos? También deberíamos llevar armas a la escuela. Y estábamos hablando, sintiéndonos a gusto, ya mucho mejor, cuando de repente apareció esa mujer vieja, grande y musculosa, la maestra del patio, y nos gritó:

"¡ESPAÑOL NO! ¡SÓLO INGLÉS!"

Y cuando vio que yo estaba tratando de abrir la navaja volvió a gritar. "¡OH, UN CUCHILLO! ¡LES DIJE! ¡LES DIJE que esto era lo que iba a suceder! ¡Sabía que algún día los iba a sorprender con cuchillos, hispanos asquerosos!"

Ella estaba radiante de alegría. Rápidamente tomó la pequeña navaja, la cual yo no había podido abrir, y me levantó del piso con un tirón de orejas para llevarme caminando en la punta de mis pies hasta la oficina del director. Ramón me arrebató el cuchillo bueno, el cuchillo afilado que usaba mi papá para las castraciones, justo cuando ella se acercaba a mí y logró esconderlo.

Cuando llegamos a la oficina del rector, la maestra gallo-gallina, como le decíamos, no dejó de gritar y dijo que había arriesgado su vida, pero que había logrado desarmarme cuando me disponía a pelear a cuchillo con otro sucio mexicano.

"¿A pelear con cuchillos?" dije. "¡No estábamos peleando! ¡Está mintiendo!"

"¿Estás diciendo que soy una mentirosa?"

"¡Sí, pero en inglés!" dije rápidamente. "¡Todo en inglés!" agregué orgulloso.

Pero en lugar de obtener una recompensa por mi gran capacidad para decir todo eso en inglés, me dio un golpe tan fuerte en la cara que me hizo tambalear. Luego, el director se levantó de su escritorio, yo pensé que iba a defenderme de esa loca, pero comenzó a golpearme mientras decía que no permitiría peleas con cuchillos en la escuela.

Esquivé los golpes y comencé a gritar. "¡PERO SI YO HABLÉ SÓLO EN INGLÉS! ¿No ven, pendejos, que yo sólo hablé en inglés?" Vi a mis vatos amigos. Estaban afuera de la oficina del director sentados en una banca, manoteando y riéndose. Ese día fui aceptado por los vatos en su pequeño club de Pozole Town, el barrio mexicano de Oceanside, arriba de la montaña del muelle y al este de la escuela. Después de todo, yo no había resultado ser un bebé llorón.

Mis padres fueron citados a la escuela. Les dijeron que otros mexicanos y yo estábamos causando problemas. Que habíamos formado una pandilla, que yo había llevado un cuchillo a la escuela y había peleado con él.

Mi mamá no podía creerlo, pero mi papá se sonrió y me guiñó el ojo cuando vio la pequeña navaja oxidada.

"¿Se puede abrir?" le preguntó al director.

"¿Qué?" preguntó el director.

"¿Esta pequeña navaja se puede abrir?"

"No sé. Supongo que sí."

"Creo que más bien debería comprobar si abre antes de seguir hablando y acusando a la gente."

El director trató de abrir la navaja pero no pudo. "Ese no es el punto," dijo. "Su hijo ha traído un cuchillo a la escuela, ¡ese es el punto!" Y siguió hablando y diciendo que los mexicanos éramos malos, y yo creí que mi papá le daría una lección.

De regreso a casa, mis padres discutieron a gritos, tratando de ver qué hacían conmigo, mientras yo no paraba de llorar.

"Lupe," dijo mi papá cuando llegamos a casa, "¡Sé razonable! No te dejes engañar por los embustes de ese hombre. No hubo ninguna pelea con cuchillos. Ese cuchillo ni siquiera abre. Habría que meterlo dos o tres días en aceite para que se desprenda todo el óxido y se pueda abrir."

"Pero, como dijo él, ese no es el punto, Salvador. ¿Y luego qué? ¿Llevará armas a la escuela?"

"Sí," respondí para mis adentros.

Durante los días siguientes, mis padres no hicieron más que discutir acerca de lo que deberían hacer conmigo. Llegó un momento en que sentí que no podría resistir más y decidí irme de casa. Jamás había tenido intenciones de causarle tanta vergüenza a mi familia. No tenía otra opción que escaparme, así era como veía las cosas.

Y el viernes, después de salir de la escuela, ensillé el caballo, agarré mi rifle de aire y salí siguiendo la línea del ferrocarril, en dirección a Vista. Me imaginé que aprendería a vivir de la tierra en la Reservación Indígena de Pala, donde teníamos algunos familiares por el lado de mi tío Archie Freeman. En los parajes silvestres de la "Res"—como les gustaba a nuestros parientes indios decirle a la Reservación—yo llevaría una vida libre y feliz, y no volvería a causarle problemas a nadie por el resto de mi vida.

Yo tenía cinco años y medio y ya llevaba casi tres meses estudiando, así que pensé que también podía aprender todo lo que necesitaba saber.

"Cállate," "hora de la siesta," "estate quieto," "deja de moverte," "no habrá baño hasta el descanso." Lo único que no nos habían dicho era cuándo podíamos tirarnos pedos, cosa que algunos de nosotros los vatos comenzamos a hacer después de almuerzo en la parte trasera de la escuela. La maestra se quería enloquecer, especialmente cuando conseguíamos echarnos uno realmente oloroso.

El Padre Sol estaba próximo a descender en el océano a mis espaldas, cuando me crucé con dos vaqueros delgados y cansados que llevaban un rebaño de caballos por la línea del ferrocarril. Dijeron que venían con los caballos desde Arizona y me preguntaron si sabía de un lugar donde pudieran pasar la noche.

Eran los dos vaqueros más extraños que había visto. Tenían unos sombreros enormes que parecían casi mexicanos, barbas largas y descuidadas, llevaban pistolas y olían peor que una docena de zorrillos muertos. Me contaron que cuando salieron de una pequeña ciudad cerca de Tucson, Arizona, iban con otros cuatro vaqueros y con más de ciento cincuenta caballos salvajes. Después de un par de semanas de viaje, los cuatro vaqueros los abandonaron y tuvieron que vender algunos caballos, y que ahora, después de seis meses de viaje, sólo les quedaban poco más de cincuenta. Les dije que mi familia tenía un rancho y muchos corrales, pero que no podía ayudarles porque... me estaba yendo de casa.

Nunca olvidaré cómo se miraron, se sonrieron—aunque no llegaron a reírse—y luego observaron detenidamente mi caballo y mi equipaje. Vieron que llevaba una manta, el rifle de aire, un lazo, y mi cepillo de dientes rojo atado a la silla.

"Bien, parece que tienes de todo," dijo el más alto. "¿Adónde vas?"

"Al este," le dije.

"¿Al este?" dijo riéndose. "¿Acaso no sabes que los vaqueros nunca van al este? ¡Siempre van en dirección oeste!"

"Sí, lo sé," dije, "pero nuestro rancho queda casi al lado del mar, así que no puedo ir más hacia el oeste a no ser que use un bote."

Al escuchar esto, se rieron tan duro que creí que se iban a ahogar. Luego, el que más hablaba me preguntó si yo podía aplazar mi viaje por lo menos un día o dos, regresar a casa y preguntarle a mi papá si podían pasar la noche en los corrales.

"Sí, claro que lo puedo hacer," dije después de concluir que de todos modos ya era demasiado tarde para salir de viaje.

"¿Por qué te quieres ir de casa?," me preguntó el otro vaquero, que no había dicho una sola palabra. Era más bajito y tenía unos ojos muy grandes y azules, como de ardilla.

Me cayó bien. Me parecía que era más animal que humano, lo que era bueno, por supuesto, pues mi abuela Doña Guadalupe siempre me decía que todos los humanos nacen con un espíritu animal que los orienta a través de la vida, y que los humanos que percibieran esto siempre parecerían más animales que humanos, lo cual era un buen indicio, pues así estaríamos más cerca de Dios.

"Porque... bueno, por la escuela" le dije y los ojos se me llenaron de lágrimas. Se me hizo un nudo en la garganta y no pude decir nada más.

"Yo-yo-yo hub-hubiera hecho lo mismo," dijo "Ojos de ardilla" y sus ojos se hicieron más grandes. Luego comenzó a rascarse como un loco por todas partes, en la cabeza y en las costillas. Pensé que quizá la escuela también le había hecho daño.

"Yo también," dijo el más alto y el que había hablado conmigo. "La escuela ha arruinado más espíritus libres que el alambre de púas o que una semana de domingos."

Me sentí muy bien cuando escuché eso. ¡Y yo que pensaba que sólo a los mexicanos les iba mal en la escuela!

"Encerrar chamacos o chamacas jóvenes y saludables en un salón y decirles todo el tiempo que se estén quietos es tan poco natural como meter un castor en una jaula fuera del agua y decirle que se olvide de nadar en el río," continuó diciendo. "¡Diablos, los chamacos necesitan ser libres!"

No podía creerlo: estos hombres mayores también hablaban mi idioma. Rápidamente le di vuelta a mi yegua Caroline y me dirigí a casa siguiendo la línea del ferrocarril. Nunca antes en mi vida había visto dos vaqueros como esos.

Crucé los corrales y llegué a casa. "¡Papá!" grité, apeándome del caballo y entrando por el porche de atrás. "Dos vaqueros vienen con una manada de caballos salvajes y quieren saber si pueden pasar la noche aquí."

"¿Dónde están?"

"En la línea del ferrocarril, antes del cementerio, por El Camino. No tardarán en llegar, Papá."

"Ya veo," dijo mi papá. "Entonces, ¿tú los has invitado?"

Me sonrojé. "Bueno, realmente no, pero me imagino que más o menos. Les dije que teníamos muchos corrales."

"Está bien, esta vez te respaldaré, mijito," dijo mi papá, "pero en el futuro, no quiero que vuelvas a decirle a nadie lo que tenemos hasta que los conozcas, especialmente a los forasteros. ¿Entiendes? Siempre tienes que mantener tus cartas cerca de tu pecho. Ese es el poder de un hombre. ¿*Capiche*?"

"Sí, yo *capiche*, Papá."

"Órale."

Salí corriendo por la puerta de atrás, me subí al parapeto del porche, me monté de nuevo en Caroline y salí como un conejo perseguido por un coyote. Necesitaba ayudarles a esos dos chamacos viejos a traer los caballos salvajes y conducirlos por el paso estrecho del pantanal. Quien no conociera aquellos pantanales tendría muchos problemas con su ganado. Yo conocía todo el trayecto entre nuestro rancho y El Camino como las palmas de mis manos, sobre todo ahora que nos pegaban tanto en ellas en la escuela, que necesitábamos revisárnoslas a cada rato para ver si nos las habían roto.

"¡Sí," grité, cabalgando rápidamente hacia el rebaño, "mi papá dice que pueden pasar la noche en nuestro rancho!"

Rápidamente me encargué de conducir al ganado. Chingaos, yo montaba a caballo desde que tenía tres años, y había conducido muchas reses y caballos. No tuve que pensarlo mucho para saber cuál era la yegua líder, me concentré en ella y la guié por el camino que había al lado del pantanal. Logré llegar a nuestro rancho con todos los caballos juntos, pues la yegua sabía lo que hacía.

Mi papá había salido a recibirnos a los corrales con una botella de whisky. Noté que miraba atentamente todos los caballos, mientras les pasaba la botella a los vaqueros. Los dos veteranos tomaron un trago y se limpiaron la boca con el dorso de la mano. El más alto y más locuaz se presentó. Dijo que se llamaba Jake Evans y que habían pasado la noche anterior al otro lado de Escondido—que estaba a unas veinticinco millas al este de nosotros—y que les habían permitido descansar durante tres días.

Inmediatamente supe cuáles eran sus intenciones. Jake quería que mi papá los dejara quedarse tres noches en nuestro rancho y no una. Pero mi papá no cayó en la trampa y les preguntó en dónde pensaban estar al día siguiente en la noche.

Jake notó que su estrategia no había funcionado y le dijo a mi papá que pensaban ir hasta el rancho de Irving, y llegar el fin de semana a Los Ángeles, donde les venderían los caballos a una compañía cinematográfica que filmaba películas de vaqueros, a unas pocas millas al norte de Hollywood. Jake le preguntó a mi papá si yo podía acompañarlos el resto del camino, pues habían visto que conducía muy bien a los caballos.

No sé si me estaban tomando el pelo, pero grité, "¡Claro que sí! ¡Estoy listo! ¡Ensillaré mi caballo al amanecer!"

Mi papá y los dos vaqueros se rieron y volvieron a pasar la botella. Conversamos en español. Los trabajadores de nuestro rancho—que eran vaqueros mexicanos—se acercaron y se unieron a la plática. Los dos vaqueros gringos hablaban muy bien español y parecían más mexicanos, gracias a sus ropas, que algunos de nuestros trabajadores.

Mi papá les dijo a los dos chamacos viejos y cansados que sí, que podían dejar sus caballos en nuestros establos durante la noche y que no les cobraría por el heno. Ellos le agradecieron y ofrecieron pagarle con un caballo, pero mi papá rechazó la oferta, les dijo que ya teníamos muchos caballos, y que deberían conservar los suyos. Ellos sintieron un gran alivio y preguntaron si podían bañarse.

"Por supuesto," dijo mi papá, "y si quieren, pueden venir a cenar con nosotros cuando hayan terminado de limpiarse."

Los dos vaqueros se sonrojaron. "No, gracias, señor," dijo Jake. "No sabemos comportarnos adecuadamente en una casa con todo y mujeres. Más bien haremos un fuego acá afuera y cocinaremos frijoles."

"Miren," dijo mi papá, "báñense, vengan a la casa, y si no se sienten cómodos entonces se llevan los platos con carne asada y salsa verde y comen afuera. Mi esposa Lupita hace la mejor salsa y tortillas que ustedes hayan comido."

Al escuchar esto, a los dos vaqueros se les hizo agua la boca y comenzaron a salivar. "E-e-está bien," dijo el más callado. "Bueno, eso ha-ha-haremos."

"De acuerdo," dijo mi papá, tomando la botella de whisky. "No quiero que vengan con la panza llena."

Mi papá y yo entramos a casa con la botella de whisky. "Papá," dije completamente emocionado. "¿Puedo ir con ellos mañana? Estoy seguro que puedo ayudarles." Yo ya no tenía planes de irme de casa. No, ahora soñaba con ser un vaquero como aquel par de veteranos.

"Mijito," dijo mi papá, "parece divertido arrear ganado, ¿verdad?"

"Sí," respondí.

"Pues bien, no es así. No tienes la menor idea por lo que han pasado ese par de diablos. Claro que en los tiempos pasados, dos vaqueros buenos podían llevar un rebaño de ganado de aquí a donde fuera sin problemas. Lo único que tenían que hacer era cuidarse de serpientes cascabeles, osos, coyotes, cuatreros y saber dónde encontrar hierba y agua. Pero ahora, en estos tiempos modernos, con autopistas, ciudades y alambres de púas por todas partes, esos dos hombres tienen que estar medio locos para haber traído un rebaño de caballos desde Tucson, Arizona."

"Pero, Papá, si yo..."

"Ya te lo he dicho mil veces, mijito," dijo interrumpiéndome "en la vida no existen los 'peros' ni los 'si'. Si mi tía tuviera cojones, sería mi tío. Y el 'pero' quiere decir que no escuchaste absolutamente nada de lo que dijo el otro cuate. No mijo, presta atención y entiende. Claro que a ti te parecerá divertido, y pudo serlo en los tiempos pasados cuando uno era joven, pero ninguno de esos dos vaqueros está joven. Son tontos viejos, mijito, que tratan de aferrarse a un estilo de vida que ya no existe."

"Me recuerdan a alguna de nuestra gente de Los Altos de Jalisco tratando de ser charros hasta el final. Puedo admirarlos en lo más profundo de mi corazón por su espíritu y destreza, pero no voy a soñar con lo que hacen más de lo que soñaría con dos personas que unen sus vidas y conforman una familia sin tener los medios o las agallas para ver cómo cubren los gastos."

"Fíjate que era casi de noche cuando llegaron aquí con sus caballos. Eso no está bien. Un hombre, mijito, tiene que tener tanates, ¿me entiendes? Los huevos para saber cómo y cuándo cambiar con los tiempos."

Yo asentí. Comprendí que lo que mi papá decía era cierto. "Entonces, es como la historia del cuervo pequeño y el papá cuervo, ¿verdad?"

"Exactamente," dijo mi papá, "todas y cada una de las generaciones necesitan aumentar el conocimiento de la generación anterior, así como el pequeño cuervo hizo con el de su padre."

Mi papá me había contado esa historia desde que yo tenía memoria. El padre cuervo le enseñó a su pequeño hijo a tener cuidado de las personas de dos piernas que se acercaran y se agacharan para agarrar una piedra. Pero luego, el hijo cuervo pensó un poco más y le dijo a su padre que tal vez era mejor que salieran volando antes de que una persona se agachara para agarrar una piedra, porque era probable que esa persona ya tuviera una en la bolsa.

"No podemos aferrarnos al pasado con falsas esperanzas," dijo mi papá, "para luego amargarnos y enfadarnos porque las cosas no funcionan o siguen iguales. ¿Qué hubiera pasado con esos dos vaqueros, mijito, si no te los hubieras encontrado y si yo no hubiera decidido regalarles el heno? Ellos no tienen dinero; eso se ve por el aspecto de sus caballos."

Asentí y vi que mi papá tenía razón.

"Recuerda siempre," continuó mi papá, "*dime con quién andas y te diré quién eres*. Tu trabajo ahora es ir a la escuela, mijito, y los hombres buenos hacen su trabajo a pesar de todo. ¿*Capiche*?"

"¿En serio, Papá? ¿Incluso en la escuela?"

"Sí, no importa qué, incluso en la escuela. Mi madre no se aterrorizó y murió en medio de la Revolución así como sucedió con mi padre que nos dejó a nosotros de niños para morirnos de hambre. No, ella se quedó con nosotros, con los tres niños que le quedaban y nos mantuvo vivos sin importar qué. ¿*Capiche*?"

Asentí.

"Bien, entonces mañana enviaré a Tomás a que acompañe a esos dos vaqueros," continuó mi papá. Tomás era nuestro mayordomo. "Tal vez los *marines* los dejen pasar por Camp Pendleton. Podrían atropellar a muchos de sus caballos de aquí a Los Ángeles. Chingaos, son hombres crecidos, mijo, y ya no se pueden llevar caballos ni ganado por las autopistas como en los viejos tiempos.

Esa noche los dos vaqueros entraron a nuestra casa bañados y afeitados pero no los reconocí. En realidad, probablemente eran más jóvenes que mi papá, y yo que había pensado que tendrían unos noventa años.

Decidieron comer con nosotros en nuestra vieja mesa de roble. Narraron una historia tras otra, que habían peleado con los cuatreros al otro lado de Phoenix, que los había golpeado una tormenta de viento que por poco los tumba de los caballos después de rodear una gran extensión de tierras inhóspitas, evitando los desiertos de arena de los límites de California para que sus caballos no murieran de sed.

También se limpiaron las manos en el mantel como mi papá. De hecho, parecían estar imitando todo lo que hacía, pensando que fueran quizá buenos modales. Esa noche me sentí mejor con respecto a mi familia. Volví a ver que había bondad en ella, y todo aquello que estaba sucediendo en la escuela dejó de molestarme. De hecho, la escuela me parecía tan lejana que tuve dificultades para creer que alguna vez había ido a un lugar tan estúpido como ese.

Al día siguiente me levanté muy temprano para irme con los vaqueros, así le gustara o no a mi papá. Chingaos, yo no tenía intenciones de regresar a la escuela. ¡Quería vivir mi vida montado en un caballo, corriendo y volando como Superman!

Los dos vaqueros despertaron y se sorprendieron al verme con el caballo ensillado y listo para parti r. Habían dormido en el depósito del heno. Me pareció que habían escogido un buen lugar para dormir; yo también habría dormido allí.

"¿Seguro que tu papá dijo que podías venir con nosotros?" me preguntó Jake.

"Claro que sí," respondí, mintiendo y recordando súbitamente que eso era exactamente lo que siempre nos decían en la escuela que hacíamos los mexicanos: mentir. "Pero tenemos que salir rápido antes que nos agarre el tráfico de los que van a las iglesias," añadí.

"Escucha," me dijo Jake, "anoche cuando te fuiste a dormir, le contamos a tu papá que te estabas yendo de casa cuando nos encontramos."

"¿De veras?" pregunté.

"Sí, era lo más honesto que podíamos hacer. Y deberías haber visto la cara de dolor de tu papá, ¿porque sabes algo? Los chicos mexicanos nunca se van de la casa. Los blancos y los gringos como Luke y yo nos vamos de la casa, pero los mexicanos nunca hacen eso."

"¿Y sabes por qué no lo hacen?" agregó Jake en la suave voz con que siempre le hablaba a los demás. "Porque por naturaleza, los mexicanos son gente cálida, amorosa y buena."

"¿De veras? ¿Los mexicanos somos buenos?" dije, mientras los ojos se me llenaban de lágrimas.

"¡Así es! ¡Son gente increíble! ¡La mejor de todas! Mira, desde que salimos de Arizona, han sido los primeros en abrirles las puertas de sus casas a estos dos pelones y en compartir sus frijoles con nosotros, por pobres que fueran. Y eso mismo vimos anoche durante la cena: una familia hospitalaria, buena, tradicional, honesta y con mucho amor," agregó.

"Jake tiene razón," dijo el otro vaquero, con su tartamudeo nervioso y extraño. "¡Anoche fu-fu-fue una de-de-de..." Parecía hacer un esfuerzo descomunal por encontrar las palabras que quería "... las noches m-m-más agradables de mi vida!"

"Luke tiene razón," dijo Jake. "Todos quisiéramos una familia como la tuya. Un comedor grande y antiguo, lleno de queso casero, carne asada, salsa y limonada natural. Hijo, lo tienes todo aquí, ¿entiendes? Así que no permitas que la maldita escuela te haga huir de casa. Lucha, ten mucho cuidado y nunca pienses en irte de casa por culpa de algún maldito maestro, ¿entiendes?"

"Sí," respondí, sintiéndome completamente recuperado.

Esa mañana mi papá, mi hermano Joseph y yo despedimos a los vaqueros que se dirigían primero a Los Ángeles y luego a un lugar al norte de Hollywood. Después de todo, era posible que los mexicanos no fuéramos gente mala y que yo debería amar a mi familia. Se me humedecieron los ojos al ver que los dos viejos vaqueros se alejaban con sus caballos.

"Realmente quieres irte con ellos ¿verdad?" me preguntó mi papá.

"Sí," respondí.

"Bueno, anda entonces," dijo papá. "Tú y tu hermano pueden acompañarlos hasta Camp Pendleton con Tomás, y luego regresan."

Mi hermano y yo salimos como un rayo, azotando el cuero como auténticos ¡CHARROS DE JALISCO!

CAPÍTULO **siete**

No recuerdo casi nada más sobre el resto del año que pasé en *kínder*. Lo único que sé es que, mirándolo de manera retrospectiva, fue como si esos dos vaqueros de Arizona hubieran sido enviados por Dios. Después de toda esa basura tan negativa que los maestros nos habían metido en la cabeza, nadie de mi familia hubiera podido convencerme de que tal vez los mexicanos fuéramos gente buena. Pero aquellos dos viejos vaqueros lo hicieron porque en primer lugar, no eran mexicanos; eran anglosajones, y en segundo lugar, porque hablaban español tan bien como cualquiera de mi familia. Estaban armados y parecían rudos, pero vi cuánto admiraron y respetaron a mi mamá y a mi papá.

La escuela terminó unas semanas después y salí a vacaciones de verano. Ese mismo año mis padres comenzaron los preparativos para construir una nueva casa en nuestro rancho. Jamás me olvidaré de ese anciano grande y de cabello blanco que dirigió la construcción. Se llamaba Englebretson; un día a la hora del almuerzo lo vi sacarse su dentadura postiza de la boca y echarla en un recipiente con agua. Yo me fui gritando a casa y él se rió a más no poder. Todo el verano cortaron árboles y dinamitaron troncos, y a veces los pedazos caían a unas cincuenta yardas de distancia.

Fue en aquella época cuando me enteré que mi papá había trabajado como dinamitero en Montana con unos griegos, en las minas de cobre, y que todavía tenía su licencia para manipular esa sustancia. Me gustaba lo que se podía hacer con la dinamita, así que presté mucha atención a todo lo que hacía mi papá cuando preparaba una carga. Chingaos, yo podría causarle un gran daño con dinamita a cualquiera que me molestara otra vez como lo habían hecho en *kínder*.

Nunca olvidaré que un día estaba con mi hermano, cuando vimos dos hombres que llegaron en un camión, trazaron líneas e instalaron unos trípodes. Le pregunté a Joseph si sabía qué era lo que hacían y me explicó que estaban haciendo trabajos topográficos. Le pregunté qué significaba esa palabra y me dijo que la topografía consistía en medir la tierra, y que con esas las líneas, los topógrafos estaban demarcando la nivelación adecuada de nuestra casa nueva. Yo no entendí mucho, pero cuando un par de días después llegó un gran buldózer, todo me pareció muy claro.

El buldózer descendió por la rampa del camión que lo traía y siguió las líneas trazadas por los dos topógrafos. ¡Era increíble! Inmediatamente entendí el significado de la palabra "nivelación": se habían hecho mediciones topográficas para todas las casas y calles de Oceanside, y así estarían a nivel para que el agua de las lluvias se filtrara en la dirección deseada. ¡Era realmente increíble!

Vi que el conductor del buldózer seguía las líneas topográficas con las grandes cuchillas de acero y excavó el terreno durante dos días; ¡y poco a poco comencé a darme cuenta de que mis papás iban a construir la casa más grande de toda la ciudad! ¡Estaba impresionado!

"¿Somos ricos?" le pregunté a mi hermano.

"Sí," respondió.

"¿De veras? ¿Y entonces por qué siempre nos vestimos con ropa vieja y sucia?" pregunté.

"Porque somos rancheros," dijo mi hermano. "No vivimos en la ciudad."

"Ah," dije, "¿Entonces es normal que seamos sucios?"

"No somos sucios," dijo riéndose. "Sucios seríamos si nunca nos bañáramos. Y nosotros nos bañamos y lavamos nuestra ropa. Lo que pasa es que las personas que viven en ranchos se ensucian con frecuencia."

Abrí los ojos. Nunca había pensado en eso. Mi hermano era muy inteligente: por eso era que muchos de mis compañeros mexicanos también iban a la escuela con ropas sucias, porque sus padres trabajaban en el campo. Dios mío, ¡mi hermano era un genio!

Fue también por aquella época cuando advertí que mi hermano Joseph, quien era ocho años mayor que yo, podía hablar con los trabajadores de la construcción tanto en inglés como en español. Parecía entender todo lo que hacían e incluso terminó por ayudar a los topógrafos con una parte de su trabajo. Y una tarde escuché que un topógrafo le dijo a otro que para ser mexicano, mi hermano aprendía muy rápido.

No sé por qué, pero sentí que el corazón se me quería salir. Era como si estuviera de nuevo en la escuela; una vez más nosotros los mexicanos éramos considerados como unos tontos, estúpidos y burros. Sentí deseos de agarrar una barra de dinamita de mi papá y volarles su camión en pedazos. Jamás habrían hablado así de un gringo.

Comencé a fantasear con la dinamita. Me encantaba esa sustancia. Amaba el sonido de esa palabra. A fin de cuentas, yo ya era grande y había terminado el *kínder*. Esa mañana me levanté muy temprano para ayudarle a mi papá con la dinamita. Estábamos despejando el terreno para la entrada de la casa. Primero cavamos un pequeño hueco debajo del inmenso tocón del árbol que queríamos volar. Luego fuimos al cobertizo del tractor donde mi papá mantenía media caja de dinamita. No le gustaba comprarla en grandes cantidades, porque me explicó que cuando se envejecía y comenzaba a "sudar", su olor era muy desagradable. Sacamos la dinamita del lugar fresco y seco donde siempre la guardaba y fuimos a la casa, donde guardaba las tapas y la mecha. Me explicó que no se debían dejar en el mismo lugar de la dinamita.

Cuando tuvimos todo lo necesario, mi papá y yo nos subimos a nuestro viejo camión y fuimos hasta el tocón que volaríamos, que estaba a unas cincuenta yardas de la casa. Esa mañana, mi papá decidió utilizar unas barras adicionales de dinamita.

Fue una buena idea utilizar una mecha larga y hacernos a gran distancia, porque cuando el enorme tocón explotó, se hizo AÑICOS, cayeron unos pedazos muy grandes a poca distancia de nosotros y destrozaron el viejo camión de Englebretson. ¡Es decir, el techo de su camión quedó completamente agujereado y el parabrisas se rompió en mil pedazos!

Englebretson salió corriendo de la construcción y gritó tan desaforadamente que su dentadura postiza se le cayó. Me dio tanta risa que tuve que correr a esconderme.

"¡Ya cálmate!" le dijo mi papá al anciano. "¡Lo sé! ¡Fue culpa mía! ¡Debí haberte dicho que movieras el camión! ¡No pensé!"

"¿Tú-tú-tú MALDITA SEA, no pensaste?" gritó Englebretson tan fuerte como pudo. Sus dientes postizos cayeron sobre excrementos de caballo y tuvo que lavarla antes de ponérsela de nuevo, pero esto no le impidió seguir hablando.

"¡Cálmate! ¡Tómalo con calma!" le decía mi papá. "Estoy de acuerdo contigo. Un profesional de verdad no tiene accidentes. Todas las personas que vi morir en las minas lo hicieron porque estaban de prisa y no pensaban en lo que hacían. Con la dinamita no se puede tener prisa. Un hombre bueno siempre las piensa todas con anticipación y no comete errores estúpidos como el que acabo de cometer."

Yo me sorprendí. Nunca antes había oído a mi papá referirse a sí mismo en esos términos, pero también comprendí que había hecho lo correcto, pues le deberíamos haber dicho a Englebretson que moviera el camión. Además, gracias a las palabras de mi papá, el contratista comenzó a calmarse.

Y luego no pude creerlo, porque esa misma tarde fuimos con Englebretson al centro de Oceanside. Mi papá se detuvo en el negocio de Ben Weseloh, compró un camión Chevrolet completamente nuevo que pagó en efectivo y se lo dio a Englebretson, quien no paró de agradecerle, pues no se esperaba eso por nada del mundo. Prometió hacer la casa más sólida que hubiera construido. Puso columnas de 2 x 6 cuando la medida de los planos era 2 x 2 y le puso más cemento a los cimientos. Le dijo a mi papá que nunca en su vida había tenido un camión nuevo, y que ese estaba fuera de serie.

Más tarde escuché que mi hermano le preguntaba a mi papá por qué había sido tan generoso. "Un hombre nunca es demasiado generoso," dijo papá, "cuando lo es con un hombre honesto y trabajador, porque ese hombre se romperá el cuello trabajando para ti. Pero... si eres generoso con un pariente o con un trabajador inútil o perezoso, pensarán que eres un tonto, perderán el respeto por ti y pensarán que les debes algo, especialmente los que siempre quieren lo más fácil."

Miré cómo mi hermano asimilaba las palabras de mi papá. "Creo que tienes razón, Papá," dijo mi hermano Joseph, "y seguramente el precio de ese camión nuevo es poco comparado con todo lo que Englebretson podrá ahorrarte en la construcción de la casa."

"¡Exactamente!" dijo mi papá con una de las sonrisas más radiantes que le había visto. "¡Entendiste a lo chingón, mijito! La generosidad es una buena inversión cuando sabes con quién ser generoso y con quién no."

"¿Y cómo hacemos para saber con quién debemos ser generosos?" pregunté.

Mi papá y mi hermano se dieron vuelta y me miraron, y noté que estaban muy contentos de que yo estuviera prestando atención.

"Ésa es la pregunta del millón," dijo mi papá. "Y para que aprendas a hacer eso, mijito, tienes que ver, pensar, calcular y oler. Y tampoco te puedes amargar ni perder las esperanzas cuando cometes errores. Porque puedes apostar tus botas a que yo he cometido muchos errores antes que éste, y eso está bien. Así es como aprendemos: cometiendo errores, ¡aunque también sean graves!" añadió.

Asentí. Me gustó escucharlo hablar de errores. "¡Aunque sean graves!" Una vez más me di cuenta que mi papá era muy inteligente. Había logrado darle la vuelta a este accidente, transformándolo en algo positivo. Definitivamente yo había sido muy burro en dejar que mis maestros me convencieran de que mi papá era un tonto.

Mi hermano Joseph se hizo amigo de Chuck, el hijo de Englebretson, y de George, que también era anglosajón. Tenían caballos y tenían casi la misma edad de mi hermano. Noté que le cambiaron el nombre de José o Joseph, a Joe, y que mi hermano no dijo nada, porque también comprendí que quería ser aceptado por sus nuevos amigos. Después de todo, ya no vivíamos en el barrio de Carlsbad, rodeados sólo de mexicanos. Ahora vivíamos en South Oceanside, en donde a excepción de nosotros, casi todos eran anglosajones. Esto fue un año antes de que mi hermano comenzara a estudiar en la Academia del Ejército y la Marina en Carlsbad, y hasta donde yo sabía, allá no había mexicanos.

Esa mañana, Chuck, George y mi hermano arrastraron a caballo unos maderos viejos y enormes del ferrocarril desde el valle que extendía por la colina más allá de nuestra casa, hasta el parque con muros de adobe en Pozole Town. Estaban ayudando a construir la arena para un rodeo que se realizaría luego del desfile del Cuatro de Julio. Yo quería ayudarles a llevar los maderos con Caroline, pero me dijeron que mi yegua estaba muy vieja y era muy pequeña.

Bueno, quizá yo fuera pequeño y mi yegua vieja y chaparra, pero estaba seguro de que tenía que "pensar con anticipación" para evitar otro accidente antes de que sucediera. Nunca deberían haber tirado esos pinches maderos y arrastrarlos por la vía férrea, tal como lo hizo Max Tinch, el jefe.

Traté de decirle a mi hermano que eso no era seguro y que un hombre bueno siempre las pensaba todas con anticipación, así como nos lo había dicho mi papá luego del accidente con la dinamita, pero mi hermano no quiso quedarse atrás de sus amigos. Lo vi esforzarse al máximo intentando arrastrar los maderos tan rápido como podía, y ¡zas!, el madero quedó atrapado en el riel y su cabestro quedó completamente tensionado. El madero salió volando, golpeó el estribo y le cayó sobre el pie.

Mi hermano sintió un dolor tan intenso que se puso completamente pálido. Tuve que cabalgar a casa tan rápido como pude para que alguien subiera en el camión y llevara Joe al hospital. Sus dos amigos no dejaban de reírse y decían que un vaquero de verdad tenía que aprender a las buenas o a las malas. Me dio tanto coraje que por poco saco mi rifle y les disparo. "¡Hijos de la chingada!" me dieron ganas de decirles. "¡Ser estúpidos y andar apurados no tiene nada que ver con ser vaqueros a las todas, pendejos!"

Mi hermano tuvo que permanecer en cama más de una semana y yo terminé arrastrando una docena de maderos cuesta arriba, hasta el parque del muro de adobe, pero primero hice una pequeña rampa para deslizarlos por los rieles.

El Cuatro de Julio, ocho personas de nuestro rancho grande montamos a caballo en el desfile de Oceanside. Mi papá iba en su yegua Lady, que era grande y de raza Morgan; mi hermano en Lasote, una semental alazán, y yo en mi vieja yegua Caroline. Nos acompañaban dos amigos y tres de nuestros ayudantes. Todos estábamos vestidos como Charros de Jalisco y fuimos la sensación; después nos fuimos a participar en el rodeo que se iba a realizar en el parque con muros de adobe.

Los menores de siete años participamos primero. A mí me montaron en un puerco que no paraba de chillar y lo hice tan bien que decidieron que montara becerros con los vatos más grandes. Yo no quería porque todavía era pequeño y me podía golpear la cabeza, pero Chuck, George y mi hermano—que cuando no estaba subido en un caballo andaba en muletas—me decían que los vaqueros tenían que ser valientes.

"Está bien que sean valientes, pero no que sean estúpidos," les dije al recordar lo que le había sucedido a mi hermano al tratar de arrastrar los maderos del ferrocarril.

Pero no me hicieron caso y me llevaron junto a los chamacos de diez años. Monté un becerro por toda la arena y no me caí ni una sola vez, pero me lanzó contra la reja, caí de bruces en una plasta de estiércol de vaca y me di un golpe detrás de la cabeza.

Lloré y les dije que todo había sucedido tal como había visto en mi cabeza que sucedería. Pero mi hermano y sus amigos se rieron, me limpiaron la mierda de la cara, dijeron que yo les ganaría incluso a chavos que tuvieran el doble de mi edad y que debería sentirme feliz en vez de llorar.

"¿Feliz?" dije. Estaba molesto y del mal humor, y todavía lloraba. "La mierda de vaca sabe horrible. ¡Nunca más volveré a participar en un rodeo!"

Me dijeron que nunca sería un vaquero de verdad con ese tipo de actitud.

"¡Está bien!" dije. "Si tengo que comer mierda de vaca y recibir golpes en la cabeza, entonces no quiero ser un vaquero de verdad."

"Deberías decirle a tu hermanito," le dijo George a mi hermano, "que si sigue hablando así la gente va a pensar que es una nenita."

"Pues bueno," grité. "¡Que la gente piense que soy una nenita! ¡Las chamacas son diez veces más valientes e inteligentes que los chamacos!"

"¿Quién diablos te dijo eso?" me preguntó Chuck en medio de risas.

"Dile, José," le dije a mi hermano. "Papá nos dijo que él vio cómo nuestra abuela india salvó a toda la familia durante la Revolución Mexicana, que ella no se desmoronó, no se abandonó al alcohol ni se dejó morir como mi abuelo. Las mujeres son más fuertes e inteligentes que los hombres y tienen que serlo, porque toda la vida nace de sus piernas. ¡Por eso es que lo más importante en la vida de un hombre es saber cómo escoger a la esposa adecuada!" agregué.

Sin embargo noté que mi hermano estaba avergonzado de mí, y que Chuck y George creían que yo era el chamaco más divertido del mundo. Luego les llegó la hora de montar en becerro, pero no les fue muy bien. No les pareció nada divertido, aunque a mí sí: Chuck y George cayeron al piso no bien se había subido y mi hermano no participó en el rodeo debido a su pie.

Desde ese día comencé a notar una gran diferencia entre los vaqueros mexicanos de nuestro rancho y los vaqueros gringos. Estos siempre estaban dispuestos a actuar con dureza y rudeza, y querían romper al caballo, vaca, cabra o lo que fuese, mientras que por el contrario, nuestros vaqueros utilizaban el término "amansar" que significa "domesticar" a los caballos, y tenían una actitud completamente diferente hacia los caballos y a todo lo demás.

Para los vaqueros norteamericanos, romper a un caballo significaba tomar un caballo joven y sin domesticar, enlazarlo, derribarlo y ensillarlo aunque intentara soltarse, para luego montarlo mientras se ponía en cuatro patas, sacarle el jugo hasta que se cansara, enseñarle quién era el jefe y "romperle" el espíritu.

Por otra parte, amansar un caballo era un método completamente diferente, que tardaba varias semanas, y en el que el animal era cepillado, domesticado, acariciado y paseado en las tardes en compañía de dos caballos bien entrenados. Luego, al cabo de casi un mes, era ensillado y amarrado a la sombra de la tarde durante un par de horas, hasta que finalmente el caballo sintiera que la silla era una parte suya. Luego, y sólo entonces, un jinete lo montaba, lo acariciaba y le hablaba todo el tiempo con dulzura, y una vez más, era paseado al lado de dos caballos bien entrenados.

"Ya lo ves," me dijo mi papá, "para nuestros vaqueros de México, la idea es entablar amistad con el caballo, y que el animal no corcovee nunca, ni una sola vez. Claro, toma más tiempo, pero si eres paciente y lo tratas bien, terminará confiando en ti y aceptándote como su mejor amigo. El entrenamiento de caballos es un cortejo de amor, mijito. Es igual a llevarle flores a una mujer y darle serenatas con música y baile. ¿*Capiche*? Es así como uno demuestra respeto por el corazón y el alma del animal y reconoce que Dios está en todos los caballos, burros, cabras, puercos, vacas plantas y piedras."

Asentí. Entendía eso. Ese Cuatro de Julio también vi que nuestros vaqueros podían montar broncos tan bien en como los mejores "*cowboys*" gringos. De hecho, Nicolás, nuestro mejor ayudante, un cuate alto y desgarbado de Zacatecas, ganó el primer lugar en el rodeo.

Ese verano fue increíble y aprendí muchas cosas, pero vino el otoño y me dijeron que tenía que cambiar otra vez de escuela.

"¡*NO WAY, JOSÉ*!" grité, porque sabía que en la escuela iban a tratar de "rompernos" en vez de amansarnos. "¡Me tomaré un año de descanso!"

"¿Quién te dijo eso?" me preguntó mi mamá. "Sólo se descansa en el verano, mijito. Ven, vamos a comprarte ropa."

La idea de tener que regresar a la escuela me disgustaba tanto que me negué a ir a Penney's—mi tienda preferida—a comprar camisas y pantalones como el año anterior.

El primer día que fui a la escuela me puse la ropa vieja que utilizaba para trabajar en el rancho pero no me importó; me sentía como si volviera a la cárcel. Me dolía el estómago. Para mi sorpresa, esta vez no nos gritaron desde el primer momento, porque me imagino que casi todos los chamacos mexicanos ya hablábamos bastante inglés, incluso Ramón, quien sin embargo parecía haber cambiado; sus ojos tenían la oscuridad de un caballo que ha sido golpeado demasiadas veces.

Ese año nos dieron libros, nos distribuyeron en grupos y leímos por turnos, pero antes nos hicieron una prueba oral para ver si habíamos aprendido el alfabeto durante las vacaciones de verano. Chingaos, yo ni siquiera había pensado en la escuela durante el verano y mucho menos había tratado de aprenderme el alfabeto.

A mí me enviaron a un rincón en compañía de Ramón y de un par de vatos, para que terminláramos de aprenderlo. Nos daba mucha vergüenza que todos los compañeros—que ya se sabían todas las letras—nos vieran tratando de aprender. Al final Ramón se negó a que le hicieran pruebas orales y lo entendí, pues todos los compañeros se reían de nosotros. Nuestra situación se hizo tan precaria que Ramón comenzó a cerrarse cada vez más, como una vaca que se niega a dar leche.

Pero yo, que era un cobarde, me aprendí casi todas las letras, a excepción de la *c* y la *z* que me sonaban iguales. También tuve muchos problemas con la *d* y la *b* porque se me parecían demasiado. Sin embargo, como ya sabía bastante, me pusieron de nuevo con los demás estudiantes y creí que me estaba yendo de maravilla, hasta que nos enseñaron a dividir las palabras en grupos de sílabas, diciéndonos que los conjuntos de esos grupos de letras formaban las partes de muchas palabras, y ahí fue cuando me confundí por completo.

Chingaos, me era más fácil memorizar todas las palabras nuevas que nos habían enseñado y durante gran parte del primer grado me fue bien. Pero cuando las oraciones comenzaron a ser más largas que "Sally ve a Spot" y "Spot ve a Sally" comencé a quedarme atrás.

Empecé a sospechar que tuviera quizá algún problema y entonces decidí adoptar una estrategia secreta que sólo sabía Ramón, quien descifró mi plan, que simplemente consistía en "pensar con anticipación" y tratar de adivinar quién sería el próximo en leer, en cuyo caso iría al baño o me cambiaría de puesto y haría como si ya hubiera leído.

A veces era muy difícil hacer esto, sin importar cuánto lo pensara y lo planeara, y cuando me llamaban a leer mentía y juraba por todos los medios que había leído hacía dos días.

¡Era realmente espantoso! No quería ser un mexicano mentiroso e inútil, pero no veía otra forma de escapar a la tortura que suponía leer. La escuela se me convirtió en una pesadilla viviente, porque vi muy claramente... que me estaba convirtiendo en todo aquello que me decían sobre los mexicanos: que éramos estúpidos, mentirosos, solapados y poco confiables, y todo ¿por qué? Porque no éramos gente buena.

Pero no dije mentiras y me esforcé en leer frente a toda la clase. No ser capaz de ver la diferencia entre "*stop*" y "*spot*", o entre "*do*" y "*to*", que la maestra me mirara como si fuera un imbécil, y que además, todos los compañeros se rieran de mí, me pareció algo peor que la muerte. Así que decidí mentir y cambiar de puesto para no tener que leer.

Finalmente mis compañeros notaron lo que hacía y le dijeron a la maestra que yo era un mentiroso, que me cambiaba de puesto todo el tiempo y que no leía desde varias semanas atrás.

La maestra me preguntó delante de todos por qué mentía y cambiaba de puesto. ¿De veras creía que yo se lo diría delante de todos mis compañeros... que hacía esto porque era un burro y no sabía leer? Entonces me senté con la cabeza como la de un caballo apabullado, pidiéndole a Dios que me hiciera desaparecer.

Un chamaco llamado Fred, que tampoco leía muy bien, se rió y dijo, "Él hace eso porque es un mexicano estúpido."

Todos se rieron, la maestra le dijo a Fred que no hablara así y les ordenó que dejaran de reírse de mí. Pero acto seguido, me dijo que me fuera al fondo del salón con Ramón y con los otros estudiantes que tenían dificultades para aprender. Sin embargo, no todos éramos mexicanos. En nuestro grupo con problemas de aprendizaje había dos indios de la región, que todos los días iban a la escuela desde la Misión de San Luis Rey.

Dejé el libro a un lado, me levanté, pero caminar entre los pupitres desde el pasadizo hasta el fondo del salón fue la caminata más larga de mi vida. Todos me siguieron con su mirada. Algunos chamacos se burlaron, otros se rieron, y la maestra les dijo que se callaran. Pero lo cierto es que si realmente hubiera querido que mis compañeros no me hicieran eso, me habría llamado aparte para hablarme en voz baja y me hubiera dicho que me fuera para atrás después del recreo.

Chingaos, si en nuestro rancho grande tratábamos mejor al ganado de lo que nos trataban a los mexicanos en la escuela. En el rancho nunca sacábamos a un buey del rebaño para matarlo. No, dejábamos que estuviera un mes solo. Lo alimentábamos muy bien, nos hacíamos sus amigos y muy temprano en la mañana lo llevábamos al cobertizo del tractor, le dábamos cereal, nos asegurábamos que estuviera calmado y lo sacrificábamos con tanta rapidez que ni se enteraba. Lo hacíamos lejos del resto del ganado, para que no se enloquecieran con el olor de la sangre. Percibí que algunos de mis compañeros de clase habían olido mi sangre cuando regresé junto a los estudiantes que tenían problemas de aprendizaje.

Y en el descanso llegaron adonde estábamos, como pollos que se abalanzaran sobre otro pollo enfermo, y nos insultaron con las palabras más hirientes y degradantes que encontraron para humillarnos. Y lo peor es que algunos de los que nos insultaron también eran mexicanos como nosotros, pero se sentían superiores porque ya habían aprendido el alfabeto y sabían leer.

Hice un gran esfuerzo para aprender el alfabeto pero seguía teniendo problemas. La escuela se me convirtió en una pesadilla viviente después de la vergüenza pública que me hizo pasar la maestra.

Me dolía la cabeza todas las mañanas, cuando mi mamá me llevaba a la escuela, y veía que mis compañeros se burlaban de mí cuando no me había bajado aún del coche. Al final de ese año ya había dejado de ser un chamaco feliz; no sentía alegría ni a la hora del almuerzo, cuando los otros vatos y yo nos reuníamos a comer burritos. Veíamos que los demás compañeros comían sándwiches de pan blanco con mortadela. Parecía como si absolutamente nada de lo que hiciéramos los mexicanos estuviera bien.

Por otra parte, a Ramón le estaba yendo de maravilla, porque, ven ustedes, al negarse a ser sometido a pruebas, había—según creía yo—cortado la situación de tajo, salvado su pellejo e incluso su dignidad. En cuanto a mí, me convertiría en un buey a quien habían castrado para arar la tierra.

Sin embargo, casi todos los días las maestras encontraban algún pretexto para enviar a Ramón a la oficina del director y lo golpeaban o lo mandaban a una esquina, pero ese era un precio pequeño—comencé a notar—comparado con el precio que yo estaba pagando por tratar de cumplir con lo que se esperaba de nosotros.

Y en casa me la pasaba rezándole a Dios para que me hiciera valiente como su hijo Jesús, Su Santo hijo, pero eso nunca sucedió. ¡Yo seguía siendo un cobarde, un pelele, un inútil!

Comencé a orinarme en la cama casi todas las noches y mis papás me preguntaban si tenía algún problema. Pero ¿cómo podía decirle a mi papá o a mi mamá que yo había descubierto que no sólo era "un mexicano mentiroso, sucio e inútil" sino también "un estúpido con problemas de aprendizaje" y un cobarde rematado? Así que nunca dije nada y mi mamá me compró un forro de caucho para mi cama, como dije antes, y lo primero que hacía cada mañana tan pronto me despertaba era revisar si me había orinado. Y si lo había hecho, quitaba las sábanas y abría la ventana para que se fuera el hedor. Nadie, salvo mi mamá, sabía ese terrible secreto. Le hice jurar a mi mamá que guardaría el secreto, que por favor nunca le contara a mi papá, a mi hermano ni a mi hermana.

También comencé a pedirle que no me volviera a mandar burritos con chorizo y huevo para el almuerzo. Quería que me mandara un sándwich de mortadela y una *doughnut* o un Twinkie, como mis compañeros, pero ella insistía en que los burritos eran mejores. Pero un día me dio una sorpresa y me mandó un sándwich de mortadela, una *doughnut* y un Twinkie.

¡Me dio tanta alegría! A la hora del almuerzo me sentaría tan cerca de los anglosajones como pudiera y sacaría mi sándwich de mortadela tan despacio como fuera posible para que lo vieran. Luego me lo comería lentamente, para que notaran que yo estaba mejorando, siendo más inteligente y aprendiendo a hacer lo correcto.

Pero luego, para horror de horrores, no encontré mi bolsa del almuerzo. Pensé dónde podría haberla dejado. Luego recordé que la había dejado en el autobús, porque mi mamá ya no me llevaba a la escuela. Fui y me senté con mis vatos amigos y tenía tanta hambre y me sentía tan perdido, que juré por Dios que nunca más volvería a renegar de mis burritos mientras que Él me diera algo de comer.

En ese momento Ramón se puso de pie, se estiró, dijo que no quería terminar de comerse su burrito y me lo ofreció, luego se fue al baño. Agarré su burrito con huevo, papas y un poco de chorizo, y juro que ha sido el burrito más delicioso que me he comido en toda mi vida.

Esa noche, cuando mi mamá me acompañó a la cama, le dije lo

que había sucedido, que había perdido mi almuerzo y que me estaba enloqueciendo del hambre; que había rezado y de repente, mi amigo Ramón me había dado una parte de su burrito, y me había parecido la mejor comida del mundo.

Ella se rió y me dijo que eso le parecía maravilloso. "Ves," me dijo, "con amigos, la vida siempre es más fácil. Y con plegarias, los milagros suceden."

Luego me hizo rezar y agradecerle a Papito Dios, a la Virgen María y a Jesús por lo amable que había sido Ramón conmigo. Después, mi mamá comenzó a cantarme para que me durmiera. Ah, mi momento preferido de todos los días era aquel en que mi mamá me cantaba para dormir.

"Cu-cu-rru-cu-cú, canta la paloma," me cantaba mi mamá, acariciándome la cabeza con su mano. "Cu-cu-rru-cu-cú, canta la paloma. Cierra los ojos, mijito, dice la paloma y tu ángel de la guarda se te aparecerá en tus sueños y te tomará de la mano como un pájaro, arriba, hacia el cielo, para que estés con Papito Dios, tu Padre Celestial. Te despertarás en la mañana sintiéndote muy bien, calientito, suave y descansado. Duerme hijito mío, duérmete. Regresa al cielo, allí de donde viniste a visitarnos con nuestra Santa Familia."

Y todas las noches, mi mamá me cantaba y me acariciaba la cabeza y yo me quedaba dormido sintiendo un gran bienestar. Luego, era cierto, pues al día siguiente me despertaba habiendo olvidado todos los horrores de la escuela, y me sentía tan calientito y tan bien, hasta que me acordaba que tenía que volver a ese lugar.

Ese mismo año llamé a Ramón aparte y le dije que ya había comenzado la temporada de becerros y necesitaba que me devolviera el cuchillo para cortar de mi papá. "Ves," le dije a Ramón, "es un cuchillo muy costoso. Mi papá lo estuvo buscando el otro día y tuve que fingir que no sabía dónde estaba."

"¿Y acaso te molesta fingir?" me preguntó Ramón en español. "Todo lo que haces aquí en la escuela es fingir que eres un tonto o una marioneta ante los pinches maestros."

Sentí como si Ramón me hubiera dado una bofetada, pero también sabía que era muy cierto lo que me decía. Yo ya no era un mexicano de los buenos, una yerba tan fuerte que podía romper el cemento para recibir la luz de Dios. No, me había convertido exactamente en lo que me habían dicho que era: en un estúpido, un sucio mentiroso, y en el cobarde más grande de todos los vatos.

"Oye, Ramón," le dije, sintiéndome a un paso de llorar. "Necesito que me devuelvas el cuchillo de mi papá."

"¿Y qué harás si no te lo devuelvo?" me dijo, sin ceder un milímetro. "¿Delatarme y decirle a tu papá que se lo robaste y que yo lo tengo?"

No supe qué decir ni qué hacer. Después de un momento meneé la cabeza. "No," dije. "No le diré eso."

"Está bien," me dijo. "Veo que todavía te queda un tanate."

Me sequé las lágrimas de los ojos, y supe que una vez más, Ramón tenía razón; yo era un buey. Chingaos, había dejado que me cortaran una de mis pelotas sin siquiera oponer resistencia.

"Ya deja de avergonzarte," me dijo, "así como siempre lo haces delante de esos pinches maestros. Mira," agregó, "tu familia es rica. Todos saben que tu papá está construyendo un castillo. Así que compórtate y echa mano de lo que todavía te queda. Tu papá puede comprar otro cuchillo; yo necesito éste."

"Pero si es muy afilado," contesté.

Él se rió. "Por supuesto. ¿De qué serviría un cuchillo si no fuera afilado?" dijo. "Nos vemos," se dio vuelta y se marchó.

Respiré profundo para ver si dejaba de llorar, mientras lo vi alejarse con su forma de caminar tan especial. Ramón era un chamaco pequeño como todos nosotros, pero era evidente que ya se había convertido en un hombre así como mi papá Juan Salvador Villaseñor había tenido que volverse un hombre a la edad de diez años, para proteger a su madre y hermanas durante la Revolución Mexicana.

No pude evitar que las lágrimas me resbalaran por las mejillas. Definitivamente, yo era un llorón y un cobarde confundido y acojonado, mientras que Ramón y mi papá eran hombres a todo dar, gallos de pelea de estaca, dispuestos a morir antes que permitir que alguien les cortara los huevos.

Y después lo vi con mis propios ojos. ¡Dios mío! Ramón era como Jesucristo; lo pude ver con toda claridad a medida que caminaba por el patio. Tenía un halo luminoso a su alrededor, porque al igual que Jesús, estaba dispuesto a cargar la cruz por el resto de los chamacos que éramos más débiles que él.

Me sequé las lágrimas, me di la bendición y luego, cosa extraña, sentí un ronroneo en mi oído izquierdo. Mi abuela me había platicado acerca de ese ronroneo, de ese pequeño zumbido, de esa pequeña vibración detrás del oído izquierdo, y me había explicado que las personas sentían eso cuando veían el resplandor mágico de la Luz Sagrada de Dios.

"Mira por el rabillo del ojo," me había dicho mi abuela una vez que estábamos regando el jardín de su pequeña casa en Carlsbad, "y algunas veces podrás ver el Espíritu del maíz, el regalo que nos da Dios. Podrás ver el Espíritu de la calabaza y de los ejotes. Todas las plantas tienen Espíritus. Sólo los humanos de dos piernas hemos perdido los nuestros. Pero si miras bien, aquí y allá, también verás resplandecer el Espíritu humano. Es el de Jesús en todos Nosotros. Es el de los Hijos y las Hijas de Papito Dios dentro de nosotros."

Vi a Ramón cruzar el patio y sentí el ronroneo y el zumbido detrás de mi oído izquierdo viajar de la base de mi cabeza hasta mi oído derecho. Y sí, en ese momento sentí el Círculo Sagrado de la Vida en mi cabeza y vi que Ramón era un Ángel de Dios, tal como mi mamagrande me había dicho que todos lo éramos una vez que abriéramos nuestros Corazones y Almas a Papito.

Pocos días después, todo sucedió como había dicho Ramón, pues mi papá se compró un cuchillo alemán para castrar. Era negro, y en la base de la cuchilla aparecían dos hombres pequeños, o algo así. Hans, nuestro amigo alemán, le había encargado el cuchillo a su hermano, quien vendía cuchillos alemanes en Nueva York.

El cuchillo con el que se quedó Ramón era marrón oscuro y fabricado en los Estados Unidos con el mejor de los aceros, y era tan afilado que mi papá siempre se afeitaba su brazo con él antes de separar las patas del puerco, ternero o cabra, para cortarle el saco que contenía los testículos.

Le pedí a Dios que Ramón no se hiriera ni hiriera a nadie con ese cuchillo tan afilado.

CAPÍTULO ocho

En segundo grado, a varios de los mexicanos "inútiles" nos dijeron que nos iban a transferir a una escuela temporal al este de la ciudad, más allá del parque con muros de adobe. Sin embargo, no todos los mexicanos fueron transferidos. No por ejemplo la chamaca alta y distinguida que cruzó el pasillo de forma tan resuelta el primer día de clases. Ella y otros pocos mexicanos permanecieron en la escuela normal.

Inmediatamente, nosotros los vatos vimos lo que ocurría: era cierto; los estudiantes mexicanos que no fueron transferidos eran los que casi nunca platicaban con nosotros ni en español ni en inglés. No; ya habían aprendido a hablar muy bien inglés y por lo general se mantenían con estudiantes anglosajones. Y algunos de esos estudiantes mexicanos que aprendieron inglés comenzaron a decir que ni siquiera eran mexicanos, que eran españoles, o peor aún, franceses.

Y supe por qué lo hacían, pues en la nueva escuela, donde casi todos éramos mexicanos, aparte de algunos chamacos negros, todo era tan espantoso que realmente no recuerdo casi nada, salvo que la portera era una anciana amable, y la única que nos trataba con respeto o amabilidad. Es decir, esa escuela era tan horrible que ahora recuerdo que un chavo que iba dos años delante de nosotros nos dijo que si nos parábamos en los lavabos del baño, podríamos ver a las chamacas.

Eso nos pareció maravilloso, y todos nos turnamos subiéndonos a los lavabos, hasta que un chamaco no pudo contener su risa y las chamacas miraron hacia arriba y lo sorprendieron mirándolas, y gritaron en coro: ¡AUXILIO!

Luego, dos chamacas llegaron corriendo a nuestro baño y se ensañaron a golpes con el chamaco al que habían sorprendido mirándolas.

Inmediatamente recordé lo que me había dicho mi papá acerca de que siempre tuviera cuidado de las mujeres fuertes y poderosas, y pensé que estas eran el tipo de chamacas con las que un hombre inteligente querría procrear, es decir, casarse y procrear. Y cuando las dos chavas le dieron una fuerte paliza al chamaco nos miraron y yo cometí el error de sonreír.

"¡No te rías!" me gritó una chamaca mexicana.

"¿Alguno de ustedes nos ha visto?" preguntó la otra. Era negra y me pareció tan chula como una cabra bebé.

"¡No!" dijeron mintiendo todos los chamacos al mismo tiempo. "¡No hemos visto nada!"

"Están mintiendo, ¿verdad?" me preguntó la chamaca mexicana, que también era muy chula, especialmente por sus ojos grandes y oscuros.

"Sí," dije todavía sonriendo. "Todos hemos mentido. Y quiero que sepan que ustedes dos son las chamacas más fuertes y hermosas..."

Pero no me dejaron terminar y se abalanzaron sobre mí. ¡Y yo que había intentado ganar puntos con ellas tratando de ser sincero! Además, para decir toda la verdad, nunca tuvimos chance de verles más que la parte superior de sus cabezas a medida que entraban y salían del baño. Todo lo que habíamos presenciado era el sonido de los excusados vaciándose.

Después, no recuerdo exactamente cómo, fue la época en que comencé a dibujar estrellas. Cuando una maestra nos gritaba y castigaba a uno de mis vatos amigos, yo dibujaba una estrella de cinco puntas. Luego la coloreaba de azul y un poco de verde, y muy pronto me dediqué a hacer eso todo el día, especialmente cuando las cosas se ponían difíciles. Dibujaba estrellas de cinco puntas, luego de seis, y después las coloreaba de azul y verde y les agregaba un poco de rojo o amarillo.

El azul y el verde me hacían sentir muy bien por dentro. Y el rojo y el amarillo parecían calentarme también por dentro, como el Padre Sol. Muy pronto, y no sé cómo explicarlo, sentí como si estuviera creando una abertura mágica para mí al dibujar estas estrellas porque después, cuando coloreara una, sentiría como si de algún modo saltara mágicamente dentro de ella y desapareciera.

En un par de ocasiones ni siquiera escuché cuando la maestra me llamó de tan lejos que estaba, viajando por los Cielos en mi estrella. Esto también me lo había enseñado mi mamagrande; que las personas podíamos viajar por las estrellas, porque eso era lo que éramos los humanos, Estrellas Viajeras que habíamos venido a la Madre Tierra a hacer el Trabajo Santo de Papito Dios, al igual que nuestro gran Hermano Jesús.

Cuando terminé segundo grado me transfirieron a una nueva escuela en Cassidy Street, en South Oceanside. Me sentí mucho más seguro allí, porque quedaba muy cerca de nuestro rancho grande, entre las calles California y Stewart y podría irme a casa cuando quisiera. También noté que había muy pocos estudiantes mexicanos; todos eran anglosajones. Me pregunté por qué, pero no se lo dije a nadie.

Ese año fui con mi mamá a Penney's, a comprar ropa para la escuela y mis primeros días allí fueron muy felices. No conocía a nadie ni nadie me conocía, y ningún chamaco pensaba que yo era un estúpido ni se burlaba de mí. Eso me encantó, y al poco tiempo me hice amigo de un chavo que vivía cerca de nosotros, en California Street. Su familia tenía la panadería más grande del mundo, en el centro de Oceanside, en Mission Street, a unas cinco cuadras del muelle. Todos los días llevaba magdalenas a la escuela. ¡Y yo nunca antes había comido magdalenas! En casa siempre comíamos la misma comida tradicional: huevos sucios sacados directamente del gallinero, muchas tortillas hechas en casa, salsa recién hecha, carne asada, aguacates grandes, toneladas de vegetales de nuestra huerta, queso que hacíamos semanalmente, y por supuesto, todo el jugo de naranja y limonada natural que quisiéramos beber.

Pero nunca comíamos nada tan gustoso como las magdalenas. Lo más cercano a esto era la capirotada, que era hecha con pan, queso y tortillas, y horneada durante varias horas con miel y pasas. Sin embargo, no eran nada comparadas con las magdalenas, y además, sólo comíamos capirotada una vez al año, luego de la celebración católica de la Cuaresma. Claro que también comíamos buñuelos en Navidad, pero esos eran los únicos dulces que comíamos. "Si quieren algo dulce, coman higos o naranjas," nos decía Mamá.

Lo cierto era que todos los estudiantes de la escuela querían ser amigos de este chamaco. Se llamaba Whitakin, pero yo le decía "What-A-King", pensando que era un apodo fantástico. Ese año, sus padres le regalaron una bicicleta Schwinn poco después de haber comenzado a estudiar. Me encantaba su bicicleta, así que mis padres también me compraron otra Schwinn. Y entonces, "What-A-King" y yo nos encontrábamos todas las mañanas en la esquina de las calles California y Stewart, él se bajaba de su bicicleta, yo de la mía, y caminábamos una cuadra llevándolas mientras nos comíamos una o dos magdalenas que siempre traía en una bolsita blanca. Eran tan deliciosas, tan suaves y tan ricas. Luego nos limpiábamos la boca, nos chupábamos los dedos, volvíamos a subirnos a nuestras bicicletas y nos íbamos a la escuela. Cada mes, los papás de "What-A-King" llevaban doughnuts y magdalenas para todos los del curso, pero él y yo comíamos magdalenas casi todas las mañanas.

Un día entró un nuevo estudiante a la escuela; llevaba botas de vaquero como las mías y nos dijo que era de Texas, donde había vivido en un rancho muy grande con sus abuelos, pero que su papá, que era marine, se había mudado con él y a su mamá a California. Muy pronto nos hicimos amigos, me enseñó a jugar canicas, y en una abrir y cerrar de ojos todos comenzamos a jugar. No pude saber cómo sucedió aquello. Un día, un par de chamacos jugaron canicas en el patio de la escuela y el chamaco nuevo comenzó a jugar y a decir que era el mejor jugador en todo Texas, y de un momento a otro todos los estudiantes tenían canicas y trataban de derrotar al chamaco pero no podían. Se llamaba Gus, jugaba muy bien a las canicas, así que al poco tiempo ya tenía una bolsa grande y llena que le había ganado incluso a estudiantes de cuarto grado. Fue por esta misma época que las cosas comenzaron a cambiar mucho en nuestro rancho grande. Mi hermana Tencha estaba ausente durante toda la semana, pues estudiaba en una escuela católica para mujeres en Santa Ana, California, a unas dos horas de nuestra casa. Y mi hermano Joseph, como ya he dicho, estudiaba en la escuela militar de Carlsbad. Mi hermano y mi hermana tenían uniformes escolares y casi nunca los veía, a no ser los fines de semana. Pero recuerdo que mi hermano mantenía una bolsa de canicas debajo de su cama, y una tarde, mientras miraba entre sus cosas, entró con su uniforme y me preguntó qué hacía allí.

"Estoy buscando tu bolsa de canicas," le dije. "Ya no me queda ninguna. Hay un chamaco en la escuela que se llama Gus. Juega canicas y nos está ganando a todos."

"En el barrio de Carlos Malo había un chamaco de apellido Acuña, que era así de bueno," dijo mi hermano Joseph. "Le ganaba a cualquiera, incluso a los chavos más grandes. Me enseñó a jugar y llegué a ser un buen jugador, aunque no tanto como Acuña."

"¿Puedes enseñarme?" le pregunté.

"Claro," dijo mi hermano. Se cambió de ropa, sacó su bolsa de canicas y nos fuimos al patio delantero de la casa que estábamos construyendo frente a la vieja, que quedaba en la cuesta del valle. Y una vez allí, en la tierra removida por el buldózer, dibujó un círculo con un palo y puso veinte canicas en la mitad del círculo.

"Escúchame bien," me dijo Joseph, "casi todos los jugadores querrán ser los primeros en lanzar, pero eso sólo está bien si eres tan buen jugador—presta atención—que puedas barrer con todas las canicas. De lo contrario, es mejor lanzar de segundo, de tercero o incluso de cuarto."

"¿Por qué?" pregunté, pues yo creía que había que lanzar la canica tan cerca de la línea como fuera posible para ser el primero en lanzar.

"Porque normalmente, lo único que hacen el primer y el segundo lanzador es dispersar las canicas, pues así es más fácil apartarlas individualmente del círculo, ¿entiendes?"

"Pero algunos tienen unas canicas de canto muy grandes," dije, "rompen el hoyo con el primer lanzamiento, luego juegan con una canica normal, y sacan todas las canicas del hoyo."

"Sí tienes razón; así sucede," dijo mi hermano. "Pero el genio de Acuña creó la regla de no cambiar canicas."

"¿No cambiar canicas?" exclamé. "Nunca había oído hablar de eso."

"Sí, es decir que si comienzas con una canica de piedra, tienes que seguir todo el juego con esa misma."

"¡Rayos! ¿Y eso se puede?" pregunté.

"¿Qué? ¿Crear reglas? Claro, ¿por qué no? Lo único que se necesita es que los demás jugadores estén de acuerdo."

"¿Y cómo se hace eso?"

"Votando."

"¿Votando?"

"Sí."

"Dios mío," dije, viendo todo un mundo de posibilidades, "entonces votar es muy bueno."

"Es cierto, votar es muy bueno," dijo mi hermano sonriendo. "Ya lo ves, con el voto, la gente común y corriente puede unirse y lograr tanto poder como los poderosos."

"¿Incluso yo, que no soy muy inteligente, podría hacer esto?"

"Claro. Si puedes hablar, puedes organizar. Inténtalo. La próxima vez diles a tus compañeros que realicen una votación. A nadie le gusta que alguien rompa el hoyo con una canica de piedra, ni que ese mismo jugador juegue después con una canica de tamaño normal y se las lleve todas."

"Es cierto. A mí no me gusta," dije. "Y Gus siempre comienza con una canica de piedra y luego la cambia por otra."

"Está bien. Pero lo que te he dicho hasta ahora no te convertirá en un ganador," me dijo mi hermano.

"¿No?"

"No, esto es sólo el comienzo, pues cuando todos estén de acuerdo en usar canicas de tamaño normal, algunos querrán llevar balineras."

"¿Balineras?" Yo nunca había oído hablar de eso. Me di cuenta que mi hermano sabía mucho.

"Sí, las balineras son esas bolitas metálicas que los mecánicos sacan de los coches, y son peores que las de piedra, porque un chavo que pueda jugar con una balinera—a mí siempre me pareció difícil—no sólo sacará casi todas las canicas, sino que esa pequeña canica de acero romperá todas las canicas de vidrio, y todos terminarán con sus bolsas llenas de canicas quebradas y desportilladas."

"¿Acaso has visto eso?"

"Claro; por eso fue que también creamos la regla que prohibía las balineras."

"¿Y votaron para aceptar esa regla, así como lo hicieron con las canicas de piedra? Entonces eso de la votación realmente puede ser muy bueno," dije emocionado.

"Sí, así es," dijo mi hermano. "Por eso quiero ser abogado, porque sólo por medio del voto podemos ayudar a los pobres trabajadores de este país. Papá se dio cuenta de esto cuando trabajó con los griegos en las minas de Montana. Allá votaban para todo."

"¿Y Papá sabe eso del voto?"

"Fue él quien me lo enseñó," dijo mi hermano.

Quedé impresionado. Nunca había sospechado que mi papá supiera tanto ni que mi hermano aprendiera tan rápido, como habían dicho los dos topógrafos. Vi que aunque yo ya tenía siete años, todavía tenía mucho qué aprender.

"Déjame ver con cuál canica vas a lanzar," dijo mi hermano.

Inmediatamente escogí la canica más bonita de todas.

"Bien, ahora lanza para ver cómo lo haces."

Me puse en cuatro con la canica en mi mano derecha, para enviarla al centro del hoyo.

"¿Vas a tratar de enviarla al hoyo?" me preguntó.

"Sí," dije.

"Está bien. Adelante entonces. Hazlo como siempre lo haces."

Lancé la canica y le di a al hoyo, pero no pasó nada; sólo se abrió un poco, no pude sacar canicas, y mi turno terminó.

"Ahora mírame," me dijo mi hermano, y lo vi escoger la canica que utilizaría para lanzar, pero no escogió la más bonita, tal como lo había hecho yo. No, en vez de esto sacó varias, las pesó una por una en su mano, sintiendo atentamente cada canica con los dedos y el pulgar.

"¿Ves?" me dijo, "trato de encontrar la canica de tamaño normal más pesada. No quiero una canica muy suave, porque es muy probable que se me resbale entre el pulgar y el índice cuando lance."

Escuché atentamente, pues nada de eso se me habría ocurrido.

"Quiero una canica que sea vieja," dijo, "así como un vaquero siempre busca un caballo maduro y con experiencia cuando sale a trabajar, o como un beisbolista siente la costura de la pelota antes de lanzar."

"¡Guau!" exclamé "¡Esto es muy emocionante!" Sentí que se me estaba abriendo un mundo completamente nuevo.

"Sí, aprender puede ser muy emocionante," me dijo mi hermano. "Y ahora mira, no la lanzaré al hoyo. Intentaré darle a esa canica que está allá sola, para poder sacarla. Así podré lanzar de nuevo."

Bueno, ¡quién lo diría!, pero mi hermano barrió con todo el hoyo. Es decir, sacó todas las canicas del círculo. ¡Así de bueno era! No, era más que eso. ¡Era el mejor LANZADOR que había visto! ¡En ese momento supe por qué le decían *Chavaboy*, el Chavo Campeón!

"Y ahora escúchame," me dijo. "Llegué a ser un buen lanzador sólo después que Mike Acuña me enseñó y de practicar muchísimas horas."

"¿Me enseñarás entonces a lanzar tan bien como tú?" le pregunté completamente emocionado.

"No me escuchaste. Eso no fue lo que te dije. Te dije que Mike Acuña me había enseñado a lanzar, pero luego dije que practiqué solo durante muchísimas horas."

"Ah, ¿puedes enseñarme entonces cómo hacerlo?"

"Por supuesto, ésa es la parte fácil. Lo duro es la práctica. Y mientras practiques, no debes jugar canicas en la escuela."

"¿Por qué no?"

"Porque te impedirá concentrarte en mejorar. Lo único que harás en dos semanas es practicar solo en casa, sin decirle a nadie. Y no juegues en la escuela; más bien observa a ese chamaco Gus y a los otros jugadores. Estudia cada uno de sus movimientos, apréndete de memoria el estilo de cada uno, aprende algo de cada jugador, y no le digas a nadie lo que estás haciendo, ¿entiendes?"

"Sí," dije. El corazón me latía con fuerza. Estaba tan emocionado que creí que se me saldría. "Entiendo."

"Bueno. Primero lo primero," continuó mi hermano, "y lo primero que debes aprender es acomodar el juego a tu favor, o que al menos sea equitativo. Lo segundo es escoger la canica con la que vas a lanzar, y lo tercero que debes aprender es a sostenerla, porque a algunos les gusta sostenerlas con los puños hacia abajo, con los nudillos así. Otros prefieren con las palmas de las manos hacia arriba. Y también hay un par de formas extrañas, levantando y estirando los dedos. Yo aprendí a jugar de una forma simple para poder concentrarme en el juego. Y si tengo que lanzar de primero, me pongo de pie y hago el primer lanzamiento con las dos manos, para poder lanzar hacia abajo y romper el hoyo. Después del primer lanzamiento me pongo en la posición tradicional, con las palmas hacia arriba, apoyando los nudillos en la tierra. ¿Estás entendiendo?"

"Sí," dije, asintiendo con la cabeza. Dios mío, y yo que sólo había entrado a la habitación de mi hermano para buscar su bolsa de canicas. Nunca me imaginé que jugar canicas implicara pensar tanto.

"Bueno," dijo mi hermano, "me alegra que esto te parezca interesante, porque papá dice que el comienzo de todo aprendizaje no es simplemente oír, sino escuchar. Y aprender es ser capaz de diferenciar. "¿Estás listo para el gran secreto, el que te convertirá en ganador?" me preguntó.

"¡Sí, estoy listo!" dije emocionado.

Su expresión cambió y se puso la mano en la frente.

"¿Cuál es?" pregunté, viendo que mi hermano no parecía estar bien.

"Ah, no sé. Últimamente me he sentido un poco cansado," dijo. "Pero escucha, este es el secreto para ganar, y nunca se lo podrás decir a nadie hasta que te retires del juego o quieras pasárselo a tu hermano o... hermana."

"¿A mi hermana? ¡Si las chamacas no juegan canicas!" dije riéndome.

"Algunas chamacas del barrio jugaban. No muchas, pero una o dos lo hacían y eran mejores que la mayoría de nosotros."

"¿De veras?"

"Sí. Ahora presta atención, porque el truco secreto se debe hacer antes de empezar a jugar, y sin embargo, tu futuro dependerá de él. Y Papá dice que lo mismo se aplica para el póquer, los dados y los negocios; que en todos los juegos de la vida hay un secreto que es muy simple."

"¿Y cuál es?" pregunté.

"¿Me estás escuchando?" me dijo.

"Sí," respondí. "Maldita sea. Estoy escuchando."

"Si lanzas de primero, tienes que asegurarte que las canicas no estén muy juntas entre sí," dijo.

"¿Qué? ¿Eso es todo?" pregunté.

"Sí," me dijo. "Eso es todo."

"Pero..."

"Mundo, ese 'pero' quiere decir que no estás escuchando," dijo mi hermano, así como hacía mi papá siempre que utilizábamos la palabra 'pero'. Vi que algo le dolía. "Vamos a intentarlo de nuevo. Si lanzas de primero, te aseguras que cuando todos los jugadores pongan sus canicas en el círculo, dos o tres queden un poco alejadas del resto del hoyo. Deberás hacer lo posible para darles y desde un ángulo. Porque cuando les das a las canicas que están sueltas desde un ángulo, se alejarán del hoyo, y casi siempre, una o dos más se saldrán del círculo. Pero si están muy juntas, al que lance de primero le parecerá como si le estuviera dando a un muro."

"Pero, José" dije, "¿Cómo voy a saber si seré el primero o no en lanzar? ¿No ves que siempre ponemos las canicas en el hoyo antes de lanzar a la línea, para ver quién será el primero en lanzar?"

"Pues entonces cambia eso," dijo. "Apuéstale una canica a ver quien va a lanzar primero, y será otro juego separado y entonces podrás decir que quieres hacerlo primero."

"¿Puedo decirle a los demás que lancemos primero a la línea y luego ponemos la canica?"

"Puedes hacerlo con el voto," me dijo, "si eres el que sugiere acerca de lo que se debe votar."

"¿De veras?"

"Sí. Ya lo ves, cuando la votación funcione y todos vean que eres una persona justa, aceptarán casi todas las otras sugerencias que hagas."

"¿En serio? ¡Guau! Entonces, el que proponga la idea sobre qué se debe votar lleva la ventaja en lograr lo que quiere."

"Exactamente."

"¿Y Papá te enseñó eso?"

"Sí, y él aprendió mucho de..."

"Su mamá," dije. "Papá siempre nos habla de Doña Margarita, su mamá."

"Exactamente, de su mamá, y también de un hombre llamado Duel, en Montana."

Papá siempre hablaba de Duel. "Entonces, ¿Papá también jugaba a las canicas?" pregunté.

Mi hermano se rió. "No, Papá nunca jugó a las canicas," dijo mi hermano. "Pero una vez me vio triste en el barrio, me preguntó qué me pasaba, y le dije que había perdido todas mis canicas. Él me preguntó quién me las había ganado y yo le dije que Mike Acuña. Me dijo que fuera a buscarlo. Llamé a Mike y creí que Papá le iba a decir que me devolviera las canicas, porque era mucho mayor que yo, pero él siempre me ha sorprendido, le preguntó si quería ganarse cincuenta centavos al día enseñándome a jugar canicas."

"¿Papá hizo eso? ¿Quieres decir que le pagó una buena lana a alguien para que te enseñara un juego de chamacos?"

"Papá siempre me ha dicho que no se puede decir que haya juegos de chamacos, que sólo hay juegos con los que los chamacos aprenden la realidad de la vida, pero que los padres están tan tapados, tan ciegos y estreñidos que no saben de qué se tratan realmente estos juegos."

"Nunca olvidaré ese día. A Mike se le pusieron lo ojos más grandes que los de un conejo, porque había pensado que se había metido en un problema, pero en vez de eso le ofrecieron un trabajo remunerado. Y en ese entonces, cincuenta centavos al día era mucha lana. 'Me tomará una semana,' dijo Mike. 'Que sean dos,' le dijo mi papá, 'y te pagaré cinco dólares por anticipado para que comiences, pero no le dirás a nadie, ¿entiendes? O no te pagaré el resto del dinero. Enséñale aquí en el patio de atrás, donde yo los pueda ver.' Y al cabo de dos semanas, pasé de ser uno de los peores jugadores de todo el barrio a ser uno de los mejores."

"¡Carajo!" dije.

"No vuelvas a decir esa palabra," me dijo mi hermano. "Creo que la has dicho tres veces desde que estamos hablando."

"¿Cuál palabra?"

"Carajo."

"¿De veras?"

"Sí, y no debes decirle esa palabra a nadie y menos a ti mismo. Doña Margarita, nuestra mamagrande, la mamá de papá, nunca nos permitía decir esa palabra. Al contrario, nos decía que nos bendijéramos a nosotros mismos y a todos los demás, y nos explicaba que los humanos alcanzaríamos nuestro verdadero poder cuando todos viviéramos en las bendiciones de Dios."

"¿Tú la conociste?" le pregunté.

"Por supuesto. Tencha y yo crecimos con ella."

"Yo nunca pude conocer a la mamá de papá," dije.

"Sí, ya sabemos. Ella murió dos años antes del día y de la hora en que tú naciste, lo que de acuerdo con ciertas ideas indias, significa que tú eres ella."

"¿Yo? ¿Qué yo soy nuestra mamagrande?"

"¿Por qué no? Todos somos fragmentos de alguno de nuestros antepasados."

"¿Quieres decir que somos como pedazos de polvo de estrellas, como me decía la mamá de mamá?"

"Sí, y también de nuestros antepasados, de nuestros ancestros. ¿Por qué crees que Papá es tan inteligente? Él ha pasado por muchas pruebas. Él es Don Pío, el papá de su mamá. ¿Acaso no has escuchado que Papá siempre dice que la sangre conoce a la sangre y que casi siempre salta una generación?"

"Sí, pero nunca pensé que hablara tan en serio."

"Mundo, tienes que empezar a prestarles más atención a Papá y a Mamá. No han llegado así de lejos en la vida por haber andado con los ojos cerrados."

Asentí. Nunca antes había tenido una conversación de este tipo con mi hermano, y me pregunté si su sangre también habría saltado y si en realidad era entonces nuestro tío José el Grande, el hermano mayor de papá, que salvó a todos Los Altos de Jalisco de la Revolución Mexicana.

Toda la tarde practiqué con las canicas y traté de escoger la mejor. No por su belleza, sino por su peso y sensación. Al fin encontré una que sentía mejor con los ojos cerrados que con los ojos abiertos. Y además, descubrí que cuando por fin encontré una canica realmente buena, pesada y áspera, que sentía bien entre mis dedos índice y pulgar, la podía lanzar con más fuerza sin que se me resbalara de la mano. Rápidamente comencé a lanzar la canica más fuerte y recta que nunca antes. Dios mío, no quería entrar a casa cuando me llamaron para cenar. ¡Aprender era tan maravilloso que bien valía la pena!

Toda la noche soñé que jugaba con canicas y me sucedió algo fantástico. Era como si antes yo no supiera lo suficiente como para pensar o soñar en jugar a las canicas, pero ahora que mi hermano me había enseñado todo esto, no podía apagar mi cerebro, especialmente cuando me iba a la cama. Fue como si toda la noche hubiera sentido ese zumbido, ese ronroneo en la base de mi cabeza, pasando de un oído al otro.

Al día siguiente desperté sintiéndome como si hubiera dormido toda la noche en los brazos de Papito Dios. Y por primera vez en mi vida, ese día fui animado a la escuela. Pero cuando llegué, recordé que debía pasar dos semanas sin jugar; fueron las más largas de mi vida. Practicaba y practicaba en casa todas las tardes, y mi hermano me daba consejos de tanto en tanto. Sin embargo, ya no me podía ayudar mucho, pues había sido elegido para jugar en el equipo júnior de fútbol de su escuela y entrenaba hasta muy tarde.

Todas las noches tenía sueños maravillosos en los que jugaba a las canicas; eran juegos inolvidables en donde yo jugaba muy bien. Soñar de día y soñar de noche terminó siendo una sola cosa para mí, así como mi mamagrande me había explicado que nos sucedía a todas las personas que vivíamos en el Jardín de Dios. Cuando estaba en la escuela, veía jugar a Gus y a los otros chamacos y pude ver cosas que no había visto antes. Estaba aprendiendo a diferenciar, tal como mi hermano me había dicho que haría a medida que fuera aprendiendo. Me di cuenta que Gus no sólo era bueno para romper el hoyo con su canica grande de piedra, sino que probablemente también era el mejor lanzador de toda la escuela cuando jugaba con una canica de tamaño normal.

Yo seguía soñando que jugaba a las canicas, y una noche, mis dos abuelas muertas y mi perro Sam, que fue atropellado por un coche y me salvó la vida con su muerte, se me aparecieron en el sueño: Sam me lamió la cara, y mis dos mamagrandes me tomaron de la mano y caminaron conmigo por el Cielo. Luego llegamos a una estrella azul y verde con un poco de rojo, ¡y jugamos el juego de canicas más maravilloso del mundo!

¡Era maravilloso! Inmediatamente entendí que jugar a las canicas no era ningún juego de niños, sino que me estaba enseñando todo acerca del Jardín de Dios, así como mi abuela me había enseñado cuando sembramos la huerta que tenía al lado de su casita. Papá tenía toda la razón al decirle a mi hermano que no había juegos de chamacos como tales.

Esa mañana desperté sintiendo ese ronroneo-zumbido detrás de mis oídos, y supe que toda la noche realmente había dormido en los Brazos Santos de Papito Dios, así como mi mamá me había dicho cuando me cantaba todas las noches a-cu-rru-cándome con la canción de la paloma.

Al día siguiente fui a la escuela con una fortaleza y una confianza que nunca antes había sentido, y cuando vi a los chamacos jugar a las canicas durante el descanso, me di cuenta de muchas más cosas que antes. Aunque se suponía que yo no podía jugar todavía, eso no quería decir que no pudiera organizar una votación. Gus estaba barriendo con todos gracias a la canica de piedra pesada que utilizaba para romper el hoyo, y todos pensaban que así era el juego y que no podíamos hacer nada al respecto.

Entonces llamé a unos chamacos a un lado, y les dije que desde Carlsbad para acá no se permitía cambiar de canicas.

"¿Y qué?" dijo uno de los chamacos.

Me di cuenta que no habían entendido lo que les había dicho.

"Quiere decir que Gus no puede hacer el primer lanzamiento con la canica de piedra y cambiarla después por otra de tamaño normal. Si empieza con la de piedra, tiene que seguir jugando con esa, y nadie tiene tan buena puntería con las de piedra como para darles a las que están solas, ni siquiera Gus."

Los ojos se les iluminaron y acto seguido fueron a decirle a Gus que en California no estaba permitido cambiar de canica. Aunque no fue eso lo que dije, lo cierto es que funcionó. A Gus le dio un coraje de la chingada, todos los chamacos se unieron y le dijeron que no jugarían con él si seguía haciendo el primer lanzamiento con la canica de piedra y luego la cambiaba por una de tamaño normal. Sin embargo, Gus vio que no tenía otra salida, se calmó y aceptó la nueva regla, no sin antes insultarnos y decirnos que éramos unos californianos cobardes y llorones.

Con todo y la nueva regla, Gus siguió ganándose casi todas las canicas. Era un jugador fuera de serie. Mientras tanto, yo seguía practicando y practicando en casa, y veía que mejoraba notablemente. Mi hermano dejó de ayudarme; llegaba tan cansado del entrenamiento de fútbol que inmediatamente se iba a dormir.

Mis dos semanas de entrenamiento terminaron y aquella noche casi no pude dormir; estaba tan emocionado de ir a la escuela y empezar a jugar. "Dios mío," recé esa noche, "por favor ayúdame a jugar bien mañana. Y ayúdame también a recordar todo lo que mi hermano me ha enseñado, porque él no se está sintiendo bien como para seguir ayudándome. Buenas noches, Papito." Luego añadí, "nos vemos mañana, y por favor, ayúdale a mi hermano José a mejorarse."

Esa noche no soñé que jugaba a las canicas. No, en vez de eso soñé con todo lo que mi hermano me había enseñado. "Debes tener mucho cuidado en no dártelas ni en burlarte de los que no sepan jugar tan bien como tú... De hecho, Papá me contó que Duel, su amigo de Montana, le había explicado que si te las das de presumido o alardeas mucho, la gente se irá contra ti y no tendrás con quién jugar, ¿y qué harías en ese caso?" me preguntó José.

"Dejaría que mi rival ganara unas cuantas canicas, sobre todo al final del juego," le dije en el sueño a mi hermano, tal como me había enseñado, "para que se vayan a casa sintiéndose bien y con la esperanza de derrotarme al día siguiente."

"Exactamente," dijo mi hermano. "Y nunca vas a presumir de lo bueno que eres, así como lo hace Gus, porque un rey de verdad no necesita decirle a nadie que él es el rey. De hecho, un rey de verdad mantiene su reinado tan secreto como puede. Buena suerte." Y luego me dijo, "y recuerda que papá dice que la suerte es una mujer hermosa que siempre necesita ser cortejada."

Al día siguiente me desperté muy emocionado, con tantos deseos de ir a la escuela y jugar una o dos partidas antes de que comenzaran las clases que hasta me olvidé esperar a "What-A-King" para comer magdalenas juntos. Iba por mi segundo juego de canicas y ganándoles a todos, cuando "What-A-King" llegó en su bicicleta Schwinn. Tenía mucho coraje conmigo y me dijo que me había esperado mucho tiempo en las calles California y Stewart, que luego había ido a mi casa a ver si yo estaba enfermo y que mi perro por poco lo muerde. Me dijo que nunca jamás me volvería a regalar magdalenas.

Le dije que lo sentía, pero no pude hablar mucho con él porque en ese momento estaba ganando. Salió vociferando y yo seguí jugando. ¡Ganar me pareció tan emocionante que el triunfo me supo mejor que las malditas—que digo—las benditas magdalenas!

Esa semana evité jugar con Gus, pensando que lo mejor sería seguir las instrucciones de mi hermano, es decir, alcanzar algunas victorias antes de enfrentarme al mejor jugador. Como había ganado todos los días, pensé que ya estaba listo para jugar el viernes con Gus. Además, él me había provocado toda la semana y me decía que era un cobarde, y yo ya estaba harto.

"Está bien," le dije a Gus, "el viernes jugaré contigo tan pronto lleguemos a la escuela, pero sólo tú y yo." Mi hermano también me había sugerido que siguiera esta estrategia para concentrarme tanto en el juego como cuando practicaba.

"Pero es probable que Gus no acepte," le había dicho a mi hermano.

"No te preocupes. Es tan presumido que aceptará de inmediato," me aseguró.

"¡Ya estás frito!" me dijo Gus emocionado, tal como me había dicho mi hermano que lo haría. "Mano a mano: ¡así me gusta! ¡Entonces tendremos un duelo mexicano!"

Me gustaba la expresión mano a mano, pero nunca me había gustado la expresión "duelo mexicano." "Mira," le dije, "sólo tú y yo, y sin cambiar de canica."

"¿Tú también?" gritó. "¡Chingaos, yo pensaba que eras un vaquero de verdad! ¡No sabía que eras una lloroncita como los otros californianos cobardes!"

Cerré los ojos, respiré, y los abrí de nuevo. "Soy un vaquero de verdad," le dije. "Por eso soy un vaquero, porque vaquero significa..."

"Yo sé lo que significa vaquero," dijo Gus. "No nací ayer. Es '*cowboy*' en mexicano."

"Sí. Y los *cowboys* han aprendido todo lo que saben de los vaqueros. Por ejemplo, la palabra 'rodeo' viene de México, y si me dices que soy una chamaca, pues está bien porque..."

"¡Sí, ya sé!" dijo. "¡Yo no soy un californiano ignorante! ¡Soy un tejano! y los tejanos sabemos que las palabras y las cosas de los *cowboys* originalmente vienen de los vaqueros. ¡Pero los tejanos nos apoderamos de todo el territorio después de Álamo y mejoramos todas las cosas, tanto así que es por eso que podemos ganarle en un rodeo a cualquier mexicano con panza de chile!" agregó con orgullo.

Sentí como si me hubieran dado una bofetada en la cara, porque sabía que eso no era cierto. Yo había visto que Nicolás, nuestro mejor ayudante, les había ganado a todos los vaqueros americanos en el último desfile del Cuatro de Julio. "No, ustedes no han mejorado nada," dije. "Sólo han tratado de romper al caballo en lugar de amansarlo, que quiere decir..."

"¡A quién le importa qué quiere decir!" dijo Gus. "Dejemos de hablar y veamos quién es el más gallo, aún con tus reglas de llorona cobarde de no cambiar de canica."

Temblé del coraje, no me concentré cuando lancé la canica a la raya y él ganó y tiró de primero. Aun así, yo sabía lo que estaba haciendo y me aseguré de que todas las canicas estuvieran bien compactas en el centro, para que se encontrara con un muro cuando lanzara por primera vez.

La estrategia que me había enseñado mi hermano funcionó. Ahora me tocaba a mí. Me calmé para poder lanzar bien. Me concentré en una canica que estaba sola, así como me había enseñado mi hermano. Evité lanzar la canica en dirección a las dos canicas que estaban muy cerca la una de la otra para no darles a las dos.

No, jugué con cuidado, como me había enseñado mi hermano y me concentré por completo en el lanzamiento, así como lo había hecho cuando practicaba. Antes de darme cuenta ¡Dios mío! ¡Había barrido con el maldito—que digo—con el BENDITO HOYO!

Jugué mejor de lo que había pensado, pero Gus no se daba por vencido. Esa vez no tuvimos que ver quién lanzaba de primero. Y como sólo estábamos jugando los dos, tuve que lanzar yo. Varios chamacos y algunas chamacas vinieron a vernos jugar. Sin embargo, no permití que nada de esto me distrajera y me aseguré que las tres canicas pequeñas estuvieran un poco separadas del hoyo. Luego hice como si fuera a lanzar desde el otro lado del círculo, como me había enseñado mi hermano, y cuando di la vuelta para darles desde un ángulo a las tres canicas que estaban a un lado, parecía como si las hubiera visto accidentalmente y no que las hubiera acomodado a mi manera.

Dios mío, funcionó a la perfección y volví a barrer con todo el hoyo. De hecho, todos estábamos tan emocionados que cuando sonó el timbre para entrar a clase, ninguno lo escuchó y las maestras tuvieron que ir a llamarnos.

"¡Fue suerte!" me dijo Gus mientras nos dirigíamos al salón. "Espera no más a que salgamos. ¡Ya verás! Sé que no juegas bien. ¡Chingaos, si yo te enseñé a jugar!"

Asentí y me quedé callado. Sin embargo, qué ganas me dieron de decirle que había estado practicando en casa durante varias semanas y que había tenido como instructor a alguien que jugaba mucho mejor que él. Pero no le dije nada, ni en esa ocasión ni después. También me habían enseñado lo siguiente: "mantén tus cartas cerca de tu pecho." Papá siempre nos decía eso.

Esa tarde, cuando salimos de la escuela, Gus y yo decidimos jugar al otro extremo del patio de la escuela, debajo de los eucaliptos de Steward Street, al lado este de la escuela. Despejamos un buen pedazo de tierra pisándola primero con los zapatos y limpiándolo después. Luego agarramos unas ramas del suelo y terminamos de limpiar y unos doce chamacos se quedaron para vernos. También había dos chamacas, y una de ellas era muy bonita, pero ya estaba aprendiendo que la belleza no siempre era lo más importante cuando se trataba de escoger una mujer o una canica. No, tenías que cerrar los ojos y sentir algo por la mujer o por la canica. Cerré mis ojos, los abrí de nuevo, y vi que la segunda chamaca era muy bonita y que sus ojos eran tan bellos y amables como los de una cabra, cosa que era muy buen síntoma, pues quería decir que estaba en paz con su espíritu animal.

"Está bien," dijo Gus cuando terminó de trazar el círculo. "¡Vamos a jugar!"

Miré el círculo y vi que había algo diferente, pero no pude saber qué era exactamente, pues todo se veía muy diferente debajo de los inmensos eucaliptos. Luego me di cuenta: Gus había trazado un círculo mucho más grande que los que utilizábamos para jugar en la escuela, debajo de los molles, donde estacionábamos las bicicletas.

Un escalofrío me recorrió la espalda. Vi que a Gus también lo había entrenado un adulto. Me había cambiado todo el juego y me di cuenta por qué. Él era más grande y fuerte que la mayoría de nosotros, y le favorecería un hoyo más grande.

"Coc-coc-coc," exclamó, haciéndome sonidos de gallina mientras yo inspeccionaba el círculo. "Vamos, juguemos. Deja de ser gallina. Creo que tú y yo somos los mejores jugadores del tercer grado. Ya acepté jugar con una sola canica, así que déjate de niñerías y juega como lo hacemos en Texas. Un círculo grande con cincuenta canicas adentro."

"¿Cincuenta?" exclamé sorprendido. "Creo que ni siquiera tengo esa cantidad." Mi hermano también me había dicho que no llevara todas mis canicas a la escuela, que sólo llevara treinta o cuarenta, para que nadie supiera cuántas tenía.

"El que lleve todas las canicas a la escuela," me dijo mi hermano, "y les muestre a los demás todo lo que ha ganado, es un tonto, y los tontos siempre terminan engañándose a sí mismos."

"Está bien," dijo Gus mientras les mostraba a todos su gran bolsa llena de canicas. "Pondré tantas como tengas tú."

El corazón me latió con fuerza y me dieron ganas de decirle que no, que sólo pondría diez como hacíamos siempre, pero comenzó a hacer otra vez como una gallina.

"¡Coc-coc-coc-coc-COC! Vamos, apostaré todas las canicas que tengas y te daré cinco de ventaja. ¡Que sean diez, chingaos!"

Me mojé los labios. La oferta era realmente tentadora. Sin embargo, sabía que algo estaba mal, porque había cambiado el juego tradicional y creado otro que yo desconocía por completo. Pero sucumbí a la tentación de las diez canicas adicionales y finalmente dije que sí.

Al escuchar mi decisión, Gus comenzó a moverse con la seguridad de una pantera que persigue a un ciervo, y en un abrir y cerrar de ojos me ganó casi todas las canicas. Al fin y al cabo, él no sólo era más grande y fuerte que yo, sino que también sabía trabajar las canicas cerca de los bordes y trataba de darles a tres o a cuatro al mismo tiempo. Esa tarde todos, incluso las dos chavas, aplaudieron a Gus, pero la chamaca de ojos grandes y amables como los de una cabra se me acercó.

"Tú también jugaste muy bien," me dijo en tono cordial.

Me quedé completamente petrificado: era la primera vez que una chamaca me hablaba desde que había comenzado a estudiar. Se llamaba Nancy y tenía el cabello largo y café oscuro. Me ofreció goma de mascar y cuando retiré la envoltura, sacó la historieta que venía adentro, la leyó y se rió. Me di cuenta que era inteligente, porque había entendido el chiste, y yo en cambio no.

Luego llegó la brisa, miré hacia arriba, hacia el viejo eucalipto que estaba sobre nosotros, y vi que sonreía. Yo le sonreí de vuelta y le agradecí. "Recuerda siempre," me había explicado varias veces mi mamagrande, "que todo el Mundo de los Espíritus siempre nos acompaña adonde quiera que vamos, si tenemos los ojos para ver y las orejas para escuchar a nuestra alma."

Esa tarde, Gus le dijo a todo el mundo que él era el campeón y que lo seguiría siendo por siempre. En la noche me sentí como un estúpido y le expliqué a mi hermano lo que me había sucedido. Para mi sorpresa, Joseph no se molestó conmigo. En vez de eso me dijo: "Me alegro que Gus te haya ganado."

"¿Y por qué te alegras de que me haya ganado?" le pregunté, confundido de que mi propio hermano me dijera eso.

"Porque te las diste de presumido," respondió.

"No, no es cierto," dije rápidamente.

"Mira," me dijo, sentándose en la cama. "¿Habrías aceptado jugar con un círculo más grande si no hubieras ganado toda la semana?"

"Bueno... creo que no."

"Exactamente. Aceptaste jugar porque estabas comenzando a creer que eras tan bueno que no necesitabas seguir las reglas básicas. Papá siempre dice que las personas más fáciles de engatusar son los engatusadores, pues siempre están buscando fórmulas mágicas y caminos fáciles en la vida."

"Ahora déjame que me levante de la cama y te mostraré qué tan grande era el círculo." Noté que mi hermano tenía dificultades para levantarse por sus propios medios. "Fue muy listo en hacerte pasar de tu juego al suyo. Apuesto a que alguien lo entrenó."

"Sí," dije. "Yo pensé lo mismo."

"Bueno. Me alegra que estés pensando. Papá siempre dice que haber sabido pensar y mantener sus ojos abiertos fue lo que le permitió salvar su vida, la de su madre y la de sus hermanas durante la Revolución Mexicana."

Salimos por la puerta de atrás de nuestra vieja casa y atravesamos el camino hacia la nueva, que ya estaba casi terminada. Mi hermano tuvo que parar varias veces para tomar aire. Y sin embargo, cuando íbamos a verlo jugar fútbol en la Academia del Ejército y la Marina, lo veíamos recibir el balón, correr a toda velocidad, y derribar jugadores en el camino.

Dibujé en los escombros de nuestra nueva casa de dos pisos un círculo del mismo tamaño que aquel donde habíamos jugado Gus y yo. Me pareció increíble, pero mi hermano me explicó cómo jugar con círculos de ese tamaño. A diferencia de los círculos pequeños, en los círculos grandes tenías que darles a los grupos pequeños de canicas que estuvieran cerca de los bordes, no a las que estaban solas, ya que eran lanzamientos que podías fallar debido a que la distancia era mayor. Y también me di cuenta que eso era exactamente lo que Gus había hecho.

Luego, no olvidaré que esa tarde al regresar a casa, mi hermano buscó en el cajón donde guardaba sus calcetines en perfecto orden, al estilo militar, uno envuelto en el otro, y sacó un calcetín negro y lo puso del lado contrario en la cama. Y allí, ante mis ojos, vi salir del calcetín la canica de color rojo cereza más linda que hubiera visto. Era de tamaño normal, pero quizá un poco más grande.

"Esta era mi canica preferida con la que lanzaba en el barrio," dijo mi hermano. "Sin embargo, no la usaba todos los días. Utilizaba la Gran Cereza sólo para juegos especiales. Es tuya," añadió.

"¿Mía?"

"Sí, tuya. Y quiero que le ganes a Gus con esta canica. La Gran Cereza ha estado en muchas batallas. Mírala con cuidado y verás que tiene muchas marcas. Una vez, un maldito, que digo, un bendito vato sacó una bola de metal. Nunca se te ocurra jugar "cazadoras" con esta canica; es tu purasangre. No la uses tampoco para otro tipo de juegos. Vamos, agárrala."

Pero no pude. Lo único que pude hacer fue observar la canica más hermosa que había visto en mi vida.

"Tómala," me volvió a decir.

Al cabo de un rato la tomé entre mis dedos pulgar e índice para poder sostenerla contra la luz. "Esta canica es muy hermosa, y tú dijiste que las lanzadoras no deben ser bonitas."

"Toda regla tiene su excepción," dijo mi hermano. "Siente su peso y su textura."

"Dios mío, tienes razón. Es pesada y tampoco es que sea muy suave."

"Exactamente. Eso quiere decir que no hay ningún problema en que la lanzadora sea bonita. Lo más importante de todo es que no la escojas por su belleza, así como Papá hizo con Mamá."

"¿Mamá es bonita?" pregunté.

"¿Estás ciego?" dijo mi hermano. "¿No ves que hombres y mujeres la miran por igual adonde quiera que vaya? Mamá es más bonita que cualquier actriz de cine, y sin embargo, Papá no la escogió por eso. La escogió, nos lo ha dicho más de mil veces, porque cuando la vio por primera vez, ella estaba haciendo fila con su hermano y su hermana para entrar al salón de baile en Carlos Malo. Y cuando se armó una pelea, ella no se alegró como su hermana y otras mujeres. No, ella y su hermano se alejaron, pues no querían tomar parte en ella, y al ver esto,

Papá se dio cuenta que era una mujer de gran inteligencia, respeto y responsabilidad; una persona a quien podía confiarle su propia vida. Y recuerda que Papá dice que la confianza es la base del amor.

"Ya veo," dije. "Entonces Mamá es hermosa," dije, y los ojos se me llenaron de lágrimas. "Y Papá es inteligente, porque supo escoger a su esposa, y eso es lo más importante que puede hacer un hombre en toda su vida."

"Exactamente," dijo mi hermano "porque de nuestra esposa vienen nuestros..."

"Hijos," dije, pues le había oído decir esto a Papá miles de veces. "Y nuestros hijos heredan el instinto de supervivencia de las mujeres."

Mi hermano sonrió. "Veo que has estado escuchando y eso está bien."

No pude evitar las lágrimas. Todos esos años, desde que había comenzado a estudiar, había pensado que mamá era fea y papá un tonto. Mi hermano me abrazó durante un largo rato y me sentí muy bien.

A la semana siguiente fui a la escuela con un poder dentro de mi corazón que era ¡AVASALLADOR! y en el descanso les gané a todos, incluyendo a Gus, pues jugamos con círculos normales. Y luego, después de clases, jugamos de nuevo bajo el viejo eucalipto. Cuando me dijo que la Gran Cereza era del tamaño de una canica de canto y que no podía utilizarla a menos que él pudiera cambiar de canica, por poco le digo, "está bien, si de todos modos te voy a ganar," pero no lo hice, porque me di cuenta que eso sería hablar como un presumido. Guardé mi Gran Cereza y aún así le gané con mi canica normal.

Algo me había sucedido. Era como si no pudiera hacer nada errado. Y recordé que mi hermano me había dicho que papá había aprendido de su amigo Duel a dejar que los otros jugadores ganaran un poco de dinero al final del juego de póquer para que quisieran jugar contigo al día siguiente, y eso fue lo que hice. Erré un tiro, fingí molestarme conmigo mismo, y Gus se emocionó y ganó las últimas canicas.

Luego gritó de alegría y se fue diciendo que todavía era el campeón, porque me había ganado al final y porque tenía muchas más canicas que yo.

Al término de aquella semana estaba muy claro quién era el nuevo campeón de canicas de tercero si se guiaban por el número de canicas que llevábamos a la escuela. Sin embargo, no dije nada. De hecho, me di cuenta que mi hermano había sido muy sabio al decirme que un rey de verdad... mantenía su reinado en secreto.

Yo había escuchado, practicado, aprendido, ganado, y... también descubierto que mi mamá era hermosa y mi papá era inteligente y que tal vez yo no fuera muy buen estudiante, pero seguía siendo... ¡un mexicano, podía pensar, organizar una votación y barrer con todos en el descanso!

No podía dejar de llorar de lo feliz que estaba: yo era ¡El REY!

CAPÍTULO nueve

Saber que era el rey era realmente agradable. Y ahora que ya no me sentía aterrorizado de ir a la escuela, dejé de orinarme en la cama. Mis días comenzaron a ser mágicos, y no sólo en el recreo. En el salón de clases pude ver que algunas de las cosas que nos enseñaban tenían valor. Fue en esta época cuando nos enseñaron multiplicación y división. Algunos chamacos tenían muchas dificultades para entender, pero yo entendí la multiplicación y la división sin ningún problema.

A diferencia del alfabeto y de la lectura, los números tenían un sentido mucho mayor para mí. Con las sumas y las restas podía saber cuántas pacas de heno teníamos en las colinas o cuántas canicas tenía yo. Y con la multiplicación podía agrupar mis canicas en filas de a diez y multiplicar estas filas por diez para saber cuántas tenía. Esto era realmente maravilloso, pues me ahorraba mucho tiempo, sobre todo ahora que tenía más de cuatrocientas canicas.

También, y a diferencia del alfabeto, en matemáticas sólo tenías que aprender nueve números, a no ser que se contara el cero. Pero incluir el cero tenía mucho sentido para mí, ya que después de llegar al nueve, lo único que tenías que hacer era anotar el "1", como al comienzo, y agregar un "0" a ese "1" y tenías un "10", que era otra fase completamente nueva, hasta llegar al "19". Luego, lo único que tenías que hacer era anotar el "2"—lo cual tenía mucho sentido, pues el "2" seguía después del "1"—y entonces le agregabas un "0" al lado del "2" y así tenías el número "20."

Me encantaba esa forma clara y sencilla de pensar. Tenía mucho más sentido para mí que el maldito—qué digo—el bendito alfabeto, pues tenías que memorizarte veintiséis letras y luego ponerlas en grupos sin ninguna rima ni lógica para poder formar palabras diferentes. Por ejemplo, la palabra "*read*" a veces se pronunciaba "*reed*" y otras veces "*red*". ¡Eso me sacaba de casillas! ¿Por qué no había muchas menos letras, y quizá también un "cero" para agruparlas?

Como sumar y restar me parecía tan lógico, rápidamente aprendí a hacerlo mentalmente con dos o tres cifras. Ninguno de mis compañeros podía hacerlo. Era como si me hubiera vuelto listo de la noche a la mañana. Comencé a pensar que los días en que yo era "lento para aprender" eran cosa del pasado, y que nadie en esta escuela descubriría que yo había sido tildado de "estúpido" en la escuela anterior. Una vez, mientras leíamos, la maestra preguntó quién quería leer en voz alta, así como habían hecho nuestros maestros de primer y segundo grado.

Dios mío, el terror que se apoderó de todo mi cuerpo me hizo sentir enfermo. Súbitamente dejé de ser el rey. Chingaos, ni siquiera era un estudiante de tercero. No, yo era un bebé sobresaltado de kínder y en pañales, listo para orinarme otra vez en mis pantalones.

Nunca en mi vida olvidaré la forma en que la maestra miró alrededor del salón para ver a quién llamaba primero, y cuando sus ojos se dirigieron hacia la parte en la que yo me encontraba, cerré los míos y oré una plegaria breve. "Por favor, Dios mío," dije, "no dejes que me llame, porque si lo hace, estoy seguro que me orinaré en los pantalones."

Luego la escuché reírse, abrí los ojos y, milagro de milagros, Dios Misericordioso me había salvado, porque no tuvo necesidad de escoger a nadie para leer, ya que vi muchas manos levantadas, especialmente de chamacas.

"Gracias, Dios mío, por todas las chamacas," le dije a Dios, y pensé que había atendido mis plegarias y que todos mis problemas habían terminado para siempre, y que nuestra maestra sólo iría a preguntar quién quería leer durante el resto del año. A fin de cuentas, ella tenía todo el derecho a hacerlo, pues ya no éramos estudiantes de primero ni de segundo. No, ya éramos grandes, estábamos en tercero, a tres años ya de haber sido chamaquitos en pañales, así que la lectura debería ser voluntaria.

Sin embargo, la maestra preguntó un día, "Bueno, ¿quién no ha tenido aún la oportunidad de leer?" miró a todos los rincones del salón y una vez más—Dios mío—sus ojos se fijaron en mí.

Me dio tanto susto que pensé en salir disparado como un rayo, subirme a mi bicicleta Schwinn y pedalear hasta mi casa tan rápido como pudiera. Pero gracias a Dios sonó el timbre, señalando la hora del almuerzo.

Traté de pensar rápidamente qué hacer. Tenía poco tiempo y sabía que aún faltábamos muchos por leer, pues me parecía que siempre leían las mismas seis chamacas y un par de chamacos que todas las veces levantaban la mano.

Le pregunté a varios compañeros,que yo creía que no habían leído—si ya lo habían hecho. Dos de ellos me respondieron inmediatamente que no habían leído todavía. Otros me preguntaron para qué quería saber. No supe qué responder porque hasta ese momento todos en el curso creían que yo era uno de los estudiantes más inteligentes y capaces, gracias a la forma en que jugaba a las canicas y a mi buen dominio de las matemáticas.

"Miren," dije, recordando súbitamente que Papá le había pagado a Acuña para que le enseñara a mi hermano a jugar canicas. "Les pagaré cinco centavos a cada uno de ustedes si levantan la mano y le dicen a la maestra que no han leído todavía."

"¿Tienes monedas de cinco centavos?" me preguntó un chamaco desconfiando.

"Bueno, ahora no, pero puedo traer algunas mañana."

"¿Y cómo sabemos si vas a mantener tu palabra?"

"Porque lo he prometido," dije.

"Pero todo el mundo sabe que los mexicanos no mantienen la..."

El chamaco no terminó de hablar. Me abalancé sobre él como un enjambre de moscas sobre mierda fresca, lo derribé y lo golpeé tan rápido como pude. "¡Está bien! ¡Está bien! ¡Te prometo que lo haré, yo lo haré!"

Pero no podía calmarme; quería seguirle dando. Era mi primera pelea de verdad, y me di cuenta que mis enfrentamientos anteriores sólo habían sido peleas de lucha, pero esto era algo real y quería hacerle tanto daño como él me había hecho con sus palabras. No volvería a atreverse. Me gustaba saber que nunca más le permitiría a nadie decir algo negativo sobre mí o sobre mi gente, y si eran más grandes que yo, pues iría a casa, sacaría dinamita y los volaría en pedazos.

Súbitamente me acordé de Ramón—mi héroe—y quise que hubiera estado presente para que me viera en acción. Me pregunté qué habría sido de él; era tan inteligente y capaz, pero los maestros nunca vieron sus cualidades. Lo único que vieron fue a "un mexicano estúpido, mentiroso, inútil y taimado." Regresamos al salón después del almuerzo, y cuando la maestra preguntó quiénes no habían leído todavía, mi "buen amigo," a quien acababa de golpear, me miró, levantó rápidamente su mano y leyó realmente bien. Luego, otro "amigo" levantó también la mano. Yo había hecho arreglos con cuatro compañeros a la hora del almuerzo, y sólo había tenido que golpear a uno. Y al día siguiente, traje varias monedas de cinco centavos y les pagué a los cuatro, incluso al que había golpeado, aunque no quería recibir la moneda.

"Vamos, tómala," le dije. "Todo está bien, pero nunca más vuelvas a insultarme."

Asintió y tomó la moneda. "Lo siento," dijo. "Nunca creí que te fueras a disgustar tanto."

"Bueno, ya lo sabes."

"Ni siquiera sabía que realmente eras mexicano. Creía que todos los mexicanos vivían al otro lado de Oceanside, en Pas-olie Town."

Yo nunca había escuchado la palabra pozole, que era una sopa mexicana, pronunciada de aquel modo. Sonaba vulgar, así como la palabra "mexicano" sonaba sucia cuando la maestra del jardín infantil nos la gritaba en el patio.

"Se dice Pozole," le dije. "No Pas-olie. Eso suena feo. Y quiero que sepas que los mexicanos sí mantenemos la palabra. De hecho, mi papá siempre me dice que la expresión hombre de palabra es el mayor elogio que le puedes hacer a alguien.

"De acuerdo," me dijo.

"Está bien," le respondí. "Ahora ya lo sabes. Y sí, soy mexicano. Mi papá y mi mamá también son mexicanos."

Sentí que ya todo estaba resuelto. Haber golpeado a ese chamaco me abrió todo un mundo de posibilidades. Haber trabajado en el rancho y lidiado con puercos, terneros y caballos durante toda mi vida me había hecho fuerte y me había enseñado a actuar de un modo del que los chamacos de la ciudad no tenían ni la más remota idea.

Ya casi terminaba el año y la maestra nos pidió a Gus, a otro chamaco y a mí que nos quedáramos en el salón a la hora del almuerzo porque necesitaba platicar con nosotros. Inmediatamente supe de qué se trataba. Los tres siempre hacíamos hasta lo imposible para no leer. Sin embargo, Gus y el otro estudiante habían leído un par de veces, y sabía que lo hacían mucho mejor que yo.

Así que cuando llegó la hora del almuerzo, hice como si hubiera olvidado lo que había dicho la maestra, me levanté y me dispuse a salir de clase con los otros compañeros, pues sabía muy bien lo que haría una vez estuviera afuera: me subiría a mi bicicleta Schwinn, me iría a casa tan rápido como pudiera y nunca más volvería a la escuela. Me escondería todo el día en el huerto de aguacates o abajo en el pantanal, y regresaría a casa como si viniera de la escuela.

Pero no llegué ni a la puerta. La maestra me detuvo. Se llamaba la señora Morlo y no era mala como las otras maestras que había tenido. De hecho, diría que fue la primera maestra amable que tuve.

"Disculpa," me dijo, "pero creo que olvidaste que dije que necesitaba hablar contigo."

Me había sorprendido en el acto y yo no podía hacer nada. Gus y el otro chamaco se reían, y habían sido listos en no tratar de evadir la situación. La maestra les dijo que la esperaran afuera del salón y salieron con los demás compañeros. Me quedé solo con la señora Morlo.

"Creo que no has leído en todo este año, ¿verdad?" dijo.

Yo miraba al suelo, estudiando los cuadros del piso de baldosas. Nunca me había dado cuenta que el piso era exactamente igual al de Penney's. Al recordar esta tienda, comencé a preguntarme si necesitaba ropa nueva. O si tal vez, ahora que ya estaba más grande, debería pedirles a mis papás que me llevaran al Sears de Escondido, donde mi papá había comprado unas espuelas maravillosas.

"Mira," me dijo, cuando no contesté, "he visto que aprendiste a multiplicar y a dividir muy rápido, así que creo que tal vez sólo necesitas un poco de ayuda en lectura. Ven, siéntate aquí conmigo," me dijo en un tono amable, "y déjame que te lea esta página."

Me senté. No podía hacer otra cosa. Tomé el libro y aquellos ríos blancos comenzaron a correr entre las palabras de la página, y era como si las palabras saltaran hacia mí.

Respiré profundo, contuve el aire y me esforcé en enfocar mis ojos en una palabra a la vez y moverlos desde el lado izquierdo de la palabra hasta el derecho, como me habían enseñado en primero y segundo grado. Pero me era sumamente difícil seguir todas las letras, pues unas eran cortas, otras largas, y también estaban las que tenían colas que llegaban más abajo de los renglones. Sentía tanto miedo de cometer un error o de decir algo en español que comencé a llorar.

"No sabes leer, ¿verdad?" me preguntó.

"No," le dije secándome las lágrimas.

"¿Desde hace cuánto tienes este problema?"

"Desde que comenzamos a leer."

"¿Desde primer grado?"

"Sí."

"¿Y nadie lo había notado?"

"No, señora."

Me miró durante un buen rato. Vi que no me observaba con ojos malos y que tampoco me golpearía en la cabeza por no haber puesto atención como lo habían hecho las maestras de primero y de segundo. Casi lo único que recordaba de segundo era que la maestra nos pegaba muy fuerte a los mexicanos y nos decía "mexicanos estúpidos," de modo que nosotros nos reíamos cuando les pegaba a los dos chamacos indios porque finalmente alguien aparte de nosotros los vatos también recibía golpes. Esa era la democracia, nos decía Ramón, todos siendo golpeados por igual.

"Mira," me dijo en un tono amable. "Creo que si te quedas algunos minutos conmigo todos los días después de clase, aprenderás a leer cuando termine el año. Porque si no aprendes a leer en tercero, tendrás que repetirlo."

"¿Repetirlo?" dije.

"Sí, te atrasarás un año."

Asentí. Había entendido. Me iban a encasillar y a tildar de "estúpido y con dificultades de aprendizaje" por el resto de mi vida si no aprendía a leer bien en los cuarenta y cinco días que faltaban para terminar el año.

La maestra escribió una nota y me dijo que se la entregara a mis papás, para que supieran por qué llegaría un poco más tarde que de costumbre. Luego me pidió que le dijera Gus que entrara al salón. Cuando salí, Gus me dio una gran sonrisa, como nunca antes le había visto.

"Así que te agarraron, ¿verdad socio?" me dijo. "Pero no pasa nada. Yo sé lo que significa perder."

"¿De veras?

"¡Por supuesto! Reprobé un año en Texas."

Y tras decir esto, fue a hablar con la maestra como si fuera el rey del mundo. Y en ese momento me pregunté qué diablos era lo que sucedía. Ramón había sido el chamaco más listo y capaz de nuestro curso para "pensar" y "resolver" las cosas, y sin embargo, también había sido tildado de tonto. Y ahora Gus, que también era el más listo de todos nosotros durante el descanso, decía que había reprobado un año. Eso no tenía ningún maldito—es decir, bendito—sentido para mí. Todos los chicos listos eran tildados de estúpidos.

Ese día les entregué la nota a mis papás, mi mamá la leyó y me preguntó qué pasaba.

"No sé," dije mintiendo. "Cuéntame qué dice, Mamá."

"La maestra dice que necesitas ayuda con la lectura y que está dispuesta a enseñarte a leer después de clase, que tú eres muy bueno para las matemáticas, y que cree que a fin de año ya estarás al día. ¿Tienes problemas para leer, mijito? me preguntó mi mamá."

Mis ojos se llenaron de lágrimas y no supe qué decir. No quería que mi mamá descubriera que era un estúpido. Me abrazó y esa noche me cantó la canción de amor de Dios que dice "Cu-cu-rru-cu-cú" por más tiempo que de costumbre. ¡Amaba tanto a mi mamá! Nada malo podría sucederme mientras estuviera en sus brazos grandes y cálidos.

Aquella semana, Gus, el otro chamaco y yo permanecimos en la escuela después de clases y la maestra nos enseñó a leer. Gus no tenía mayores problemas y al cabo de dos semanas quedó libre. A la tercera semana, vi que la maestra comenzó a perder la paciencia con el otro chamaco y conmigo. Cuando transcurría media hora, miraba el reloj de la pared y se irritaba con nosotros.

Luego, en la cuarta semana, no supe qué sucedió, pero el chamaco no volvió a la escuela y me quedé solo con la señora Morlo; me dijo que mis padres debían ir a la escuela a hablar con ella. Sólo faltaban dos semanas para que terminaran las clases.

Ese día me fui a casa en mi bicicleta Schwinn y lloré todo el camino. Sabía muy bien cuál era el problema, y traté de prestar mucha atención y aprender a leer, pero no pude; todas esas letras parecían cambiar de lugar y formaban figuras que no tenían ningún sentido para mí.

Llegué a mi casa, les entregué la nota a mis padres y fuimos a la escuela en nuestro coche nuevo. Era un Cadillac grande, largo, azul marino, el primero que había en todo Oceanside y Carlsbad después de la guerra. Nuestra nueva casa también estaba terminada, y mis padres iban al centro de San Diego a ordenar muebles hechos a la medida en una tienda enorme y elegante que tenía el elevador más grande que había visto en mi vida.

Mi maestra casi se caga en los pantalones—qué digo—en su vestido cuando vio a mi papá y a mi mamá bajarse de nuestro coche tan grande con sus ropas tan elegantes. No sé qué se imaginaba ella, pero lo cierto era que mi papá vestía unos pantalones de sastre color gris plateado, un hermoso cinturón hecho a mano en México con hebilla y su gran sombrero de vaquero con una banda sofisticada de crin de caballo. Y mi mamá tenía puesto su mejor vestido y parecía una estrella de cine. En cuanto a mí, estaba con la ropa de la escuela, la misma que utilizaba para trabajar en el rancho.

La señora Morlo se arregló el pelo con cierto nerviosismo y les insistió a mis papás que por favor se sentaran, hasta que se dio cuenta que el mobiliario era muy pequeño para adultos. Sin embargo, mi papá, a pesar de ser grande y grueso, logró acomodarse en una silla. Era realmente divertido ver a mi papá sentado en nuestros pupitres. Mi mamá ni siquiera intentó sentarse. La maestra se relajó y les dijo lo mismo que me había dicho a mí, que yo era bueno para las matemáticas, y que... había pensado que yo podía ponerme al día con la lectura, pero que... yo no había sido capaz. Y luego soltó la bomba.

"Yo recomiendo que repita tercer grado," dijo.

Observé que mis papás se miraron entre sí. Mi mamá fue la primera en hablar.

"¿Quiere decir que se atrasará un año?"

"Sí," dijo la maestra. Noté que se sentía muy mal.

"Veo," dijo mi mamá, y trató de sentarse en una silla pequeña. También vi que estaba pensando e intentando comprender la situación. "¿Y hay otros estudiantes que también van a repetir el curso?" preguntó mi mamá.

Al escuchar esto, mi papá me guiñó el ojo. Me imagino que pensó que era una buena pregunta y que se sentía orgulloso de mi mamá.

"No," dijo la maestra. "El otro estudiante a quien le recomendé repetir el curso se mudó a otro lugar."

Comencé a llorar. No quería hacerlo, pero no pude contenerme. Yo sería el único "estúpido y lento para aprender" de mi clase. Había deseado tanto ahorrarles a mis papás la terrible vergüenza de descubrir que su hijo era un estúpido. Mi hermano Joseph y mi hermana Tencha nunca habían reprobado un año. Me sentí tan mal que quise morirme.

Al verme las lágrimas, mi papá me apoyó su enorme mano en el hombro y me acarició. "Dime," le dijo a la maestra. "¿Cuánto dinero quieres?"

"¿Cuánto qué?" preguntó mi maestra.

"Dinero," dijo mi papá, metiéndose la mano a la bolsa. "Podemos arreglar esto ahora mismo."

"¡Salvador!" dijo mi mamá. "No hagas eso por favor."

"¿Y por qué no?" replicó él, levantándose de la pequeña silla y sacando el gran fajo de billetes que siempre mantenía en la bolsa delantera de sus pantalones o de sus Levi's. Papá siempre nos decía que sólo los tontos guardaban el dinero en billeteras y en la bolsa de atrás. "El dinero habla y las fórmulas mágicas de mierda apestan."

"Discúlpeme," dijo la maestra, "pero no se trata de dinero, sino del futuro de su hijo. Si no adquiere unas bases sólidas en lectura, toda la vida tendrá problemas."

"Bueno," dijo mi papá. "Todo en la vida es un problema, así que para qué preocuparse, ¿verdad?"

"Discúlpeme, pero no parece haber entendido."

"¡QUE NO HE ENTENDIDO!" vociferó mi papá, guardando el dinero. "¡Si yo he olvidado más de lo que usted o la mayoría de las personas entenderán en TODA SU VIDA!"

"Salvador" le dijo mi mamá tan calmadamente como pudo, "¿por qué no sales un momento con Mundo y me dejas hablar con la maestra?"

"¡Es una idea fabulosa!" dijo mi papá. "Vamos afuera, mijo, a respirar aire fresco. ¡Aquí apesta a puro pedo!

"Escúchame bien," me dijo mi papá cuando llegamos a la puerta. Era evidente que estaba alterado. "Cada uno tiene su propio juego, ¿entiendes? Los abogados tienen el suyo, los médicos el suyo, los hombres de negocios el suyo. Los mendigos de las calles también tienen el suyo. Y cada juego tiene dos tipos de reglas. El primero son las reglas que las personas dicen seguir, pero—escúchame bien—de puertas para adentro, esas mismas personas siempre tienen otro conjunto de reglas que son las que realmente siguen. La Iglesia es una maestra en ese sentido: ¡obliga a las personas a rezarle a Cristo de una manera tan dulce! Y luego hace que todas esas monjas y sacerdotes jóvenes trabajen para ella durante todas sus vidas, y sin embargo, de puertas para adentro, esa Iglesia bondadosa y llena de amor se robaría las mejores tierras de México y de todo el mundo si pudiera."

"La educación, mijo, no es más que otro negocio, otra estafa. ¡No te dejes engañar de nadie! La escuela quiere que todos los estudiantes piensen de la misma forma, como si fueran ratas adiestradas. No caigas en el juego de nadie, mijo. Piensa con la cabeza, siente en tu corazón y confía en tus tanates, aquí entre tus piernas, ¡a lo chingón! ¡Esa es la vida en toda su gloria y poder! ¿Entiendes?" me dijo, poniéndome suavemente su enorme mano en el hombro.

"Entiendo, Papá," dije secándome las lágrimas. Y realmente entendí. Yo quería a mi papá con todo mi corazón. Todo lo que decía tenía mucho sentido, al igual que Ramón, e incluso que Gus. ¡Todos ellos pensaban con la cabeza y no se dejaban chingar de nadie!

"Está bien. Saber pensar y trabajar es lo que te saca adelante en la vida. No sólo la educación cuenta. Talone, el italiano que vive en Temecula y que nos compra ganado, dice que tuvo que perder su pierna para aprender a pensar. Antes de eso, era tan fuerte como un toro que intentaba mover el mundo con sus músculos. Pero perdió su pierna derecha en un accidente con un tractor, nadie le dio trabajo y comenzó a pensar. Compraba un ternero allí, una cabra allá, los sacrificaba y vendía la carne. Pronto comenzó a comprar dos o tres cabezas de ganado y a surtir a los mejores restaurantes de San Diego, y vendía el resto en su carnicería a precios buenos y razonables. Actualmente es multimillonario. No fue a la escuela pero tiene la educación que da la vida, la misma que le enseñó a abrir los ojos, a ver y a pensar. Vas bien, mijito. Eres trabajador y he visto que piensas y tratas de entender las cosas. Esta maestra dijo que vas a tener problemas en la vida. ¡Eso está bien! Deja no más que vengan los problemas, y les sacas la mierda a lo chingón."

De repente, sentí mi corazón lleno de poder. Mi papá le había dado la vuelta completa al asunto. Ya no me sentía mal ni estúpido. Hasta dejé de llorar. Algunos chamacos llegaron en sus bicicletas y vieron el sombrero grande de vaquero de mi papá, su camisa y cinturón elegantes y sus botas de vaquero.

"Señor, ¿es verdad que tiene un caballo?" preguntó un chamaco bajando el pie derecho del pedal y asentándolo en el suelo.

"Claro que sí," dijo mi papá. "¡Tengo muchos!"

"¿Muchos caballos?"

"Sí, ya sabes, de esos que atas a un vagón."

"¿Quieres decir que tienes una diligencia como en el Lejano Oeste?"

"Sí," dijo mi papá.

"¿Y podemos montar en sus caballos?" preguntó el otro chamaco.

"Claro que sí," le contestó mi papá y me miró, "si mi hijo está de acuerdo."

Me alegré tanto que mi papá me hubiera tenido en cuenta, porque realmente esos dos chavos no eran mis amigos y no quería que fueran a nuestro rancho. Pero antes de que yo respondiera, mi mamá salió del salón. Parecía pensativa, y regresamos en silencio a nuestro rancho grande. Cuando llegamos, mi mamá me dijo que yo tenía que repetir tercero. No sé cómo fue que mis compañeros se enteraron pero lo cierto es que durante las dos últimas semanas de clases se burlaron de mí y me dijeron "retardado" y "perdedor," y una vez más, la escuela se me convirtió en una pesadilla viviente.

Pero esta vez no volví a orinarme en la cama. No, las palabras de mi papá me habían dado fuerza y confianza. No invité a los dos chamacos que preguntaron si podían ir a nuestro rancho a montar a caballo y más bien invité a Gus. Descubrí que él sí había reprobado un grado en Texas, y por eso era más fuerte y más grande que el resto de nosotros, pues nos llevaba un año.

Gus resultó saber mucho de caballos. Podía ensillar el suyo y era muy buen jinete. Terminamos jugando a los indios y vaqueros y galopamos por varios huertos. Yo era el indio y él era el vaquero. Y un día traté de saltar desde mi caballo a la rama de un árbol mientras iba a todo galope, para subirme así como había visto en una película de vaqueros en la que el héroe se colgaba de una rama y saltaba sobre el malo de la película que lo estaba persiguiendo. Pero no lo logré. Me golpeé contra la rama y caí tan fuerte del caballo, que cuando me di contra el suelo vi estrellas.

Luego me di cuenta que Gus estaba a mi lado dándome cachetadas y preguntándome si me había muerto. Y cuando recobré el sentido, comenzó a reírse y a decir que nunca en su vida había visto una maniobra tan loca.

"Pero yo vi que el héroe la hizo en la película," dije.

"Sí, ¿pero no sabías que las películas no son de verdad? Estoy seguro que en las películas los actores no galopan a toda velocidad por debajo de los árboles. Seguramente pasan trotando y el que hace la película aumenta la velocidad, ¡tonto!"

Fue en esa ocasión cuando descubrí que las películas no eran reales. Claro que yo sabía que las películas eran ficticias, pero también pensaba que eran reales por la forma en que estaban hechas y que las estrellas de cine eran como las personas a las que representaban. Casi me había roto la cabeza tratando de hacer lo que había visto en las películas. ¡Nunca más volvería a confiar en las malditas—que digo—benditas películas!

Un día, Gus y yo íbamos caminando hacia mi casa—como él no tenía bicicleta, no me subí a la mía para que no se sintiera mal—. Comenzó a lloviznar y aparecieron muchos caracoles. Empezamos a saltar sobre ellos y a aplastarlos. ¡Eran docenas, cientos de caracoles! ¡Shic! ¡Shic! ¡Shic! Sonaban sus pequeñas conchas.

Vimos una lagartija grande al lado de California Street y la agarramos. Había escampado, encontramos papel periódico, le prendimos fuego y arrojamos la lagartija a las llamas.

La observamos mientras intentaba escapar desesperadamente de las llamas, pero cada vez que estaba a un paso de hacerlo la volvíamos a empujar con nuestras botas. Nunca olvidaré que la lagartija abrió su boca. Yo no había escuchado gemir a una lagartija. Fue horrible. El sonido era casi igual al de un bebé llorando. Esa noche llovió y cayó una tormenta, pero me daba miedo dormirme porque cada vez que cerraba los ojos, una lagartija muy grande llegaba a mi ventana en medio de la tormenta y abría la boca, gritando en agonía.

Me levanté y salí corriendo de mi habitación, llamando a gritos a mi mamá. Cuando la vi le dije que había una lagartija inmensa en mi ventana. "¡Es más grande que un caballo!" le grité.

"Mijito," me dijo ella, "lagartijas así no existen. Sólo se trata de una pesadilla."

Mis papás estaban cenando con los Huelsters, nuestros amigos alemanes, y se suponía que yo debería estar durmiendo.

"No, Mamá. No estoy soñando," dije. "¡Tenía los ojos completamente abiertos y vi a la lagartija! Ven, te la mostraré. Cuando abre la boca, se ve tan grande como abrir la tapa del motor de nuestro coche nuevo."

Hans y Helen se rieron. Eran los padrinos de Linda, mi hermana menor. Vivían en Bonsall, donde tenían un rancho enorme dedicado a la crianza de gallinas, y habían ido a visitarnos.

"Discúlpenme," les dijo mi mamá. "Ya regreso." Se levantó de su silla, me tomó de la mano y me llevó por el corredor largo y oscuro de nuestra nueva casa hasta mi cuarto. Yo había comenzado a dormir solo en una habitación que quedaba al fondo desde que mi hermano se había enfermado. Nadie podía perturbar a mi hermano Joseph, pues necesitaba todo el descanso posible.

Pero cuando mi mamá y yo entramos a mi habitación, la inmensa lagartija se había ido; ya no estaba en mi ventana, y todo lo que veía a través de ella era la tormenta, los relámpagos y las ramas de los árboles de nuestro inmenso y viejo árbol de caqui que danzaba al viento como un loco.

"¡Pero si estaba aquí, Mamá! ¡Lo juro! ¡Estaba ahí frente a esas ramas!"

"Sólo era producto de tu imaginación, mijito," me dijo mi mamá.

"¡No, Mamá!" grité. "Realmente la vi. ¡De veras! ¡Era inmensa, abrió su boca y era tan grande que creí que me comería a mí y a toda la casa!"

"Métete debajo de las cobijas, mijito," me dijo, "y te cantaré para que te duermas."

Me sentí mucho mejor al escuchar esto y me metí rápidamente en cama. Mi mamá comenzó a cantarme "*Cu-cu-rru-cu-cú*" mientras me masajeaba suavemente en la frente y en la panza. Comencé a sentirme caliente, cómodo, seguro y maravilloso. Debí dormirme pronto, pero no bien acababa de salir mi mamá, y ¡ahí estaba de nuevo ese monstruo inmenso en mi ventana!

Sólo que esta vez era una rana. Una rana enorme. Abrió la boca, croó con un estruendo horrible, sacó su lengua enorme y lanzó caracoles muertos y lagartijas quemadas por toda mi cama.

GRITÉ, salté de la cama, salí corriendo por el corredor y llegué hasta la sala donde mis papás tomaban café y otras bebidas con Hans y Helen Huelster.

"¡MAMÁ!" grité. "¡AHORA ES UNA RANA! ¡Y me lanzó caracoles muertos y lagartijas!"

Mi mamá miró a Hans y a Helen. Parecía avergonzada. "Mijito," me dijo, "no existen ranas ni lagartijas gigantes. Todo está en tu imaginación."

"No, Lupe," dijo mi papá. "El chamaco tiene razón. Yo también he visto ranas y lagartijas que son monstruos. Incluso una vez vi hormigas tan grandes como camiones. Ven acá, mijito," me dijo. "Dime," agregó, agarrándome de los hombros y mirándome a los ojos. "De hombre a hombre, ¡dime qué cosa terrible le hiciste hoy a los caracoles y a las ranas!"

Casi me cago en el pijama. ¿Cómo podía saber eso mi papá? Y si lo sabía, ¿realmente esperaba que yo le dijera delante de todos lo que Gus y yo habíamos hecho? ¡Habíamos sido muy crueles! Y esa pobre lagartija: todavía podía ver su boca abierta gimiendo en busca de ayuda.

"Ven, mijito, te he dicho mil veces que es probable que tengamos necesidad de mentirle al policía o al sacerdote, pero a nosotros, a la familia, nunca le decimos mentiras. ¿Qué hiciste? ¿Acaso no salieron cientos de caracoles esta tarde con la lluvia y comenzaste a matarlos?"

Tuve que ponerme las manos entre las piernas con fuerza para no orinarme. Dios mío, ¿cómo pudo saber esto mi papá? "Sí, Papá," dije finalmente. "Sí... lo hicimos."

Hans se rió y dijo, "Me alegro. ¡Malditos caracoles! ¡Están en todas partes! ¡Pero afortunadamente en nuestra casa los pollos acaban con ellos!"

"Y así debería ser, Hans," le dijo mi papá al alemán. "No pasa nada, es parte normal de la vida que los pollos coman caracoles, pero este caso es completamente diferente. Estos chamacos sólo los estaban matando para divertirse."

Hans se rió. Vi que se sentía nervioso. "Sal, sólo es un chamaco," dijo Hans. "Y sabes muy bien que así son ellos."

"No, Hans, los chamacos no tienen que ser así. Por eso fue que mi mamá me crió como una chamaca los primeros siete años de mi vida, para que aprendiera a tener respeto por la vida como las mujeres, que saben que toda vida es sagrada. Dime, mijito," me interrogó mi papá mirándome, "¿Y la rana? ¿Qué le hicieron a la rana?"

"Nada, Papá," dije comenzando a llorar. "Fue a una lagartija que agarramos y... la quemamos."

"¿Viva?" preguntó él.

"Sí," tuve que responder.

Mi papá asintió. Cuando se acercó a mí, lo esquivé, pues pensé que me golpearía. Pero él me tomó en sus brazos y me apretó. Sentí cómo se expandía y contraía su pecho a medida que respiraba.

"Bueno, entonces tienes razón en ver todas esas lagartijas, ranas y caracoles monstruosos, ¿verdad?" me dijo. Yo asentí. "Ahora ve a tu habitación, mijito, arrodíllate, rézale a Papito Dios y pídele que te perdone. Porque, recuerda que te he enseñado a ti y a tu hermano que aquí en el rancho nunca quitamos la vida sin mostrar respeto. Y por sobre todas las cosas, nunca torturamos ni nos divertimos en el acto de quitar una vida, ¿entiendes? Sabemos lo que hacemos, y lo hacemos rápido, con suavidad y siempre por una buena razón. Matar aunque sea a un caracol, sólo por diversión, es ser irrespetuoso con..."

"Dios, quien está en todas las cosas," dije, repitiendo lo que había escuchado durante toda mi vida.

"Exactamente," dijo mi papá. "Así que ve, rézale y pídele a Papito Dios que te perdone por haberlo ofendido."

Asentí y miré alrededor. Todos me observaban. "Pero estoy asustado," dije. "¿Me acompañas a rezar, Papá?

"No, eso lo debes hacer solo, mijito," dijo mi papá.

"Pero ha dicho que está asustado," le dijo mi mamá. "Y sólo es un chamaquito, Salvador."

"¿Cuántos años tienes?" me preguntó mi papá.

"Ocho," respondí.

"Ya ves, Lupe, ya no es un chamaquito. Tiene ocho años. Ha pasado un año desde que cumplió siete, y a los ocho años es cuando los chamacos dejan de criarse como chamacas y pasan por el ojo de la aguja a la... madurez. Ya es lo suficientemente grande para matar y torturar sin ninguna compasión, Lupe, y ahora necesita ganarse sus tanates, porque los tanates sin respeto son sumamente peligrosos."

"Y además, ¿Qué hay de malo en que esté asustado? El venado vive toda su vida temiendo al león, y sin embargo tiene sus crías y lleva una buena vida. El miedo es bueno, Lupe. Nos ayudó a ti y a mí a ser fuertes durante la Revolución y ahora, en tiempos de paz, el miedo es lo único que nos ayuda a ser honestos, especialmente a los hombres. Ahora, vete solo, mijito, y pídele a Papito Dios que te ayude a hacer las paces con estos caracoles y ranas monstruosas, y verás que te dejarán en paz."

Sin embargo, yo no quería irme solo a mi habitación. No, quería abalanzarme a los brazos de mi mamá y que me abrazara por siempre. Pero también entendí que mi papá tenía razón, y que necesitaba atravesar solo el corredor largo y oscuro y entrar a mi habitación. Abracé a mi papá y le di un beso como nunca antes lo había hecho, luego le di un abrazo apretado a mi mamá y también le di un beso. Después les dije "*Gute nacht*" en alemán a Hans y a Helen y también los abracé. Comencé a atravesar el corredor y me sentí tan asustado como nunca antes.

Pero me di cuenta que lo que me había dicho mi papá tenía mucho sentido, y al hacerlo solo, estaba en camino a convertirme en un hombre de las todas, en un hombre de todas las estaciones, que literalmente quería decir—como nos lo había explicado tantas veces mi papá a mi hermano y a mí—un hombre que tenía los cojones caídos y podía por tanto reproducirse en cualquier clase de clima, caliente o frío, durante todo el año, ya que a los hombres que no les hubieran caído los cojones sólo podían reproducirse durante unos pocos días durante la primavera. Y el miedo era la causa principal para que la mayoría de los cojones de los hombres se mantuvieran ocultos en sus cuerpos.

Pude ver muy claramente que Ramón, así fuera sólo un chamaquito, ya en el jardín infantil era un hombre de las todas de cojones caídos. Y mi papá había sido obligado a convertirse en ese tipo de hombre cuando tenía diez años, durante la Revolución. De repente, advertí que Jesucristo debió haber tenido unos cojones realmente grandes y caídos, pues de lo contrario, hubiera gritado del miedo cuando le martillaron los clavos. ¡Claro! Eso tenía mucho sentido, Él nunca hubiera sido capaz de decir, "Perdónalos, porque no saben lo que hacen," si no tuviera unos tanates grandes y caídos.

Pensé en eso y me sentí mucho mejor mientras caminaba por el corredor largo y oscuro. Escuché crujir las baldosas de nuestra casa vieja mientras caminaba descalzo. Sonreí. Jesucristo estaba conmigo; podía sentirlo a Él. Yo no estaba caminando solo.

Llegué a mi habitación y vi que ya no había ninguna lagartija o rana inmensa en la ventana. Entré, dejé la puerta abierta, me arrodillé al lado de mi cama y comencé a rezar... como nunca antes había rezado.

"Querido Papito Dios," dije, "por favor, te pido con todo mi corazón y mi alma que me perdones por haber matado a todos esos caracoles y a esa lagartija. Nunca más lo haré. Te lo juro, así que por favor, por favor, por favor perdóname. De hecho, si mañana llueve, recogeré caracoles toda la tarde en Stewart Street y les ayudaré a cruzar la calle para que no los pisen los coches. Por favor, querido Dios, no sabía lo que hacía." Cuando dije: "No sabía lo que hacía," sentí una sensación desagradable a lo largo de mi columna. Eso quería decir que yo era entonces igual a uno de esos tipos que habían crucificado a Jesús.

Comencé a llorar. "¡POR FAVOR, SEÑOR DIOS!" grité. "¡PERDÓNAME! ¡PERDÓNANOS A GUS Y A MÍ! Ahora entiendo que ninguno de los dos sabía realmente lo que estaba haciendo. De lo contrario, nunca, nunca lo hubiéramos hecho. ¡Por favor perdónanos! ¡Se lo diré a Gus! ¡Nunca más volveremos a aplastar caracoles con nuestras botas de vaquero!"

Fue en ese momento, mientras decía eso, cuando sentí un croar muy fuerte, me di vuelta y vi que la rana inmensa estaba otra vez afuera de la ventana. Pero esta vez no me asusté. No, ahora sus ojos sonreían y se veía muy amable.

"Te perdono," me dijo la rana.

"¿Me perdonas?" le dije. "Le estaba rezando a Dios."

"Sí, lo sé," dijo la rana.

En ese instante pude entender por fin todo lo que mi mamagrande me había dicho desde que yo estaba pequeño y vivíamos en el barrio de Carlos Malo, es decir, en Carlsbad. Ella me había tomado de la mano para caminar por el jardín, pues ahora comprendía que esta Rana era el Espíritu Animal que me habían dado al nacer.

Y el Espíritu Animal que le era asignado a una persona cuando venía a este mundo era en realidad la Ventana por la que podía ver a Dios. Y esos Caracoles que Gus y yo matamos también eran Dios. Eso era lo que me decía esta Rana, mi Espíritu Animal.

¡Toda la Vida era Santa, Santa, SANTA, y SAGRADA! Era por esto que mi hermano Joseph me había explicado que doña Margarita, nuestra mamagrande, nunca les había permitido "maldecir" a él ni a mi hermana Tencha. "Bendecirnos" a nosotros mismos y a todo lo demás era la única forma de vivir, y eso fue ¡"benditamente" claro para mí!

"Buenas noches, Rana," dije.

"Buenas noches, mi Niño," me respondió la Rana.

Esa noche soñé y tuve unos viajes maravillosos. ¡Dibujé una estrella en el sueño, la coloreé, salté dentro de ella y llegué al Cielo! Había rezado y encontrado mi Espíritu Animal, así que pude dormir cómodamente en los Santos Brazos de Papito Dios durante toda la noche.

Al día siguiente me desperté sintiéndome maravilloso. Yo tenía ocho años, uno más que siete, y había hecho lo que mi papá me había sugerido. Había atravesado solo el corredor largo y oscuro, cagado del susto. Pero luego sentí a Jesús a mi lado y recé, le pedí perdón y pasé por el ojo de la aguja a la madurez.

Sal y Lupe en Las Vegas, Nevada, 1953.

Victor, a los catorce años,
de pie frente a una foto de su hermano
Joseph, 1954.

(foto: Linda Villaseñor)

Victor, a los seis años,
montando a Midnight Duke, 1946.

Victor, a los tres años,
en un butaco de Sal's Pool Hall,
el bar de su padre, 1943.

Victor a los siete años con Shep, 1947.

De derecha a izquierda:
Connie Alarcón, una amiga de la familia; Lupe; Salvador; Hortensia. Delante de ellos, Joseph. A la izquierda, Victor a los dos años, 1942.

LINDA, 1949.

Salvador, Hortensia y Lupe
en un viaje a México en 1949.

CAPÍTULO **diez**

Nuestra casa inmensa estaba LISTA! ¡TERMINADA! ¡CONCLUIDA! y esa tarde mi papá y yo estábamos a la entrada de la puerta de nuestro rancho grande. Me dejó conducir nuestro gran tractor mientras amarraba una cadena al tronco de un árbol que habíamos dinamitado para poder sacarlo de ahí. ¡Fue en ese momento cuando supe lo que quería ser cuando grande! ¡Quería conducir un tractor y ser un vaquero experto en dinamita, y así podría superar incluso a Superman!

"¡Échale reversa!" me gritó mi papá. "¡Y anda muy despacio! ¡Eso es! ¡Muy despacio! ¡No quiero que me pises el trasero!" Seguí sus instrucciones al pie de la letra, pues una vez vi que un trabajador había sido hospitalizado; el tractorista principal no puso atención y le pisó una pierna.

Estábamos quitando unos tocones del camino, nivelando el terreno y preparando nuestro rancho para la gran celebración. Ya casi se había ocultado el sol cuando llegó un hombre en un convertible hermoso, largo y de color azul. Tenía un sombrero Panamá blanco y parecía sacado de una revista; estaba impecable. Hasta sus zapatos eran inmaculados, no estaba untado de estiércol, y eso que no era domingo.

"Discúlpenme," dijo, bajándose del coche y dirigiéndose hacia mi papá y yo que estábamos llenos de mugre y barro, y probablemente hasta de estiércol. "¿No es esta la casa dónde habrá una gran fiesta este fin de semana?"

"¡¿Y qué cabrones?!" dijo mi papá, poniendo la cadena alrededor de un tocón que necesitábamos mover. Estábamos cerca de la pequeña casa de huéspedes de tres cuartos que mis padres habían construido al lado de la puerta de entrada de nuestro rancho grande, para que evitar que algunas personas recorrieran el camino de entrada y llegaran a nuestra casa principal. Mi papá y yo llevábamos varias horas trabajando afuera. Mi mamá, mi hermano y mis hermanas habían ido a San Diego para ver los últimos muebles que nos enviarían de Europa.

"¿Hablas inglés?" preguntó el hombre. Tenía una camisa de manga corta con flores y pájaros de colores, pantalones color crema y esos malditos—qué digo—benditos zapatos de dos colores.

"¿Inglés?" dijo mi papá. "Sí, ¡a veces! ¡Pero otras veces, no hay forma!"

"Ah, veo," dijo el hombre, que parecía confundido. "Bueno, me pregunto si es aquí donde están construyendo la gran mansión, pero esta casa," agregó, refiriéndose a la casa de huéspedes, "no parece muy grande."

"¡Chingaos! ¡No, esta es la casa de huéspedes!" gritó mi papá, que ya había amarrado y asegurado la cadena y me hacía señas para que pusiera el tractor en tracción baja y luego en marcha. "¡El castillo QUEDA ALLÁ, después de esos eucaliptos y de esos huertos!"

"¿El castillo? ¿En serio?"

"Tiene veinte o treinta habitaciones, y cada una es lo suficientemente grande como para que quepan un caballo y una carroza."

"Sí, eso es lo que he escuchado," dijo el hombre en medio de una gran sonrisa. "¿Trabajas para él?" gritó el hombre, pues el tractor rugía después de haberse puesto en marcha.

"¿PARA QUIÉN?"

"¡PARA EL DUEÑO! ¡Escuché que NO es de POR AQUÍ!"

"¡CLARO QUE NO!" gritó mi papá. "Creo que es europeo. Y también mexicano. Entiendo que tiene castillos ¡EN TODO EL MUNDO!"

"¿En serio?"

"Bueno, realmente no sé," dijo mi papá, haciéndome señas para que apagara el motor. Creí que ya había apartado el tocón del camino. "¡Nunca los he visto, pero eso es lo que he escuchado!"

"Entonces, ¿trabajas para él?"

"Sí, mi hijo y yo, pero sólo lo hemos visto algunas veces. Ya sabes, él viene de noche y luego se va. Pero tenemos que mantener todo listo, bien sea de día o de noche, en caso de que él y su esposa vengan."

"He oído decir que su esposa es muy hermosa," dijo el hombre.

Al escuchar esto mi papá se dio vuelta, miró al hombre y lo estudió. A mí me costó trabajo contener la risa. Mi papá me lanzó una mirada acusatoria y dejé de reírme. "¡Lleva ese maldito tractor al cobertizo!" me gritó. "¡Eso es todo por hoy!"

"Siento haberlo molestado," dijo el hombre. "No quiero que lo despidan a usted y a su hijo," agregó.

"No se preocupe," dijo mi papá. "El dueño no está aquí en estos momentos. Venga, le mostraré el lugar. Sí, vi a su esposa una vez. ¡No de cerca, pero por lo que pude ver, diría que sí, que es más hermosa que cualquier actriz de cine!" dijo mi papá con orgullo.

"¿De veras?" dijo el hombre.

"Sí. Vamos, me puede llevar en su coche y mi hijo guardará el tractor."

"¿Y usted confía en un chico con ese tractor tan grande?"

"¡Claro! ¡Confío en ese chamaco con toda mi vida!" gritó mi papá. "¡Piensa mejor que la mayoría de los hombres adultos! ¡Y el próximo año tendrá su arma, para que ningún hijo de la chingada se atreva a pisarle la sombra sin antes pedirle permiso!"

"¿Un arma? ¡Pero si es un niño!"

"¡Nunca es demasiado temprano para que un chamaco o una chamaca aprendan todo lo que encierran las responsabilidades de la vida!"

"Pero, ¿con un arma?"

"Mierda, sí. Con un arma," dijo papá, abriendo la puerta de pasajero del coche.

De repente, noté que el hombre había dejado de preocuparse por las armas. Estaba molesto porque mi papá se había subido a su coche inmaculado. Mi papá también lo notó, pero me guiñó el ojo y se sacudió el polvo de su ropa dentro del coche. Al hombre casi le da un infarto. Tuve que hacer un gran esfuerzo para no reír.

"Déle recto, amigo," dijo mi papá, actuando como si no hubiera notado la reacción del hombre.

"Ford. John Ford," dijo el hombre.

"Juan. Juan Puro Pedo," dijo mi papá, estrechando la mano limpia del hombre con la suya, que estaba sucia.

Pasaron por la puerta grande de yeso blanco, por la casa de huéspedes estilo español, y por el largo camino de eucaliptos, por los huertos de aguacates, limones y naranjas. Dejé el tractor en tercera para poder ir un poco más rápido, los seguí por el extenso camino de entrada y luego doblé por el desvío de la derecha, hacia el cobertizo del tractor y los corrales de los caballos. Ellos tomaron por el desvío izquierdo y avanzaron por el camino de asfalto de entrada hacia nuestra casa de dos pisos.

Habíamos planeado la gran fiesta de inauguración de la casa durante un mes. Engordamos un novillo, dos cabras, tres puercos, y había doce mujeres haciendo tortillas, enchiladas, frijoles, arroz, salsa, ensalada de papas, elotes, ejotes y bebida de manzana fresca a la capirotada con miel fresca. Todo el mundo en Carlsbad y en Oceanside estaba invitado. La fiesta duraría tres días. Se traerían mariachis de San Diego y Tijuana. El tequila, la cerveza y el vino estarían en barriles. Esperábamos que vinieran más de quinientos invitados. Los coches, las camionetas y las carrozas tiradas por caballos se estacionarían en los huertos.

Trabajamos intensamente durante casi un mes, y en la última semana, mi mamá le dijo a mi papá que quería unas puertas blancas a la entrada de nuestro rancho grande para darle un aire de elegancia durante la fiesta. Mi papá no se había molestado por la petición de mi mamá. No, la había mirado en silencio y luego nos miró a nosotros.

"Vean la mujer con la que me he casado," nos dijo, "nació en un pequeño ranchito en las montañas de Chihuahua, México, y eran tan pobres que lo único que tenían era una barraca contra una roca, y ahora le parece completamente natural dar órdenes a medio mundo como si hubiera sido una reina toda su vida."

"¡No me ridiculices, Salvador!" replicó mi mamá.

"No, querida," dijo Papá. "¡Estoy haciendo todo lo contrario! ¡Nunca dejas de sorprenderme! ¡Creo conocerte, pero te creces más de lo que nunca haya SOÑADO! ¡Te honro, querida! ¡Tú eres LA REINA DE MI CORAZÓN! ¡Vimos tanta hambre y tanta sangre, y sin embargo creciste con la visión de un ángel! ¡Claro que sí, chingaos! Construiremos esas puertas, y pronto."

Nunca olvidaré al viejo albañil que consiguió mi papá para hacer ese trabajo. Sus manos y brazos eran inmensos y peludos, y siempre tenía sus Levi's tan abajo que podías verle la raya del trasero. Siempre llevaba una pinta de whisky en la bolsa trasera y se tiraba unos pedos más duros que los de un caballo de carreras. Era el mejor albañil y el más rápido de todo el sur de California. Fue él quien hizo todo el trabajo en adobe de los patios de nuestra nueva casa, y luego trabajó en las puertas de la entrada como un semental detrás de una yegua en celo.

"Por supuesto que tendré listas estas puertas para la fiesta de inauguración," le dijo a mi papá. "¡Tú eres mi clase de persona, Sal! ¡Amas al whisky y a tu esposa, pero no necesariamente en ese orden!"

Una tarde vino un artista francés que trabajaba la piedra y nos mostró fotos del famoso restaurante Cliff Gardens, que había construido en Los Ángeles.

"¿Y cuánto tiempo te tardas en hacernos dos fuentes de agua?" le preguntó mi papá.

"Ah, tal vez dos o tres meses," dijo el artista, que nos pidió que lo llamáramos Frenchie.

"¡Te daré dos semanas!" le dijo mi papá.

"¡Imposible!" dijo Frenchie.

"¿Por qué?"

"Tardaré varias semanas sólo en conseguir el material."

"¿Por qué?"

"Bueno, pues porque en Los Ángeles tuvimos que esperar por una cosa y por otra, y tardamos semanas en conseguir todos los implementos debido a que la guerra apenas había terminado."

"No hay problema," dijo mi papá. "¡Tengo conexiones que ni el dinero puede comprar! ¡Dime qué necesitas y mañana lo tendré aquí!"

El artista no dejaba de reír. "Me gusta tu estilo," le dijo a mi papá.

Frenchie se mudó a nuestra casa y trabajó día y noche. Comía comida mexicana tres veces al día y tomaba whisky por las noches, y por un milagro de milagros, terminó una fuente en el patio delantero y otra en el patio trasero en tres semanas.

Sin embargo, había otro problema. Mamá quería una fiesta elegante, con vajilla y copas sofisticadas. Pero mi papá quería una fiesta de verdad, una pachanga a lo ranchero con tortillas, donde todos comieran con las manos. Luego de discutir ese asunto durante una semana, se decidió que el champán se serviría en copas de cristal, pero que la cabeza y los sesos del novillo serían servidos con tortilla en un plato en la mesa principal, siguiendo la tradición más pura de ¡Tapatio de Jalisco rancho grande!

Estacioné el tractor en la cochera y corrí por entre los árboles frutales hacia nuestra nueva casa. Mi papá le decía a John Ford cómo quería todo. No habíamos terminado de mudarnos a nuestra nueva casa, pues estábamos esperando que llegaran los muebles que faltaban.

"Es más espectacular de lo que me habían dicho," le decía Ford a mi papá cuando llegué adonde estaban. "¿La fuente es de piedra? ¡Está preciosa!"

"¡Por supuesto!" dijo mi papá. "¡Todo en esta casa es auténtico! De hecho, hay dos nacimientos de agua. Uno está aquí adelante y el otro atrás. Por eso fue que mi jefe decidió construir la casa aquí, entre los dos nacimientos."

"¿Y este es un nacimiento natural?"

"Así es," le dijo mi papá con una gran sonrisa."

Poco faltó para que me riera. No eran nacimientos de agua naturales. El agua venía por una tubería de cobre y las rocas eran de imitación. Pero Frenchie, ese gran artista francés, había hecho que las piedras se vieran tan reales, a pesar de haberlas hecho en cemento, que era difícil saberlo, especialmente con todos los helechos y flores que crecían alrededor de la pequeña cascada.

"¿Quieres entrar?" le preguntó mi papá.

"No, ya he visto suficiente. Además, no quiero que usted y su hijo se metan en problemas."

"Ya le dije; el jefe no está. Debe llegar tarde en la noche. Venga, entre y le muestro por dentro," le dijo mi papá, abriendo la puerta principal.

La casa estaba casi vacía y nuestros pasos retumbaban en las habitaciones.

"¡Qué lindo piso!" dijo el hombre.

"Es todo en roble duro," le dijo mi papá. "Y fue muy difícil conseguirlo, teniendo en cuenta que la guerra acabó hace poco."

"Sí, lo sé. Algunos de mis amigos en Los Ángeles han querido remodelar sus casas, pero no han podido conseguir los materiales."

"Sí, fue por eso que mi jefe tardó dos años en construir esta casa. Pero tiene muchas conexiones con gente muy importante, así que ha movido influencias para conseguir lo que ha necesitado."

"Entiendo que le dicen el Al Capone del Oeste," dijo el hombre.

Mi papá miró como si de repente se hubiera puesto nervioso. "¿Quién le dijo eso?" le susurró mi papá.

"Bueno, yo pensaba que era sabido que era un fabricante clandestino de licores."

"Ssssh," le dijo mi papá. "Apenas me vengo a enterar. Claro. Debe ser por eso que siempre viene con un coche lleno de guardaespaldas."

"¿De veras?"

"Sí," dijo mi papá, como si todavía estuviera bastante nervioso. "He trabajado durante diez años para él, pero nunca le hago preguntas. Él nos trata muy bien a mi hijo y a mí, y eso es todo lo que me interesa saber."

"Creo que es mejor que me vaya," dijo el hombre.

"Mire, ya le dije que él no está aquí. Venga y nos tomamos una copa."

Mi papá tomó al hombre del brazo, cruzaron la sala con la alfombra nueva y el piano tan suntuoso, pasaron por la cocina y llegaron al salón de juegos en donde estaba el bar. A un lado del salón había un enorme patio para bailar. Al otro lado estaba la otra fuente, con un trabajo de piedra más elaborado todavía que la de adelante, y una gran cantidad de palmeras y helechos.

"¡Dios mío! ¡Esto es un paraíso!" dijo el hombre.

"Sí, es muy lujoso," añadió mi papá. "Qué quieres, ¿whisky escocés, tequila o whisky americano?"

"¿Sabes si todavía tiene whisky de contrabando? Me han dicho que fabrica el mejor licor en todo el Oeste."

"A mí también me han dicho lo mismo," dijo mi papá. "Mira, creo que sé dónde pueda tener la última botella que le queda, pero... tienes que prometerme que nunca le dirás a nadie, porque no sólo me despedirían, sino que ya sabes, si él llega a saber, mi hijo y yo podríamos desaparecer."

El hombre abrió los ojos. "¡Te lo aseguro! ¡Dios, no le diré a nadie!" añadió, humedeciéndose los labios.

"Está bien, déjame ver. Sí, esta es la última botella que tiene," dijo mi papá.

Tuve que morderme los labios para no reírme mientras veía a mi papá traer su botella especial y servir un poco de whisky en cada vaso. El hombre veía a mi papá servir el licor dorado como si se tratara de oro. Yo sabía que ese whisky no era el que fabricaba mi papá, pues siempre lo mantenía guardado bajo llave en el sótano. Lo que estaba sirviendo era Sunny Brook, o Kentucky Cream, o Canadian Club, del cual decía que era casi tan bueno como el suyo, y mantenía uno de esos whiskies en esa botella para ocasiones como ésta.

Cuando terminó de servir los whiskies, mi papá le pasó un vaso al hombre y tomó el otro. El hombre olió el whisky, levantó el vaso para ver el color, asintió en señal de aprobación y luego dio un pequeño sorbo como si fuera el mejor licor que hubiera bebido en su vida.

"¡Ah, qué bueno!" dijo. "¡El mejor! Pero más vale que me vaya, no quiero que tu hijo y tú se metan en problemas."

"Ven este fin de semana a la fiesta de inauguración," le dijo mi papá.

"¿En serio? ¿Crees que podría venir?"

"Claro, ¿por qué no? Ha invitado a toda la ciudad. ¡Será una fiesta de reyes! Van a asar un novillo entero al estilo mexicano y habrá música del otro lado de la frontera."

"Está bien. Vendré. Toma," dijo el hombre metiéndose la mano en la bolsa, "para ti y para tu hijo." Y le dio un billete de cinco dólares a mi papá.

"Gracias," le dijo mi papá, guardándose el dinero. "No sabe cuánto representa esto para mí. Gracias."

"¿No le pagan bien?"

"Bueno, ya sabe usted cómo son los ricos. No han conseguido dinero por ser generosos."

"Bueno, déjame darte otro..."

"No, no, así es más que suficiente. Muchas gracias, mucho," le dijo mi papá, hablando como si no supiera demasiado inglés. "Déjeme acompañarlo hasta el coche."

Mi papá acompañó al hombre hasta que se fue. Luego entró a la casa y se rió tanto que creí que se ahogaría. "¡Lo chingué!" gritó. "¡Y como si fuera poco, me pagó! ¡Ah, esto es MARAVILLOSO! Oye, mijo, la mitad de estos cinco dólares serán tuyos por no haberte reído. Fue muy divertido, ¿verdad?"

"Sí, pero le mentiste en todo, Papá."

"Sí, y le encantó."

Mi papá se sirvió otro trago y siguió riéndose. Y cuando mi mamá llegó de San Diego con mi hermano y mis hermanas, les contó la anécdota y mi hermano y mis hermanas se rieron, pero mi mamá se puso seria.

"¿Y qué vas a hacer si viene, Salvador? Quedarás como un tonto," dijo mi mamá. Mi papá le guiñó el ojo. "No te preocupes, querida. Espera y verás. Chingaos, es un importante productor de cine en Hollywood y tiene una casa en la playa, en Del Mar. ¡Quién sabe! ¡A lo mejor termine queriéndome meter en sus películas!"

Al día siguiente en la mañana sacrificamos el novillo. Ya habíamos matado las dos cabras y los tres puercos, y llevado la carne a Talone, en Vista, para que la guardara en su refrigerador que era muy grande. El único animal que nos faltaba era el novillo.

Durante dos meses lo mantuvimos en un corral y lo alimentamos con cereales. Pesaba más de mil libras. Le amarramos una soga de los cuernos con mucho cuidado y otra de su pata posterior izquierda. De esta manera lo pudimos llevar desde el corral hasta el cobertizo del tractor donde teníamos la cadena y la polea para alzarlo una vez que lo sacrificáramos. El novillo había dejado de ser un animal salvaje. Nos habíamos hecho amigos de él durante esos dos últimos meses, cuando lo alimentamos con granos en el corral. Confiaba en nosotros y gracias a eso pudimos llevarlo del corral al cobertizo del tractor.

Dos años atrás, George López, un amigo de la familia grande y apuesto, llegó a toda velocidad en su Harley-Davidson cuando íbamos a sacrificar a un novillo, y el animal se soltó y huyó al huerto. Mi papá y mi hermano tuvieron que hacer gala de todas sus destrezas como vaqueros para amarrar cuerdas en los troncos de dos árboles y detener así al novillo.

Teníamos un camión estacionado en el desvío de nuestra carretera que conducía a los corrales, para que ningún extraño pudiera llegar hasta la casa. Lo estábamos logrando, y el novillo, que era joven, grande y fogoso, ya estaba casi adentro del cobertizo, donde le teníamos un poco de cereal y alfalfa, cuando se detuvo de repente y comenzó a oler el suelo. Miré a mi papá. Me imaginé que el animal podía oler el sitio donde habíamos sacrificado y preparado los tres puercos y las dos cabras. Pero pensamos que la gasolina y el aceite para las máquinas de la granja le impedirían oler la sangre y las entrañas de otros animales. Nos equivocamos, pues se puso alerta.

"Agarren bien las sogas," les dijo mi papá a mi hermano y al mayordomo. "Parece asustado."

El novillo comenzó a bramar y el pelo se le erizó.

"¿Qué hacemos?" preguntó mi hermano.

"No sé," dijo Papá. "Pero debemos conservar la calma para que no huela nuestro miedo."

Durante toda la vida, Papá nos había explicado que había una forma adecuada de sacrificar a un animal. Este debía estar tranquilo y fresco, pues de lo contrario, la carne tendría un olor extraño y no era bueno para nuestra digestión. "Por eso es que la carne de los supermercados a veces no nos sienta bien," nos explicó. "Porque a la mayoría de los mataderos les importa un comino la forma de matar a un animal. Por eso es que la carne que vende Talone es la más dulce en todo el condado de San Diego. Matar con paciencia y comprensión, incluso en la guerra, es lo que mi abuelo Don Pío, el hombre más grande que haya existido, decía que era una cualidad necesaria en un buen líder."

Todos nos sabíamos de memoria la historia de nuestro bisabuelo Don Pío. Era un indio bajito y de piel oscura de Oaxaca, y le había enseñado a Papá a tener un gran respeto por la vida. Mi hermano había agarrado la soga que estaba amarrada a la pata del novillo, y Nicolás, nuestro mejor trabajador, agarró la soga de los cuernos. Mi papá tenía su rifle Remington calibre .22 en la mano y todos los cuchillos estaban adentro de la cubeta en la que recogeríamos la sangre. A fin de cuentas, la sangre fresca y tibia es una delicia cuando el animal se sacrifica como se debe.

"Creo que vamos a tener que sacarlo de aquí y matarlo quizá debajo del molle," dijo mi papá. "Pero hay que llevarlo con mucha suavidad, para que no haga movimientos bruscos."

"¿Y por qué no le frotamos el hocico con un trapos untados de gasolina para que no pueda oler nada?" preguntó mi hermano.

"Eso podría funcionar, pero el novillo también podría confundirse y... cuando los animales se confunden—al igual que cuando las personas se confunden—pueden volverse un poco locos, mijito," dijo mi papá. "Pero qué demonios, intentémoslo. Mundo, trae pronto un trapo con gasolina."

Obedecí rápidamente a mi papá. El novillo era inmenso y lo habíamos criado desde que era un ternero. Era mitad Hereford y mitad Holstein. Tenía la cara completamente blanca y el cuerpo casi todo negro. Tomé el trapo y lo froté alrededor de la boquilla del dispensador de gasolina y luego me aproximé lentamente. Si se asustaba, podía herirme fácilmente o destruir el lugar antes de que pudieran controlarlo.

"Relájate," me dijo mi papá, al verme asustado. "Si llega a oler tu miedo, tendremos problemas."

Respiré profundo y exhalé, tratando de comportarme con valentía pero no era fácil.

"Calma, grandulón," le dije al novillo. Sólo su cabeza era más grande que yo. Nunca le habían cortado los cuernos, por lo que eran largos y muy afilados. "Sólo es un trapo para confundirte un poco," le dije, "para poderte matar. ¡No! No quise decir eso," agregué rápidamente; no quería que el novillo se asustara, y sin embargo, tampoco quería decirle mentiras, pues pensaba que se sentiría mejor si yo era sincero con él. "Mira, queremos que huelas este trapo para que... Rayos, Papá ¿qué le debo decir a un animal antes de matarlo?"

Mi hermano *Chavaboy* y Nicolás rieron a carcajadas.

"Ven, dame el maldito trapo y toma el rifle y los cuchillos," me dijo Papá.

Le entregué el trapo y me pasó su Remington .22 de cañón largo, la cubeta y los cuchillos.

"Huele esto, cabrón," le dijo mi papá, poniéndole el trapo en el hocico. El animal lo olió y se elevó como unos tres pies de un salto, se sacudió, se tiró un pedo que olía a pura alfalfa y salió corriendo por el cobertizo. "¡AGÁRRENLO!" gritó mi papá. "¡Intenten llevarlo al molle!"

Nicolás, que era todo un vaquero del estado de Zacatecas, hundió los talones en el suelo y agarró firmemente al animal, y mi hermano hizo lo mismo. Pero pronto vi que mi hermano se estaba cansando, y entonces mi papá tiró el trapo al suelo y agarró la soga de mi hermano. Lo haló, lo sostuvo, y luego lo soltó cuando le señaló el camino; el novillo se fue hacia el molle.

"Amárralo," le dijo mi papá a Nicolás, "y luego vas por la polea y la cadena del cobertizo del tractor. Eso le dará tiempo al novillo para calmarse. Y tú," me dijo, "ve a traer el cereal y la alfalfa."

Nicolás y yo hicimos lo que nos dijo mi papá, quien se quedó con el novillo y con mi hermano, que no parecía sentirse bien. Corrí a traer el cereal y la alfalfa mientras Nicolás se subía al techo y sacaba la polea y la cadena de la viga principal. Llegué al molle y vi que mi papá parecía muy preocupado por mi hermano, y que Joseph no quería que pensaran que estaba enfermo o débil, pues se comportaba con tanto valor como podía. Tuve que esforzarme en contener las lágrimas; yo lo amaba y veía que estaba sufriendo.

Al cabo de veinte minutos, el novillo se calmó. Comenzó a comer cereal y alfalfa y a mover la cola para espantar los insectos. Mi papá le habló con suavidad, agarró su Remington, caminó con mucho cuidado alrededor del novillo y le pegó un tiro entre los ojos. Y claro, con un disparo de su rifle calibre .22, un poco debajo de los cuernos, el enorme animal se desplomó como una tonelada de adobes, sin saber de qué se había muerto.

Inmediatamente y con gran pericia, mi papá le hizo un corte con un cuchillo en la garganta, debajo de la mandíbula, tajándole la yugular para que la sangre manara rápidamente de su cuerpo como si no hubiera pasado nada y la vació en la cubeta. La cubeta ya estaba casi llena cuando el animal comenzó a dar patadas de muerto, tan rápidas, salvajes y fuertes, que todo su cuerpo se movía y le podría haber partido una pierna a una persona que hubiera estado cerca.

De repente, todos los gatos y perros del rancho llegaron adonde estábamos atraídos por el olor de la muerte, pero no se atrevían a acercarse al novillo porque sabían que nos pertenecía a nosotros los humanos.

Nicolás se subió al molle, amarró una cadena corta y gruesa a una rama sólida y la aseguró con otra cadena que luego enganchó a la polea y a la cadena corta. Cuando el animal dejó de patalear, mi papá le hizo unos cortes en las articulaciones de las patas traseras, enganchó las dos patas a la barra del vagón en donde lo transportaríamos, levantó el novillo, y empezamos a despellejarlo con nuestros cuchillos.

Todos sabíamos nuestro oficio, así que lo despellejamos en menos de veinte minutos. Pusimos una carreta grande debajo de sus patas delanteras, pues lo habíamos levantado de atrás; mi papá le abrió la panza, y le extrajo los intestinos para buscarle las tripas de leche, que eran calientes y resbalosas. Le sacamos el corazón y el hígado con mucho cuidado, para no reventarle el bazo ni la vejiga. Mi mamá se alegraría con el trabajo que estábamos haciendo y nos haría pudín de sangre por la noche, al estilo mexicano, un sabroso guisado con mucha cebolla y ajo: ¡yo no veía la hora!

Esa tarde cavamos un hoyo muy profundo y cubrimos el fondo con piedras, y después de medianoche hicimos una enorme fogata con mucha madera buena y sólida que tardó bastante en quemarse. Dormí afuera con los vaqueros y ellos tocaron la guitarra, bebieron tequila, miraron el fuego y contaron historias de la época en que los hombres eran hombres a todo dar y hacían ese tipo de sacrificios y de preparativos desde el comienzo del tiempo en todo el mundo.

Una hora antes de que amaneciera, mi papá vino a ver el fuego que estaba reducido a carbones, y él, Nicolás y un par de hombres, fueron a la inmensa cocina del viejo rancho donde las mujeres habían adobado durante toda la noche las carnes con hierbas y especias. Mi papá y los hombres llevaron la carne del novillo y de las dos cabras en carretas y la echaron al hoyo. Cada pedazo de carne estaba envuelto en telas blancas y limpias, envueltas a su vez en una arpillera húmeda y amarrada en fardos con cuerdas sólidas de algodón. Íbamos a cocinar los tres puercos en un caldero grande de cobre a fuego abierto, para hacer chicharrones. Acercamos cada uno de los enormes fardos de carne a las llamas del hoyo con palas y horquillas. También echamos al hoyo un par de fardos con maíz, calabaza y camotes. Luego pusimos tubos de hierro a lo ancho del hoyo y láminas de metal corrugado en diagonal sobre los tubos.

Los hombres me dijeron que anteriormente, en México, usaban troncos verdes en vez de tubos de hierro, y hojas de palma o de plátano en vez de láminas metálicas. Pero no importaba que fuera de una forma o de la otra, me explicaron. Lo importante era construir un soporte para que el hoyo pudiera cubrirse con unas cinco pulgadas de tierra para contener el calor. Cada pulgada de las láminas metálicas fue cubierta con tierra hasta que no hubo el menor destello de humo.

Teníamos un horno de barro, y mi papá me dijo que desde hacía millones de años el hombre había cocinado en estos hornos en todos los lugares de la Madre Tierra. Cuando estábamos terminando, el Padre Sol apareció en el horizonte lejano sobre las copas de los árboles, formando unas hermosas manchas naranja, rojas y doradas. Mi papá y los hombres pasaron la última botella de tequila y la jarra de sangre preparada especialmente con limones y especias.

"Ahora vamos todos a dormir," dijo mi papá. "En un par de horas comeremos huevos rancheros y prepararemos el resto de la fiesta. Y recuerden, los invitados comenzarán a llegar al mediodía y no quiero que vean a ninguno de ustedes cabrones borrachos. La fiesta va a durar tres días y tres noches, y tenemos que demostrarles a estos gringos que nosotros, los mexicanos, podemos hacer una fiesta a lo chingón sin emborracharnos ni terminar peleando. ¿Está bien?"

Todos los trabajadores del rancho estuvieron de acuerdo y mi papá y yo nos fuimos a nuestra nueva casa. Tenía mi cabeza llena de los diferentes olores que había sentido en los dos últimos días, de todos los animales sacrificados, de las vísceras que habíamos separado, de toda la comida que se había preparado: tortillas, frijoles, tripas de leche, chicharrones, y de la combinación especial de cidra y capirotada. Oler era muy importante, así como escuchar. Las canciones de los hombres alrededor del inmenso fuego todavía me retumbaban en los oídos.

Subí las escaleras de nuestra nueva casa y me acosté en la habitación que compartía con mi hermano, pero estaba tan excitado que no pude dormir. Mi hermano estaba en el baño y lo escuché toser. Desde hacía varios meses, mis papás lo habían estado llevando al médico que vivía arriba de nosotros, en California Street. El doctor Hoskins repetía que mi hermano no tenía nada, que sólo eran dolores y que por eso siempre se sentía cansado e indispuesto.

Cuando desperté, escuché las voces fuertes y alegres de la gente que estaba en el primer piso y vi que mi hermano estaba acostado en su cama, enfrente de mí, pero tenía los ojos completamente abiertos y no se veía muy bien.

"¿Qué te pasa, José?" le pregunté.

"No sé," contestó. Noté que había estado llorando.

"¿Quieres que llame a Mamá?" le pregunté.

"No, creo que mejor me quedaré descansando aquí, para que Papá y Mamá puedan hacer su fiesta sin que tengan que preocuparse por mí. Ya ves, Mundo," agregó mientras miraba el techo, "Papá y Mamá han trabajado tan duro que no quiero arruinarles la fiesta."

Asentí. Mi hermano Joseph era muy inteligente y bondadoso. Yo no era como él; hubiera llamado a todo pulmón a Mamá si no me sintiera bien, sin importarme la fiesta que estuvieran celebrando.

"¿De veras no quieres que llame a Mamá?" le pregunté de nuevo.

Él se dio vuelta y me miró por primera vez. "Prométeme," me advirtió "que no dirás nada, y que si algo me sucede, siempre vas a honrar a nuestros padres." Tragué saliva; me estaba asustando. "Mira," continuó, "conozco a muchos chavos ricos de la Academia y también a sus padres, y te digo que no hay padres de los que me sienta más orgulloso que de los nuestros. Mundo, no crecieron con nada más que agallas, confianza y amor. ¿Entiendes?"

Negué con mi cabeza. "No," le dije.

Se humedeció los labios. Últimamente se los humedecía todo el tiempo. "Ya lo harás," me dijo. "Sólo presta atención."

Se dio vuelta y comenzó a mirar de nuevo el techo. Yo hice lo mismo, pero no vi nada que valiera la pena y me levanté para irme.

"Recuerda," me dijo, "no le digas nada a nadie. Júrame."

"Está bien, te lo juro," contesté.

"Bueno," me dijo, se dio vuelta y se cubrió la cara con la almohada. Sabía que estaba llorando otra vez, pero no supe qué hacer; entonces me vestí y bajé corriendo al primer piso.

El patio de adelante estaba lleno de gente. Todos hablaban al mismo tiempo y se veían animados. Vi que casi todos habían llegado en coches y camionetas, y unos pocos a caballo o en carrozas. En la tarde habría carreras de caballos y tal vez pasos de muerte, una prueba en que los jinetes saltaban desde un caballo ensillado a otro sin silla a toda velocidad, y frenarlo. La última vez que hicimos esto, uno de nuestros vaqueros fue a dar a un limonero y poco le faltó para que las espinas del árbol acabaran con él. Sin embargo, Nicolás, nuestro mayordomo, y quien probablemente habría ganado la competencia, no hubiera tenido ningún problema, ya que podía montar un caballo salvaje a pelo, hablarle con suavidad y seguramente el caballo se relajaría y no tardaría en confiar en él.

Era cerca de mediodía cuando George López y Visteros llegaron en sus Harleys, con una sonrisa de oreja a oreja como adolescentes alocados. Mi papá, que estaba muy bien vestido con una combinación de charro y de vaquero, los reprendió y les dijo que ya eran hombres casados, que no debían arriesgar sus vidas en esas malditas "muertecicletas", pero George y Visteros estaban tomados, así que sólo se rieron y George le dijo a mi papá, "¿Y que cuándo montabas a caballo por el centro de Carlsbad más borracho que una cuba?"

"Los caballos tienen cerebro," le gritó mi papá a George. "Y mi yegua sabía muy bien cómo traerme enterito a casa."

"Bueno, las Harleys también tienen cerebro," dijo George riéndose.

"Está bien," dijo mi papá, "hagan lo que quieran, pero no asusten al ganado, ¡cabrones!"

"¡Así es, Sal! ¡Ahora tomémonos una copa!" dijo George con una sonrisa que era completamente agradable.

Yo ya estaba bebiendo limonada y comiendo chicharrones dorados, preparados a fuego abierto en el gran caldero de cobre traído desde Guadalajara, México. La carne de puerco tenía un color dorado oscuro, y sabía deliciosa acompañada con tortillas de maíz recién hechas, un poco de limón y salsa. Había casi doscientas personas, y los mariachis tocaban. En ese momento, un chavo muy apuesto del barrio de Carlos Malo se acercó, pues iba a servirse una cerveza del barril que estaba en un estante alto, entre bloques de hielo. Tenía la sonrisa más radiante que hubiese visto.

"Oye, ¿no eres el hijo de Salvador?" me preguntó en español.

"Sí, así es," le contesté en español.

"¿Me podrías pasar dos tacos de chicharrón?"

"Claro, pero sírvete tú," le dije. "Todo es gratis."

"Sí, porque tu papá es el rey."

"¿El rey? ¿El rey de qué?"

"De todo este territorio."

"¿De cuál?"

"Del condado de Orange hasta San Diego en la costa, y desde San Bernardino hasta Escondido."

"¿De qué estás hablando?" le dije. "Nuestro rancho no es así de grande."

Se preparó rápidamente un par de tacos de chicharrón con mucho limón, salsa y cilantro. "Este rancho no es nada," dijo, llevándose el taco a la boca. "Sólo es una fachada. ¿Acaso no sabes quién es realmente tu papá? ¡Es el capón!" dijo con orgullo.

"Ah, ¿quieres decir Al Capone, el tipo ese de las películas?"

"No, Al Capone no," dijo riéndose mientras seguía comiendo. "Es alguien de verdad: el capón, el que castra, y era tan temido que la gente dice que a los hombres se les devolvía la sangre al corazón con sólo pensar en traicionarlo."

"¿Mi papá?"

"Claro, yo tenía tu edad cuando se decía que había castrado a un hombre, cocinado sus huevos en salsa verde, y que lo había obligado a comerse sus propios tanates."

"¡Dios mío!" exclamé en señal de disgusto. "¿Mi papá hizo eso?" Era algo horrible.

"¡Claro!" dijo el chavo admirado. "Cuando yo estaba pequeño lo vi matar a un hombre con sus manos, en el callejón que quedaba detrás de su salón de billar."

"¿De veras?" dije, y de repente, no sé cómo explicarlo, pero me di cuenta que lo que me estaba diciendo este chavo podía ser cierto. ¿Cuántas veces había visto a mi papá castrar a un animal y cocinar sus testículos a fuego abierto? ¿Una docena de veces? No, ¡cientos de veces!

Sentía mi cabeza a punto de estallar, el corazón me retumbaba y un escalofrío me recorrió la espalda mientras veía a ese chavo devorar sus tacos de chicharrón con tanto gusto. Era muy guapo y tenía unos dieciocho años, más o menos la misma edad que mi hermana Tencha. Sin embargo, no me pareció que estuviera hablando mal de mi papá. No, tenía una sonrisa de oreja a oreja y miraba todo como si sintiera una admiración total por mi papá, el capón, el castrador.

Pero, Dios mío, castrar a un hombre, cocinar sus tanates y obligarlo a comérselos era algo ¡COMPLETAMENTE HORRIBLE! ¿Y cuál era entonces toda esa basura que mi papá me decía acerca de respetar la vida, que matar así fuera un caracol era un acto de irrespeto hacia Dios?

Tomé aire y me pregunté si mi hermano Joseph sabía esas historias. El corazón me seguía latiendo con fuerza, y súbitamente una nube negra oscureció el cielo. Me di vuelta y vi a mi papá conversando con los invitados; parecía muy distinto.

Varios recuerdos del barrio acudieron a mi mente y recordé, como si fuera un sueño, una vez que mi mamá me tomó en sus brazos, despertó a mi hermano y a mi hermana, y todos corrimos hacia la puerta de atrás y nos escondimos detrás del tendedero de ropa, ¡pues un monstruo horrible venía tambaleando y bramando hacia nosotros!

Recordé esto con toda claridad. En el tendedero había unas sábanas blancas enormes, como pájaros tratando de levantar vuelo. Mi mamá lloraba y me apretaba muy fuerte contra su pecho. Podía darme cuenta que estaba aterrorizada, rezaba tan rápido como podía y le suplicaba a Dios que no permitiera que el monstruo nos encontrara. Las lágrimas le resbalaban por la cara y me mojaban. Yo no sabía qué sucedía. ¿Sería que ese monstruo descomunal era mi papá? Decía algo así como: "¡MI FAMILIA! ¡MI FAMILIA! ¿En dónde están? Los amo, ¡con todo mi corazón!"

Mi hermano Joseph quería acercarse al monstruo, pero mamá no lo dejaba. Luego el monstruo dejó de bramar, así sin más. Y mi hermano fue el primero en acercársele. Y sí, el monstruo era nuestro propio padre, y había dejado de bramar porque se había desmayado en el patio trasero, en su propio vómito, que olía espantoso.

Mamá le dijo a José que dejara a Papá solo, que merecía estar dormido en su propio vómito, pero José le desobedeció a Mamá, entró a la casa, sacó una sábana, apartó la cabeza de Papá del vómito, teniendo cuidado en no despertarlo, y lo abrigó.

Mamá había dejado de llorar. Aún me tenía entre sus brazos mirando las estrellas y le agradecía a Papito Dios con toda su alma. Ahora recuerdo que esa fue la primera vez en mi vida en que miré realmente las estrellas y vi que eran infinitamente hermosas. Mi mamá estaba hablando con las estrellas. Con razón esas sábanas blancas, grandes y fantasmales trataban de volar, para poder ser estrellas. Nunca olvidaré el sonido de las sábanas, pues en ese momento yo también comencé a mover los brazos queriendo volar. Las Estrellas eran nuestro Verdadero Hogar. Era algo que sabía dentro de mi alma y de mi corazón.

Luego me desconecté.

Había estado en una especie de trance. Por todos lados se vivía un ambiente de fiesta, y vi que John Ford, el señor con el que mi papá y yo nos habíamos encontrado en la puerta de la entrada, venía en su convertible azul. Iba con una mujer de pelo rojo y crespo. Nunca antes había visto a ninguna persona, caballo ni perro que tuviera un pelo como ese. La mujer tenía el cabello erizado y parecía como si le salieran llamas de la cabeza.

Corrí a buscar a mi papá para informarle pero no lo pude encontrar. Por todas partes había cientos de personas. Debí soñar despierto durante un buen rato. Vi a Hans y a Helen. Hablaban con el alcalde y con otros funcionarios de la ciudad. Jerry Hill, un amigo muy cercano de nuestra familia, y Fred Noon, nuestro abogado, ambos de San Diego, venían por el camino de la entrada con un grupo de personas que parecían ser muy importantes. Todos vestían ropas bien planchadas, zapatos limpios y se daban ciertos aires. Casi todos nuestros vecinos, amigos y familia habían llegado, al igual que Vicente y Manuelita Arriza, quienes eran mis padrinos. Leo Meese y los Thills aún no habían llegado. Jackie y Bert Lawrence, la pareja de jóvenes más apuestos del mundo, venían llegando, pero sólo habíamos invitado a unos pocos amigos nuestros del barrio de Carlos Malo. Mis padres le habían dejado saber a los invitados del barrio que era muy importante que no hubiera problemas entre gringos y mexicanos en esta fiesta de inauguración.

Mi tío Archie Freeman estaba a cargo de la seguridad. Había destacado a varios hombres armados a caballo que vigilaban nuestra propiedad. Archie le había explicado a mi papá que al igual que los caballeros antiguos, los hombres a caballo podían mantener el orden con facilidad, así hubiera muchas personas.

Finalmente vi a mi papá, pero ya era muy tarde. John Ford y la pelirroja estaban platicando con Hans, Helen y con el alcalde de Oceanside. Hans se dio vuelta para presentarle a John a mi papá y a mi mamá, que acababan de llegar, y cuando John lo reconoció como el pobre trabajador que estaba en la puerta de la entrada, se quedó boquiabierto de la sorpresa.

"¡QUÉ!" gritó fuerte, para que todos escucharan. "¿TÚ ERES EL DUEÑO? ¡ERES UN HIJO DE PERRA!" gritó riéndose. "¡DEVUÉLVEME LOS CINCO DÓLARES!"

"¡DE NINGUNA MANERA!" le gritó mi papá también sonriendo. "¡Te lo creíste todo, y eso es lo que vale la historia!"

"¡ERES UN MALDITO EMBAUCADOR!" le dijo John, quien seguía riéndose. Nadie sabía de qué estaban hablando. "Ahora está impecable, como el mismo don," les dijo John a todos los que estaban cerca, "pero hace tres días, cuando estaba trabajando con su hijo en las puertas de la entrada, tenía la ropa de trabajo más sucia que se puedan imaginar, y el maldito se sube a mi coche limpio y se comporta como si no se diera cuenta de nada y se sacude toda la tierra y el estiércol en mi..."

John no pudo terminar de hablar. En un abrir y cerrar de ojos fue enlazado a la altura de los hombros.

"No, Nicolás," gritó mi papá. "¡Todo está en orden!"

"¿Qué diablos pasa?" dijo John.

"Relájate," le dijo mi papá. "Está bien, John. No pasa nada."

Pero Nicolás estaba acalorado, había amarrado el lazo en el cacho de la montura de su caballo, y estaba listo para espolearlo, derribar al gringo y arrastrarlo por el huerto. Mi papá le aflojó el lazo y luego se lo quitó.

"Lo enlazaste bien," le dijo mi papá a Nicolás. "Bien hecho, pero hay que ser cuidadosos y no excedernos." Luego se dio vuelta hacia los demás y dijo, "todo está bien. Es sólo que algunos jinetes están vigilando la fiesta. Cualquier persona que se descontrole será amarrada y arrastrada, y se las tendrá que ver con Archie. Esta es una fiesta feliz y pacífica que Lupe y yo queremos ofrecerles. ¡Están prohibidos los disparos al aire y las peleas a puños o con cuchillos! Esta es una fiesta de inauguración."

La pelirroja estaba sumamente emocionada. "¡Cariño, me encantó verte amarrado!" le dijo, meneándose contra John como una serpiente en época de apareamiento. "¡Me gustaría aprender a hacer eso!" Se dio vuelta hacia mi papá y le dijo, "Me imagino que debes ser el Al Capone del Oeste del que tanto me habló mi amor."

"No, no soy yo," le dijo mi papá a la mujer, que era alta, hermosa, de pechos grandes, y que no dejaba de menearse. "Me has confundido con alguien. Sólo soy un ciudadano común y corriente y respetuoso de las leyes, como tú y todas las personas que están aquí presentes."

"Pero, cariño, tú me dijiste que..."

"Soy Fred Noon, el abogado de Salvador y Lupe," dijo nuestro abogado, aproximándose a John y a su mujer, que se llamaba Mary. "Si tienen preguntas acerca de Salvador y Lupe, no duden en ir a mi oficina cuando quieran."

John se veía feliz y no paraba de reír.

"¡Maldito seas, Salvador!" le dijo a mi papá. "Lo único en lo que no mentiste fue acerca de tu esposa. Es más hermosa que cualquier estrella de cine que yo haya contratado." Hizo una venia, le tomó la mano a mi mamá y la besó en la punta de los dedos. "Lupe, eres una reina, de la cabeza a los pies," le dijo.

"¡Nunca me has dicho eso!" le reclamó Mary sonriendo.

"Claro que no," dijo John, dándose vuelta hacia ella. "Lo que pasa es que tú eres mi maravillosa flor salvaje."

"¡Siempre estaré dispuesta a ser una flor salvaje!" dijo ella, agarrándolo y besándolo con fuerza en la boca.

Yo estaba detrás de ellos observando y me sentía muy confundido. Parecía que todos sabían que mi papá era el capón y... les gustaba. Eso era muy complicado para mí. ¿Cómo les podía gustar un hombre que inspirara tanto temor y que hiciera que la sangre le circulara a la gente al revés? Eso no tenía sentido. ¿Sería que las ranas y las lagartijas monstruosas también se le aparecían por las noches?

Era hora de destapar el hoyo. Esa era la mayor atracción de la fiesta, y en ese momento, Harry y Bernice, los sastres de mis padres, llegaron en su coche. Eran de Santa Ana y Harry le había ayudado a mi papá a conseguir el anillo de matrimonio para mi mamá, que era de diamantes, cuando papá le había pedido la mano, hacía casi veinte años. Harry y su esposa Bernice trajeron el regalo más grande y con el empaque más lindo que yo hubiera visto. ¡Era enorme! No veía la hora de abrirlo.

"De Harry y yo," dijo Bernice, entregándole a mi mamá el enorme regalo envuelto en papel plateado, "para la pareja más valiente y amorosa que hemos conocido. Tanto que han luchado y con tanto amor. Harry y yo los conocimos durante la depresión, y miren ahora, ¡han construido todo un palacio!"

Bernice y mi mamá lloraban, al igual que Helen Huelster y mis tías María y Luisa, pero mi tía Tota no. De hecho, le daba golpes a Archie en las costillas y lo miraba como si estuviera celosa y enojada con él.

El Padre Sol ya se estaba ocultando, y todos se acercaron al hoyo. Este era el momento más sagrado de toda la fiesta para mi papá. Agarró una pala que tenía uno de los trabajadores y les ayudó a otros trabajadores a remover la tierra con mucho cuidado. Luego ayudó a retirar las láminas metálicas. ¡De repente, un aroma llenó el aire hasta el Cielo!

Los invitados comenzaron a lanzar exclamaciones en señal de admiración, y cuando sacaron los fardos con la carne, la calabaza, el maíz y los camotes, y los pusieron sobre la mesa grande, todos comenzaron a salivar: ¡así de penetrante era el olor!

"Y ahora, antes de comer, Lupe, mi bella esposa, el tesoro de mi corazón, va a hacer un brindis," dijo mi papá.

"Sí," dijo mi mamá, dando un paso con elegancia y dignidad, "Beberemos champán y..."

"Servido en cristal de verdad, ¡a lo chingón!" dijo mi papá, interrumpiéndola.

"Gracias, Salvador," dijo mi mamá sin dejarse alterar por la interrupción. "Esperaremos a que cada uno reciba su copa y luego daremos las gracias."

Vi todas las personas que mis papás habían contratado para servir el champán. Era un proceso largo. Les sirvieron incluso a mi hermana Tencha y a nuestros primos Chemo, Loti, Andrés, Vickie, Eva y a Benjamín. Varios de mis primos todavía estaban en Europa. Uno de ellos, el hijo de mi tía Sophia, había sido noticia en todo el país, pues él y su teniente habían capturado a casi cien alemanes. Pero el artículo del periódico le atribuía el mérito al teniente, cuando realmente había sido a mi primo, un cabo, a quien se le había ocurrido la idea y se había encargado del problema.

"Está bien," dijo mi mamá. Veía que estaba muy nerviosa, pero avanzó con tal elegancia y calma, como si hubiera hecho eso desde siempre. "Como estaba diciendo, me gustaría comenzar dando gracias a Dios. Nunca antes he hablado en público. No he estudiado, así que pido disculpas por mi inglés si... cometo errores." Y levantó su copa hacia el cielo. "Gracias, Dios. Gracias a Ti, Nuestro Santo Creador, por darnos a mi esposo Salvador y a mí, que soy su esposa, la oportunidad de construir esta gran casa para nuestra familia y amigos, tanto para los antiguos como para los nuevos."

En ese momento llegó mi hermano y nos hizo señas a mis hermanas y a mí para que nos acercáramos a nuestros padres. Me preocupaba que mis primos se sintieran excluidos, pero cuando vi la cara de mamá iluminarse de alegría, al ver que nos acercábamos a ellos, supe una vez más que mi hermano había hecho lo correcto.

"Esta es nuestra familia," dijo mi madre a todos los presentes. "Nuestros dos hijos y nuestras dos hijas. Joseph, Tencha, Edmundo y Linda, nuestra hija menor."

Tomé a mi hermana Tencha de la mano. Estaba un poco avergonzada, a diferencia de mi hermano Joseph y de mi hermana Linda, quienes resplandecían de gusto al igual que mis padres.

"Cuando crucen las puertas del patio de adelante," continuó mi mamá, "verán que hemos hecho unos nichos en las columnas con las estatuas de José, María y Jesús, de la Santa Familia de Nuestro Señor Dios que está en la Tierra. ¡Entonces los invito a todos a que nos ayuden a celebrar nuestra casa en paz, amor y prosperidad para siempre! ¡Brindemos!" dijo Mamá, chocando su copa con la de Papá, luego con la de mi hermano y la de Tencha.

Mi hermana Linda y yo no teníamos copa. ¡Me sentí tan excluido! Vi que algunas personas se secaban las lágrimas mientras levantaban sus copas para brindar. Luego habló papá.

"Este brindis," dijo en un tono alto, "que Lupe, mi maravillosa esposa ha realizado, tiene mucho sentido y estoy plenamente de acuerdo con todo. Sí, amor, paz y prosperidad es lo que necesitamos en nuestra gran nación, luego de esa Depresión tan terrible y de esta Segunda Guerra Mundial tan larga y horrorosa."

"Pero también quisiera añadir que yo, personalmente, no he construido esta casa sólo en honor a Jesús, José y María. No, cuando hicimos planes para construirla, inmediatamente envié a nuestro arquitecto a Hollywood para que viera qué tan grande era la casa de Tom Mix, porque la primera vez que vine a este país desde México, veía la películas de Tom Mix en Arizona, con los gringos al lado derecho del teatro y los mexicanos y los negros al lado izquierdo. ¡Y ese cabrón derribaba a cinco mexicanos de un golpe! Y un domingo, en Douglas, Arizona—

nunca me olvidaré, yo era todavía un chamaco—un mexicano grande y guapo de Los Altos de Jalisco se enojó y saltó a la tarima frente a la pantalla y gritó, '¡Vengan, gringos malditos! ¡A ver si pueden derribarme de un golpe! ¡Les daré el primer puño de ventaja, a lo chingón!' ¡Y se rasgó la camisa e infló el pecho!"

"Y claro, se armó una pelea. Dos hombres murieron y diez más fueron hospitalizados. Y les digo que cuando comenzamos a construir esta casa, le dije a nuestro arquitecto, VE a Hollywood y mira qué tan grande es la casa de Tom Mix, y ¡NUESTRA CASA SERÁ MÁS GRANDE Y MEJOR! Así que les digo a todos ustedes que no mandé a construir esta casa sólo para la paz y el amor, sino también para decirle a todas las MALDITAS PERSONAS DEL MUNDO que aquí en Oceanside, California, hay UN MEXICANO DE LOS BUENOS CON SUS TANATES EN LA MANO, que puede trabajar o pelear con sus manos, así como ¡QUIERA PINTARLA EL DIABLO! ¡Este es MI BRINDIS A LO CHINGÓN! ¡SALUD!"

SE ESCUCHARON GRITOS.

¡DISPARARON UNA PISTOLA, una, dos, tres veces!

Y todos los mexicanos que estaban presentes enloquecieron ¡CON GRITOS DE GUSTO!

De inmediato, el hombre que había disparado fue amarrado y llevado al huerto. Los mariachis comenzaron a tocar, los invitados bebieron su champán, luego les sirvieron más y comenzaron a hacer fila para la comida.

El alcalde y su esposa se sentaron en la mesa principal con Mamá, Hans, Helen, Noon y su esposa, y otras seis personas. Después llegó mi papá con un inmenso plato cubierto con una tela blanca. ¡Que olor tan sublime! Lo puso enfrente de mi mamá y de la esposa del alcalde y retiró la tela.

Era un honor, lo más selecto de toda la barbacoa: la cabeza del novillo sin piel, pero con los cuernos, los ojos salidos, la boca abierta con la lengua afuera rellena de chiles y otras especias coloridas. Se veía delicioso, era hermoso a la vista, y hacía agua la boca. Sin embargo, la esposa del alcalde Gritó de puro terror y se cayó de espaldas con silla y todo.

Yo no sabía qué sucedía, y mi papá ni siquiera había tomado una tortilla todavía para sacar los sesos de la enorme cabeza y pasarla entre los comensales, algo que era una especie de caviar mexicano y que se acompañaría con champán.

Rápidamente mi mamá y Helen llevaron a la esposa del alcalde, que comenzó a gritar, adentro de la casa para tratar de calmarla.

Mi papá, que se sintió muy insultado por esa ofensa, dijo, "¡Al diablo con eso! ¡Cambiemos el champán por TEQUILA!"

El alcalde trató de permanecer calmado y de aceptarlo todo ¡se bebió un trago grande de tequila de Los Altos de Jalisco, de donde viene el mejor tequila!

¡Y nuestra gran fiesta de inauguración se convirtió en una verdadera pachanga!

CAPÍTULO **once**

Dos semanas después de la fiesta, llegaron a nuestra casa varios hombres a bordo de un coche tocando el claxon. Vivían en nuestro antiguo barrio de Carlsbad, y yo conocía a uno de ellos. Era obvio que estaban más borrachos que el demonio. Siguieron tocando el claxon hasta que salimos de la casa.

"ERES UN RENEGADO, VENDIDO A LOS GRINGOS, cabrón ¡hijo de la chingada!" gritó uno de ellos mientras salíamos a ver qué sucedía. "¡Te has olvidado de tu gente y has buscado a los gringos como una puta barata!"

"Están borrachos," les dijo mi papá, "así que no les haré caso a lo que digan. Pero es mejor que se vayan antes de que me enfade."

"¿Y qué?, ¿Qué vas a hacer, eh?" dijo el más grande de todos, que iba adelante, mientras abría la puerta. "¡Ya no eres tan *macho!*" El hombre era tan grande, que cuando se bajó del coche los amortiguadores se levantaron. "¡Puedo darte una paliza, Salvador!"

Mi hermano y yo estábamos detrás de Papá, tras las puertas del patio frontal de nuestra nueva casa. La estatua de la Madre Bendita estaba en la columna a la izquierda y la estatua de San José, sosteniendo al niño Jesús entre sus brazos, a nuestra derecha. No sabía qué hacer. Ellos eran cuatro, el que se había bajado del coche era mucho más grande y joven que mi papá, y yo estaba a punto de orinarme en los pantalones. Pensé en ir a la casa a buscar un arma, pero no mi rifle de aire. Iría por la escopeta de calibre .12 de mi papá. El problema era que yo no sabía manejarla, y si llegaba a dispararla, lo más seguro era que me lanzara hacia atrás.

"Quédate quieto," me susurró mi hermano, como si leyera mis pensamientos. "Papá sabe lo que hace."

Tragué saliva, esperando que mi hermano supiera lo que decía. Porque, Dios mío, yo no tenía la menor idea acerca de lo que podría hacer mi pobre papá contra ese gigante.

"Les he dicho," dijo mi papá, como si tuviera todo el tiempo del mundo, "que somos amigos, que ustedes están borrachos y que no haré caso a sus insultos que están profiriendo aquí en mi casa, delante de mis dos hijos, pero sólo por esta vez, así que mejor váyanse ya mismo de aquí. ¡Mijito!" me dijo, "tráeme una botella de whisky para que estos caballeros disfruten de un trago de regreso a sus casas."

"¡Órale!" dijo el conductor. "¡Ahora estás hablando, compa!"

El gigante sonrió, se mojó los labios y salivó ante la perspectiva de beber un trago. Corrí rápidamente a casa, pero vi que casi todo el licor del bar se había acabado, así que agarré una botella grande y casi llena, aunque no sabía qué contenía, y regresé corriendo. Tenía mucho miedo de lo que pudiera sucederle a mi papá.

"Mira," le dije, entregándole la botella.

Mi papá la recibió y se la entregó al gigante que estaba frente a él. Tambaleándose, el hombre miró la botella detalladamente y VOCIFERÓ.

"¡ESTO ES UNA MIERDA, Salvador! ¡Esta no es una bebida para hombres! ¡Es esa MIERDA VERDE Y DULCE para mujeres! ¿Qué crees que somos, cabrón hijo de la chingada?"

¡Sin dudar un solo instante, Papá se abalanzó sobre él y le rompió la botella en la cara! El gigante cayó al asfalto así como el novillo de mil libras se había desplomado bajo el molle cuando recibió una bala calibre .22 entre sus ojos. Papá había quebrado la botella contra la puerta del coche y la había agarrado como si fuera un arma, con sus puntas completamente afiladas. De un momento a otro, vi que mi hermano tenía en sus manos la pistola corta calibre .38 de mi papá. Sin embargo, José no tuvo necesidad de usarla, pues tres de nuestros vaqueros llegaron corriendo: tenían un tubo de metal, un lazo y Emilio, nuestro nuevo mayordomo, tenía la escopeta de mi papá.

"Súbanlo al coche," les dijo mi papá a los vaqueros, "y asegúrense de que estos imbéciles no vuelvan por aquí. ¿Por qué creen que no los invité, cabrones? Por esto, estúpidos."

"La cosa no ha terminado," le gritó el conductor a mi papá.

"Claro que no. Mientras sigas respirando, serás un imbécil que no es capaz de abrir los ojos para ver lo que sucede."

Salieron, el coche chirrió las llantas y la parte trasera se movió de un lado a otro mientras se alejaba por el camino de entrada. Me quedé perplejo, e inmediatamente recordé que había presenciado una escena semejante en nuestro salón de billar del barrio, cuando estaba pequeño, pero la había olvidado. La historia que había contado el chavo guapo acerca de que mi papá era "el capón" me asaltó de inmediato. Dios mío, tenía que ser cierto, todo tenía que ser cierto. En mi mente ya no había el menor rastro de duda.

Comencé a llorar. Yo había sido el causante de todo. Si hubiera llevado una botella de licor para hombres y no una para mujeres, esos hombres se hubieran ido felices y nunca hubiera puesto a mi familia en peligro.

"Está bien, mijito," me dijo mi papá. "No tienes por qué asustarte."

"No estoy asustado," dije, retirándole el brazo a mi hermano. "¡Estoy enojado! ¡Traje el licor que no era y por eso sucedió... todo esto!"

Los vaqueros se rieron y dijeron que yo parecía tener mucho coraje. Sin embargo, mi papá y mi hermano no se rieron.

"Mira, mijito," me dijo mi papá, "de todos modos habríamos terminado peleando sin importar qué clase de licor hubieras traído. Fue a eso a lo que vinieron: a pelear. No hubiera podido ser de otro modo."

Emilio asentía en señal de aprobación. "Fue por eso que traje la escopeta," dijo. "Pude oler sus deseos de pelear desde el huerto."

"¿Y tú puedes oler los deseos de pelea desde el huerto?" le pregunté, pues el huerto estaba muy lejos.

"Claro ¿Por qué no? Los toros pueden oler a una vaca en celo a cinco millas de distancia, cuando hace el viento adecuado," dijo Emilio. "La rabia, el miedo y el sexo son olores fuertes."

"Exacto," dijo mi papá, "y todo hombre casado debe saberlo o recibirá un golpe en los tanates con cosas de su esposa que no tiene idea de dónde vienen. El olor es muy importante, mijito."

"¿Fue por eso que cocinaste los tanates de un hombre en salsa verde y luego lo obligaste a comérselos, para que pudiera olerlos?" le pregunté.

No me podía sacar dos historias de la cabeza desde la fiesta de inauguración. Una era que mi papá había castrado a un hombre y cocinado sus tanates en salsa verde; y la otra, que había matado a un hombre con sus manos en un callejón de Carlos Malo. Y siempre que recordaba estas dos historias, recordaba también la noche en que las sábanas blancas aleteaban en el tendedero.

Mi papá se sonrió. "¿Quién te dijo eso?"

Me asombré. Mi papá reía como si realmente disfrutara recordando esa historia tan espeluznante. "Un chavo en la fiesta de inauguración," dije.

"Sí, tienes razón. ¡Quería que ese hombre oliera sus propios tanates cocinándose, porque necesitaba enseñarle a ese maldito una lección que no olvidara por el resto de su pinche vida!" dijo mi papá poseído súbitamente por la rabia. Sin embargo, respiró profundo varias veces y se calmó. "¿Sabes algo?" me dijo, "creo que ha llegado la hora de que platiquemos un poco." Y tras decirme esto, me tomó de los hombros y me dio la vuelta. "Verás, mijito, ahora que ya estás siendo un hombre necesitas saber qué es exactamente un hombre y qué es lo que hace. Fue por esa época que mi hermano José el Grande, me enseñó a disparar para que ningún hombre, sin importar su tamaño, pudiera pisar mi sombra sin pedirme permiso."

"José," dijo mi papá, mirando a mi hermano, "dame esa pistola y ve y trae el rifle calibre .22 y varias balas para que le enseñemos a tu hermano a disparar. Mi padre," me dijo Papá, mirándome de nuevo, "nunca me enseñó otra cosa que no fuera el odio, la rabia y los abusos que pueden cometer los hombres cuando tienen poder. Fueron mi mamá y su familia, los indios, quienes me enseñaron por qué Dios hizo que los huevos de los hombres fueran tan sensibles y que dolieran con tanta facilidad."

Me puso su enorme mano sobre el hombro y regresamos a nuestra casa. "Verás, para ser un buen hombre a las todas, hay que ser como los huevos de un hombre: suave y tierno adentro de tu corazón y fácil de herir. Por esto es que todos los hombres buenos necesitan ser criados como mujeres durante los primeros siete años. Esos hombres que vinieron borrachos en ese coche, no saben cómo ser suaves, tiernos ni honestos en lo más profundo de su ser."

Asentí. Eso tenía mucho sentido. "¿Y cuáles hombres saben esto, Papá?" pregunté.

"Ya no quedan muchos," dijo. "En estos tiempos, incluso a la mayoría de las mujeres se les enseña a admirar la forma de pensar masculina. El respeto por las mujeres se perdió," agregó, "cuando los hombres comenzaron a decir que Dios era hombre. En una época se conocían dos historias sobre la Creación. Una para las mujeres, con una Diosa femenina para enseñársela a las chamacas, y otra para los hombres, con un Dios masculino, para enseñársela a los chamacos."

"¿Quieres decir que en el Edén había dos Biblias?" pregunté.

"Por supuesto. Es lógico. Ningún hombre ni ninguna mujer podrán estar de acuerdo con una sola historia."

"¿Y entonces por qué tenemos una sola Biblia?" pregunté.

Mi papá sonrió. "Adivina."

"¿Por los hombres?" dije.

"Exacto," dijo. "¿Y por qué crees que es así?"

"Porque Eva no culpó a Adán. Fue Adán quien culpó a Eva," respondí.

"Muy buen razonamiento," me dijo mi papá. "Entendiste. Por eso es tan importante criar a los chamacos como chamacas durante los primeros años, para que puedan tener así sea una pequeña noción de..."

"¿Y entonces Jesús también fue criado como una chamaca durante los primeros siete años de Su vida?" pregunté.

"Por supuesto. Por eso era tan fuerte, y sin embargo tan suave. Cuando la Tierra todavía era joven y las Estrellas hablaban y las personas sabían escuchar, los hombres fueron criados como mujeres durante los primeros siete años. De hecho, en esa época había dos lenguas. Una para las mujeres y otra para los hombres, y los hombres que no eran criados como mujeres durante los primeros años, ni siquiera sabían hablarle a una mujer cuando eran adultos."

"Eso tiene mucho sentido," dije. "Porque he escuchado a algunos de nuestros trabajadores decir que no se le puede hablar a una mujer en el idioma de los hombres."

Mi papá se rió. "Tienen razón," dijo. "No se le puede hablar a una mujer en el idioma de los hombres."

Mi hermano Joseph llegó con un par de cajas de munición y con el rifle calibre .22 que mi papá había utilizado para matar los puercos, las cabras y el novillo para la fiesta de inauguración de nuestra casa.

"Papá," dije, "¿les vas a perdonar entonces a esos tipos que llegaron en el coche, así como Jesús, porque no sabían lo que hacían?"

"Sería difícil perdonarles," dijo mi papá, tomando el rifle para cargarlo. "Son buenas personas cuando están sobrios, especialmente el conductor. Creo que les perdono si están sobrios."

"¿Pero borrachos no?"

"No, borrachos no. Todavía no tengo el corazón tan grande como Jesús," agregó. Asentí. Ahora todo volvía a tener un gran sentido para mí. Entonces, después de todo mi papá no era un monstruo. Emilio y dos trabajadores se acercaron.

"Toma," me dijo mi papá entregándome la pistola. "Siente esta .38 especial. Está cargada," dijo. "Recuerda siempre esto: las armas siempre están cargadas, no importa si están cargadas o no, así que mantén siempre tu dedo alejado del gatillo y el cañón apuntando para allá, donde está el blanco, pues así estarás seguro. He visto a muchos hombres disparar y matar con lo que se creía que eran armas descargadas. ¿Entiendes?"

"Sí," dije. "Entiendo."

"Bien," respondió.

Nos fuimos caminando por detrás de la casa y llegamos hasta la mitad de la colina. Estábamos un poco más arriba del bosque donde vivían los venados y los zorros, y adonde anidaban decenas de miles de mirlas. Mi papá me explicó en detalle todo lo referente a las armas, especialmente a su pistola Smith and Wesson calibre .38 de cañón recortado, y qué la diferenciaba de otras pistolas como las calibre .44 y .45.

"Algunos hombres se pasan toda la vida buscando la mejor arma, así como otros se la pasan buscando la mejor esposa," dijo, "pero a fin de cuentas, esos hombres son unos tontos y también unos cobardes. Porque, mijito, cuando todo está dicho y hecho, nunca es el arma ni el caballo ni la esposa ni el coche ni la camioneta lo que mata a un buen hombre o le salva la vida. No, todo está aquí, entre las dos piernas del hombre, y qué tan bien sepa manejar esa arma, ese caballo, esa esposa, ese coche o esa camioneta. Yo me defenderé bien con cualquier arma, sin importar cómo me la pinte el Diablo ¿Por qué? Porque sé lo que hago y... tengo mucha experiencia."

"¿Y lo mismo vale para las mujeres?"

"¿Qué?"

"¿Ellas también necesitan mucha práctica?" pregunté.

Emilio y los trabajadores se rieron.

"No," dijo mi papá. "A los hombres nos gusta creer que sólo nosotros necesitamos practicar."

"Pues no tiene sentido," dije, "¿Cómo va a ser que las mujeres no necesitan practicar para aprender a manejar un arma, un caballo, un esposo, un coche o una camioneta?"

Emilio y los trabajadores estallaron en carcajadas, como si hubiera hecho la pregunta más ridícula del mundo. Me enojé y les apunté con la pistola antes de darme cuenta de lo que hacía. Todos trataron de huir.

"¡NO!" me gritó mi papá, agarrándome y dándome vuelta. "¡Mira lo que haces! ¡Te dije que nunca le apun tes con un arma a nadie! Y tú," le dijo a Emilio y a los dos vaqueros, "¡pueden regresar al granero si no son capaces de estarse quietos!"

Inmediatamente se calmaron y pusieron cara de serios. Mi hermano nunca se reía.

"Ésa es una buena pregunta," me dijo mi papá. "Por eso es que se pusieron nerviosos y después se rieron. No es que se estuvieran burlando de ti. Verás mijito, la verdad es que a los hombres no nos gusta que las mujeres tengan experiencia cuando nos casamos con ellas. Pero con el tiempo, sí nos gusta que aprendan a hacer las cosas bien," dijo mi papá.

"Pero, ¿por qué a los hombres no les gustan las mujeres con experiencia cuando se casan con ellas?" pregunté.

"Porque, bueno," dijo mi papá, mirando alrededor y viendo que Emilio y los dos vaqueros se esforzaban para no reírse. "Porque, mijito, cuando piensan en el matrimonio, la mayoría de los hombres prefieren enseñarles personalmente a las mujeres, así como también lo hacen con sus caballos. Además, los hombres no tienen hijos y las mujeres sí, y entonces los hombres se asustan pensando que están criando al hijo de otro hombre."

"¿Cómo así? Acabas de decir que cuando todo está dicho y hecho, no importa cuál sea el arma, el caballo, la camioneta ni la mujer, ¿así que por qué debería importar de quién sea ese hijo?"

Y a pesar de los esfuerzos que hicieron. Emilio y los dos vaqueros ya no pudieron contener la risa. Hasta mi hermano se rió.

"Porque, bueno, es mucho más fácil criar que quitar mañas," dijo mi papá.

"Exacto," dijo Emilio, "es mucho más fácil poner rienda que enderezar una mujer mula."

"Gracias," le dijo mi papá a Emilio. "¿Estás entendiendo, mijo? Es más fácil criar que quitar malos hábitos."

Meneé la cabeza. "No tiene sentido," dije. "Siempre me has dicho que las mujeres son diez veces más inteligentes y fuertes que los hombres. ¿Por qué no son las mujeres entonces las que adquieren experiencia y luego nos enseñan a nosotros los hombres?"

Debí haber dicho la cosa más loca en todo el mundo, pues uno de los vaqueros se rió tan fuerte que cayó al suelo y se agarró la panza. Todos estaban histéricos de la risa.

"¿Cuál es el chiste?" grité. "Si me gusta montar en un caballo que tenga experiencia y que ya esté bien entrenado, ¿por qué no me puede gustar una mujer que sea así?"

Los trabajadores continuaron riendo a carcajadas, a pesar de que yo los miraba con desprecio. Hasta mi hermano se reía.

"Bueno," me dijo mi papá. "Creo que hemos hablado suficiente por hoy. Recuerda, sólo tienes ocho años. Entenderás a tu debido tiempo. Pasemos ahora a una faceta masculina mucho más sencilla: te enseñaré a disparar."

"¿Quieres decir que disparar un arma es más fácil que saber cómo relacionarse con una mujer? Eso tampoco tiene mucho sentido. Yo me la llevo muy bien con mi mamá y mis hermanas, y ellas son mujeres."

"Está bien. Me gusta escuchar eso," dijo mi Papá. Y así debe ser. Ahora presta atención," me dijo, quitándome la pistola y descargándola. Me la pasó, me giró en dirección a la colina y me dijo que disparara hacia allá. La pistola calibre .38 se sentía grande y pesada, y cuando el martillo se relajó, sentí el gatillo muy liviano.

"Ahora mira," dijo, recargando la pistola. "Tú primero, *Chavaboy*."

Mi hermano tomó la pistola y disparó hacia a la colina, pero no le dio a la pequeña piedra a la que había apuntado. ¡Era una pistola tan ruidosa! Incluso los caballos que estaban en el valle se inquietaron. Yo me tapé los oídos con las manos. Mi hermano hizo cinco disparos.

"Nunca he sido bueno con las pistolas," dijo Joseph. "Me va mucho mejor con los rifles, pero Papá es bueno con cualquiera de los dos."

"No tanto," dijo Papá, tomando la .38 y cargándola de nuevo. "Es sólo que a veces tengo suerte." ¡Apuntó con la pistola, disparó varias veces y voló la pequeña piedra en MIL PEDAZOS!

Yo quedé asombrado, al igual que mi hermano, Emilio y los otros trabajadores. Luego me tocó a mí. Estaba más nervioso que el diablo, pues era la primera vez que dispararía con un arma de verdad.

"Usa tus dos manos, ponte derecho y mira hacia el frente," me dijo Papá. "Tienes que ser mucho más grande para poder manejar una .38 o una .45 con una mano. Recuerda siempre que si tienes que enfrentarte a un hombre, agarras el arma con una mano y te pones de lado, para que seas un blanco más pequeño y puedas moverte con mayor facilidad."

Hice lo que mi papá me dijo y me erguí derecho. Yo ya había disparado con mi rifle de aire, pero ¡Dios mío!, cuando apunté con esa pistola tan pesada y apreté el gatillo, el arma saltó en mis manos como si fuera una serpiente, casi me rompe las muñecas, y despidió FUEGO por el cañón.

¡Y el estruendo! Los oídos me retumbaron a más no poder. Todos se rieron. Creo que miré el blanco de reojo y disparé a cinco pies del blanco; las pistolas eran muy diferentes a los rifles. Disparamos toda la tarde con los trabajadores. Mi hermano era muy bueno con el rifle calibre .22, y mi papá ¡siempre le daba a una moneda!

"En el barrio, Papá lanzaba monedas al aire y les disparaba," dijo mi hermano con una gran sonrisa. "Fue así como le puso fin a las peleas entre los *marines* y los vatos."

"¿Tú hiciste eso, Papá?"

"Claro que sí. Yo era el pacificador del barrio," dijo. "Así como Archie representaba a la ley y era el pacificador antes que yo. Y cuando los *marines* venían a buscar problema al barrio, yo no los insultaba. Todavía eran chavos, y entonces me los llevaba detrás del salón de billar y les enseñaba a disparar. Dos de ellos regresaron después de la guerra y me dijeron que yo les había salvado la vida con lo que les enseñé.

"¡Claro!" dije emocionado. "¡Ahora recuerdo! Le disparabas a las monedas en el árbol de la casa de mamagrande, ¿verdad?"

"Sí, es cierto," dijo mi papá.

"¿Entonces también hiciste cosas buenas en el barrio?" pregunté.

"Por supuesto. Claro que sí," me dijo mi papá.

"Pero me contaron que tú mataste a un hombre con tus propias manos, en el callejón detrás del salón de billar," le dije.

"¿Quién te dijo eso? ¿El mismo tipo que te dijo que yo había castrado a un hombre y lo había obligado a comerse sus tanates?" Asentí. "Escúchame bien," dijo mi papá, "Sí, yo castré a un puerco, cociné sus huevos y obligué a un hombre a que se los comiera. Luego le bajé los pantalones y le pregunté si prefería comerse sus propios huevos cocinados en salsa verde o en salsa colorada, pero el hombre estaba tan aterrorizado que no paraba de gritar, así que no tuve necesidad de castrarlo. Y cuando lo dejé ir, regresó a Los Ángeles y le dijo a su gente que nunca fueran a Carlos Malo. ¿Me entiendes, mijito? He hecho lo que he tenido que hacer para proteger mi territorio. Todos los osos y los leones hacen lo mismo. Y a ese hombre, sí, le pegué y luego lo subí a mi camioneta y me lo llevé hacia el bosque de eucaliptos de Carlsbad para que tuviera que caminar bastante antes de que volviera a causar problemas. Al día siguiente regresó a México. La gente del barrio no lo vio nunca más, así que algunos comenzaron a decir que yo lo había matado a golpes y lo había enterrado en Vista."

"¿Y por que no les dijiste entonces que no habías matado a ese hombre y que tampoco habías castrado al otro?"

"¿Qué? ¿Y echar así mi reputación por el suelo?" dijo mi papá riéndose. "¡Eso por nada! ¡Trabajé muy duro para ganarme una reputación! ¡Y el miedo es una cosa buena, mijito, cuando la otra persona lo tiene y tú no!"

Meneé la cabeza. Todo eso no tenía mucho sentido para mí. Pero vi que a los trabajadores les había encantado la explicación de mi papá. Pensé que aunque ya tuviera ocho años, era probable que aún me faltaran muchas cosas por aprender.

El Padre Sol se estaba ocultando y comenzamos a bajar la colina. Habíamos terminado de disparar. Emilio y los vaqueros se fueron a buscar el ganado. Mi papá, mi hermano y yo regresamos solos a casa.

"Papá, esos hombres del coche," le dije, "si sabías que todo iba a terminar en una pelea, pues pudiste olerlo, ¿por qué me dijiste que trajera whisky?"

"Porque podía ser útil mijito," dijo mi papá. "Y también, porque yo tendría un poco más de tiempo para pensar. El conductor recordó que éramos amigos y me dijo 'compa', y Emilio tuvo más tiempo para conseguir ayuda y venir a apoyarnos.

"Espera," dije, "¿quieres decir que esos tipos eran amigos nuestros?"

"Por supuesto," dijo mi papá sonriendo. "Ningún enemigo hubiera ido a una casa molesto porque no lo invitaron a una fiesta. Recuerda, mijito, que si tu esposa te grita que te va a matar porque te olvidaste de su cumpleaños, lo que realmente quiere decirte es 'yo te amo, mi amor y mi vida dependen de ti, y por eso te odio y quiero matarte'. Es con nuestra esposa, nuestros mejores amigos y con nuestros parientes con quienes siempre terminamos teniendo la mayoría de los problemas en la vida, mijito.

Los enemigos de un hombre nunca son su mayor problema, eso sólo es pura mierda promovida por películas malas como Tom Mix, en donde los mexicanos siempre somos mostrados como los malos. Mi mamá siempre decía que si aprendíamos a abrir los ojos y a ver de verdad, no había gente mala en la Tierra."

"Pero, Papá," dije, "Superman y Batman son héroes, y siempre están persiguiendo personas."

"Y ninguno de ellos dos está casado, ¿verdad?" me preguntó mi papá.

"No," contesté.

"Dime, ¿en dónde estaría Superman si estuviera casado y su esposa enojada con él por haber llegado tarde a cenar, o por haber olvidado su cumpleaños o aniversario por andar persiguiendo tipos malos?"

Abrí los ojos. "Dios mío, se vería envuelto en un gran problema."

Mi hermano se rió, pero eso no me causó risa; era algo muy importante para mí. Claro que yo siempre había sabido que Superman y Batman no eran personajes reales, que eran sólo unos héroes de los cómics, pero siempre había pensado que lo que ellos hacían era bueno, de veras, y que nosotros los hombres deberíamos hacer eso si queríamos ser héroes de nuestras propias vidas.

"Papá," dije, "¿quieres decir entonces que Superman y Batman son cobardes y ficticios porque son solteros?"

"Dímelo tú," replicó mi papá.

El miedo que sentí repentinamente hizo que quisiera dejar de pensar en esto. Nunca había cuestionado a la Biblia, a Superman ni a Batman. De hecho, había tenido problemas cuando cuestioné la existencia de Papá Noel, porque empecé a pensar que no era posible que pudiera viajar por todo el mundo y repartir todos sus regalos en una sola noche. Le dije a "What-a-King"—mi amigo de la escuela—que los renos no eran rápidos, así pudieran volar. Pensé que eran nuestros padres los que nos daban los regalos de Navidad. "What-a-King" se puso mal y comenzó a llorar, luego me dio en la cabeza con sus patines y casi me mata. Empecé a comprender que lo que nos habían enseñado a creer no era asunto de poca monta.

La cabeza me zumbaba mientras subía la colina aquella noche en compañía de mi hermano y mi papá. Todo ese asunto de alcanzar la madurez parecía ser mucho más difícil que ser criado como una mujer, cosa que tenía mucho sentido.

CAPÍTULO doce

Mi hermano Joseph fue llevado en ambulancia a toda velocidad al Hospital Scripps en La Jolla. Mis padres lo habían llevado a otro médico –un hombre joven que hacía poco había salido de la Marina. El doctor Pace miró a Joseph, vio que la parte blanca de sus ojos estaba muy amarilla e inmediatamente ordenó que lo remitieran al Hospital Scripps.

Luego de varios días de exámenes, el doctor Pace les explicó a mis padres que mi hermano tenía el hígado prácticamente destruido. Mi papá le preguntó cuál era la causa del problema. El doctor Pace dijo que no lo sabía y mi papá respondió que todo era una mentira, que podía ver en sus ojos que no les estaba diciendo toda la verdad. El doctor agregó que si Joseph hubiera sido hospitalizado dos meses atrás, se le habría podido dar una dieta a base de jugos, especialmente de arándanos, y su estado no se hubiese agravado tanto. Mi papá llegó a casa esa noche y estaba tan furioso, que quería ir a California Street y matar al doctor Hoskins con sus propias manos. Fue gracias a los llantos y a las súplicas de mi mamá, que desistió de ir a matar al médico que había tratado a mi hermano durante todo este tiempo.

Llegaron varios especialistas de distintos lugares del país. Cada semana, mi hermano era traído y llevado de nuestra casa al hospital de La Jolla. Mientras tanto, mi vida continuó igual; todos mis amigos, incluyendo a "What-a-King", estaban en cuarto grado, y yo todavía estaba en tercero. Mi hermano estaba enfermo y comencé a jugar mal a las canicas. Muchos chamacos me ganaban, incluso algunos más pequeños que estaban en tercero. Dibujaba estrellas siempre que podía. Eran estrellas de cinco y de seis puntas que coloreaba de verde y azul, con pequeños trazos rojos y amarillos.

Un día mis padres discutían tan acaloradamente—mientras mi hermano estaba en el Hospital Scripps—que subí al segundo piso a dibujar estrellas y así poder desaparecer. Mi hermana Linda me siguió y me vio dibujar estrellas sobre un cartón grande en el piso del balcón, desde el que se veía toda nuestra propiedad. Me dijo que quería dibujar. Le mostré cómo había aprendido recientemente a dibujar estrellas con una regla para que las líneas quedaran bien rectas y luego a colorearlas. Era algo que me hacía sentir muy bien.

Mi hermanita y yo dibujamos estrellas toda esa tarde y escuchábamos discutir a nuestros padres. Mamá lloraba y decía que estaba segura que Dios la estaba castigando a ella y a Papá por algo que habían hecho, y le pedía a Dios que se la llevara a ella y no a mi hermano.

"Por favor, Papito Dios, nuestro hijo Joseph es inocente," le decía a Dios. "No, ningún hijo debe ser responsable por los pecados de sus padres."

"¿Por qué dices eso, Lupe?" le dijo Papá. "Dios no castiga a los chamacos por los errores de sus padres. Ven Lupe, sólo necesitamos encontrar un buen médico. El doctor Pace dice que todavía hay esperanzas."

"Salvador, el Pecado Original se trata de esto; que Dios les pasa a los hijos los pecados de los padres."

"Pero, ¿acaso no vino Dios a librarnos de todas esas pendejadas?"

"Pues sí, por eso estoy rezando."

"Bueno, entonces reza por *Chavaboy*," le dijo Papá, "para que se recupere, y no para que mueras tú en lugar de él. Yo te amo, Lupe," añadió Papá "y los chamacos te necesitan. No pidas semejantes tonterías."

"¿Y qué si Dios ya ha decidido llevarse a Joseph? Yo preferiría irme en vez de él," dijo Mamá.

"¡MALDITA SEA, Lupe!" gritó Papá. "¡No vas a seguir rezando así en nuestra casa!"

"Tú no puedes decirme cómo debo o no rezar, Salvador, ni aquí en nuestra casa ni en ninguna otra parte," dijo Mamá. "¡Este es un asunto entre Dios y yo!"

"Si Dios te escucha, LE DARÉ UNA PATADA EN EL TRASERO," gritó. "¡No soy Adán! No tengo miedo de Dios ni de Sus amenazas con el infierno. YO SOY UN MEXICANO DE LOS BUENOS, y nadie se va a morir, ¡me oyes! ¡Nadie va a ser castigado! ¡Chingaos, si sólo acabamos de mudarnos a esta casa, por el amor de Dios!"

"¡Salvador, no permitiré que hables así de Él!"

"Ah, ¿yo no puedo decirte cómo debes rezar, pero tú si puedes decirme cómo debo hablarle a Dios?"

"¡Pero tú estás hablando de una forma vulgar!"

"¡Y tú estás diciendo estupideces! ¡Dios no castiga a nadie! ¡Esas son puras mentiras de la Iglesia para asustarnos! ¡Y si alguien va a ser castigado que sea yo entonces! ¡No tú ni *Chavaboy*! ¡Yo! ¡Pondré el PECHO! No abandonaré a mi familia como ese cobarde de Adán, quien le echó la culpa a su esposa Eva."

"¿ME ESTÁS ESCUCHANDO, DIOS? ¡Te estoy hablando de hombre a hombre, a lo MACHO CHINGÓN! ¡La cosa es entre TÚ Y YO!"

"¡Salvador, no puedes hablarle así a Dios! ¡Habla en buenos términos!"

"¡QUÉ CHINGAOS! ¡La amabilidad nunca nos conduce a ninguna parte, especialmente con Dios!"

Seguía dibujando estrellas tan rápido como podía mientras escuchaba esto, después las coloreaba, pero no entraba en ellas para poder escapar. No, entendí claramente que necesitaba estar aquí en la Tierra para ayudarle a mi familia.

Mis padres seguían discutiendo acaloradamente y lloraban, pero por alguna razón dejé de sentirme asustado. No, esas pequeñas vibraciones comenzaron a zumbarme detrás del oído izquierdo. Luego, y de repente, me sentí seguro aquí en la Tierra. No tenía que escapar a ninguna parte. Papito Dios también estaba aquí conmigo.

En ese momento comprendí en qué consistía ese zumbido: Dios me estaba masajeando la cabeza con Sus dedos. Sonreí, sentí un gran bienestar y comencé a dibujar estrellas tan rápido como pude, mientras mis padres seguían gritando y discutiendo.

Esa misma noche salí después de la cena para estar solo y mirar las estrellas del cielo. Ya no quería escucharlos discutir. Y yo estaba de acuerdo con mi papá: nadie de nuestra familia moriría ni sería castigado. Pero si alguien tenía que morir, que fuera yo.

Porque a fin de cuentas, tenía mucho sentido. Mi hermano era inteligente y necesario. Y mi papá y mi mamá eran nuestros padres y también eran necesarios. Yo en cambio era estúpido y nadie me necesitaba. Chingaos, si a cada día que pasaba en la escuela yo era más y más estúpido. Iba a reprobar tercero de nuevo. Casi todos los estudiantes nuevos leían mejor que yo. Comencé a llorar. Tal como veía las cosas, lo más probable era que tuviera que seguir en tercero por el resto de mi vida. Sería un anciano con el cabello blanco y sin dientes y seguiría en tercero. Y los chamacos me dirían que eso me pasaba por ser mexicano, pues los mexicanos sólo servíamos para lavar platos o para trabajar la tierra como si fuéramos animales estúpidos.

Estaba solo en el patio mirando las estrellas cuando sucedió algo muy extraño. Vi que un pez dorado saltó de la fuente detrás de mí y juro que me sonrió.

Me reí y me enjugué las lágrimas. Recuerdo que cuando era pequeño, mi mamagrande me había arrullado para dormirme, al lado de la fuente de nuestra casa de Carlsbad y también había visto que un pez me sonreía.

"¿Cómo estás, mijito?" me preguntó mi papá. Acababa de salir de la casa.

"Bien, Papá," le dije mintiendo. Las lágrimas todavía me resbalaban por las mejillas.

Fumaba un puro. Mi mamá rezaba en el pequeño altar de la Virgen María y mi hermanita Linda rezaba con ella. Sentí pena de ella; una vez, mi mamá me hizo arrodillar y rezar con ella ante el altar rodeado de velas, y no me gustó para nada.

Mi papá movió cuidadosamente el puro entre sus labios y siguió fumando. Seguí mirando los peces que estaban en la fuente del patio. Me pregunté si dormían o si nadaban todo el día y toda la noche.

"Papá, ¿los peces duermen?" pregunté.

"¿Qué?"

"Que si los peces duermen. ¿Y si duermen, lo hacen en el fondo de la fuente?"

"No lo sé," dijo Papá. "Me imagino que sí. ¿Por qué no habrían de dormir?"

"Eso era lo que estaba pensando. Apuesto que también sueñan. Pero en la escuela nos dicen que sólo los humanos hemos evolucionado lo suficiente para dormir o pensar."

Y tras decir esto y sin saber por qué, mis ojos se llenaron de lágrimas.

"¿Qué te pasa, mijito?"

"No sé," dije, comprendiendo que mis padres tenían que preocuparse tanto por mi hermano Joseph que no quise que se preocuparan más. No, tenía que ser fuerte y mantener la calma. "No es nada."

"¿Es la escuela?"

Asentí.

"¿Qué sucede?"

"Es que mis compañeros y la maestra se están burlando de mí. El otro día dije que los animales sueñan y que también saben pensar, porque, Papá, tú y yo hemos visto a nuestros caballos moverse mientras duermen, y yo también los he visto pensar y tratar de resolver cosas como abrir una puerta o entrar al granero de los cereales. También he visto que los perros se mueven y lloran mientras duermen, como si tuvieran pesadillas." Yo no paraba de llorar. "Se la pasan burlándose de mí, Papá," añadí. "Especialmente cuando les he dicho, como tú me has contado, que hay algunos caballos que son tan inteligentes que pueden pensar mejor que muchas personas."

No le dije quién me había dicho "¡Claro, los caballos pueden pensar mejor que ustedes los mexicanos, porque ustedes son tan estúpidos que mira cómo reprobaste tercero!"

"¿Así que todavía no te va bien en la escuela?"

"No, Papá," dije secándome las lágrimas. "No estoy leyendo mejor que el año pasado."

Papá se metió las manos en las bolsas y se balanceó en los tacones de sus botas. Las botas de mi papá eran hermosas. Siempre las mandaba a hacer a la medida o decía que le pusieran la cremallera a un lado, porque tenía los pies tan gruesos que la mayoría no le calzaban.

"No sé qué decirte, mijito," dijo fumando. "Yo tampoco sé leer muy bien."

"Papá," dije, "¿acaso a veces no llegabas a casa tan borracho del billar en Carlsbad que trastabillabas y gritabas, y a mi mamá le daba tanto susto que se escondía con Joseph, Tencha y yo en el tendedero de ropa?"

"¿Quién te dijo eso?"

"Nadie, yo me acuerdo; las sábanas blancas aleteando al viento como pájaros tratando de volar."

"No sé," dijo Papá. "Pero me imagino que podría ser cierto. Algunas noches la situación era realmente difícil en el salón de billar. Una tienda de licores es un negocio mucho mejor. Las personas compran licor y se lo llevan a su casa. Si pelean es allá, pero no tratan de sacarle la mierda al encargado del bar."

"¿Y por qué vendes licor si causa tantos problemas?" pregunté. "Tal vez sea por eso que Mamá dice que Dios los está castigando a ustedes."

Papá respiró profundo. "Dios no está castigando a nadie," me dijo. "Somos nosotros, los seres humanos, los que nos castigamos unos a otros sin piedad y los que hemos estropeado este mundo tan maravilloso. Si los seres humanos nos fuéramos de este planeta, mijito, el mundo no tendría un solo problema. El licor no tiene nada de malo," agregó. "Está aquí en el corazón de cada uno, se lo transmitimos al alcohol y hacemos que todo sea espantoso. Recuerda el viejo dicho mexicano: en la primera mitad de la botella encontramos a Dios, y en la segunda mitad encontramos al Diablo."

"Ah," dije, "entonces, todos deberían botar las botellas después de beber la primera mitad."

Mi papá se rió. "No, sólo quiere decir que nada es bueno en grandes cantidades. Así que tal vez sea posible que yo llegara borracho luego de una noche difícil, en la que había disuelto muchas peleas. Lo que sucede es que en el barrio no había ninguna ley, sólo yo, y todos los chingados que habían tenido una discusión con su esposa o con su jefe trataban de desquitarse conmigo. Ser un policía, sobre todo si no tienes una placa ni la cárcel cerca de ti, es realmente el infierno. Con razón Archie me vendió tan barato ese lugar. Estaba cansado. Y yo también comencé a perder la paciencia después de diez años sin tener un día libre. Tal vez tu mamá tuviera razón en esconderse con ustedes. Debió parecerle como si la Revolución hubiera empezado de nuevo.

"¿Y por qué no saliste de ese lugar?" le pregunté.

"Porque, mijito, un hombre casado y con hijos nunca puede abandonar su trabajo. Un hombre casado y con hijos tiene que aceptar la realidad y trabajar todos los días. Esos son los héroes reales de la vida, los hombres que llevan el pan a casa. ¿Sabes qué significa ser un burro macho?"

"No," dije.

"Bueno, escucha entonces y presta atención, porque tal vez pueda ser lo más importante que aprendas para ser un hombre."

"Está bien."

"Verás, hace mucho tiempo, los caballos transportaban todas las mercancías en los valles y los burros lo hacían en las montañas. Y en esa época, en un día de viaje se recorrían de veinte a veinticinco millas, la misma distancia que hay de aquí a las misiones que construyeron los sacerdotes. Si la persona que lleva los burros llega al abrevadero al final del día y no encuentra agua ni comida, sus burros machos no desfallecen. No, estos animales fuertes y maravillosos meten la panza y se van al próximo pozo y recorren otras veinte o veinticinco millas sin arquear el lomo ni tratar de deshacerse de su carga. Pero los otros animales, los que no son burros machos, se niegan a seguir y arquean el lomo o tratan de deshacerse de su carga. O lo que es peor aún, comienzan a moverse y a retorcerse, y prefieren enfermarse y tenderse en el suelo antes que seguir. No es accidental que un trabajador se rompa una pierna o quiebre su pala. No, los accidentes suceden cuando los hombres no tienen los tanates para meter la panza y seguir con el corazón de un burro macho."

"He visto una y otra vez a muchos hombres que al final de una dura jornada de trabajo se sienten cansados, comienzan a quejarse, se impacientan y se rompen una pierna o quiebran su pala porque se han rendido de corazón, pero querían creer mentalmente que eran fuertes y tenían que trabajar hasta el fin. La mente es débil, mijito. Recuerda siempre esto: es en el corazón en donde los hombres son fuertes. ¿Te das cuenta ahora que el mayor elogio que un hombre le puede hacer a un trabajador es decirle burro macho? Un burro macho nunca se rinde ni pierde el control, no importa lo que pase."

Asentí. "Entiendo, Papá," dije. "Entonces, ¿el verdadero poder de un hombre proviene del corazón, al igual que las mujeres?"

"Exacto. ¡Creo que has entendido!"

"Está bien, me alegro de haber entendido, pero de todos modos, ¿no debería el hombre decidir muy bien en qué querrá trabajar con tanto esfuerzo?" pregunté. "Es decir, no será posible que... todas esas cosas malas que sucedieron en el salón de billar sean las cosas por las que mamá dijo que tal vez Dios estaba castigando a Joseph en vez de ti y..."

Mi papá EXPLOTÓ, gritando tan fuerte que casi me orino en los pantalones. "¡NO ESCUCHARÉ SEMEJANTE BASURA!" bramó.

"¡*Chavaboy* ESTARÁ BIEN! ¡No necesitamos que Dios nos castigue por NADA! ¿No entiendes? ¡Ya CUMPLIMOS CON LA MALDITA LABOR DE CASTIGARNOS A NOSOTROS MISMOS, sobre todo si somos buenas personas como tu mamá!"

"¡Chingaos! ¡La gente mala hace cosas horribles y monstruosas, y sin embargo viven felices hasta que están viejos! ¡Desde que fuimos expulsados del Paraíso, son los santos los que sufren, la gente buena como tu mamá a la que todo se le vuelve un problema!"

"¡Te digo que NO SABEMOS CÓMO CHINGAOS vivir con Dios! Mi mamá Margarita, que no era más que un costal de huesos indios, no se dejó engañar por esa gran mentira de la Iglesia. Desde que tengo memoria nos decía, 'vinieron a enseñarnos con un libro sagrado que sólo habla acerca de la vida que llevan las personas después de haber perdido la oportunidad de vivir en la Gracia de Dios. ¿Para qué escuchar eso?' nos decía. 'Yo quiero aprender de un libro que nos hable de los millones de años que las personas han vivido en las Gracias de Papito en el Jardín Sagrado. ¡Escuchar algo inferior a esto es un insulto a nuestras Almas Inmortales!'"

"Dios es amor, mijito, ¡NO VENGANZA!" me dijo mi papá con lágrimas en los ojos. "Escucha esto, mi mamá nos enseñó que Dios es amor, y Jesús dijo, 'Perdónalos porque no saben lo que hacen,' cuando lo estaban crucificando. ¡Pues bien, yo los perdono a todos, y antes que nada me perdono a mí mismo, pues así son las cosas y el resto es caca de un toro muy viejo y PENDEJO!"

Los ojos se me humedecieron de lágrimas. "¿Entonces Mamá no tendrá que dejarnos para irse al Cielo en vez de Joseph?"

Mi papá me miró durante un largo rato. "¿Eso es lo que has estado pensando?" me preguntó. Yo asentí y las lágrimas rodaron por mis mejillas. "No, mijito, tu mamá no va a dejarnos."

"¿De veras?"

"De veras."

"Qué bien, porque si alguien de nosotros tiene que irse, entonces... quisiera ser yo, Papá. Yo soy el único que no es inteligente."

"¡Ay, Dios mío!" me dijo mi papá tomándome entre sus brazos. "¿Era por eso que estabas llorando cuando llegué? ¡Maldita sea, las cosas que les metemos a los niños en la cabeza! Mi papá infló su pecho contra el mío. "Eres un hombrecito a las todas, bueno y valiente," dijo. "Yo te amo con todo mi corazón, mijito, y nadie te dejará solo. Todos vamos a estar juntos y todo va a salir bien. Somos una familia," añadió. "Recuerda siempre que nosotros somos una familia y que las familias siempre encuentran la forma de que las cosas funcionen, con el favor de Dios."

Y me abrazó con fuerza y yo lloré y luego me sentí mucho mejor. Había creído que mamá iba a abandonarnos y no quería que ella ni mi hermano nos abandonaran.

Esa noche soñé con Estrellas y que estaba en el Cielo con Papito Dios. Yo volaba por los Cielos, y cuando vi el Ojo Dorado, entré en él y me encontré con mi perro Sam y con mis dos mamagrandes. Sam vino y comenzó a lamerme la cara. Doña Guadalupe y Doña Margarita tenían bolsas con medicinas y me llevaron a través de los Cielos, me enseñaron a agarrar Estrellas y a echarlas en mi bolsa de medicinas.

Era tan fácil: todo lo que tenía que hacer era tomar una Estrella en mis manos, cualquier Estrella, y frotarla entre mis palmas hasta sentir su calor. Luego la olía, su olor era completamente dulce y la echaba en mi bolsa.

Muy pronto, mi bolsa resplandeció con todas las Estrellas que había recogido. ¡Era muy divertido! Cada estrella que tomaba era tan tibia, tan agradable y tan llena de Amor, así como mi papá me había dicho, que ¡Papito Dios era Amor!

CAPÍTULO **trece**

¡Mi papá tenía razón! ¡Nadie tendría que dejar a nuestra familia! ¡Las plegarias de Mamá habían sido atendidas! Mi hermano estaba mucho mejor. Se sentía tan fuerte que regresó a casa y comió menudo, que le recomendó un médico de Ciudad de México. Y después de una semana de comer menudo—una sopa de vísceras cocinada al estilo mexicano—Joseph ya quería montar a caballo.

Corrí al establo para decirle a Emilio que le ensillara el Duque de Medianoche a mi hermano. Joseph tenía un caballo muy hermoso, un alazán rojo llamado Ojos Azules, un cuarterón magnífico que manteníamos en la propiedad de Jimmy Williams en Escondido pero nunca montó en su caballo, pues prefería al Duque de Medianoche, que era castrado.

Yo ensillé a Caroline, mi vieja yegua. Mi hermano y yo salimos de los corrales y llegamos a la colina en dirección a la vía del tren. Tenía mucha emoción de estar con él, y le dije que nos fuéramos tierra adentro, hacia Crouch Street, donde hacía poco había visto una manada de venados. Pero mi hermano dijo que quería ir al otro lado, hacia el cañón al lado del mar.

"Quiero cabalgar por la playa," me dijo. "No sé por qué, pero he soñado cabalgar con Duque entre las olas. ¿Sabes cuál es el mejor camino para atravesar el pantano?" me preguntó.

"Claro," le dije, "el que tomo siempre."

"Entonces vete adelante," me dijo.

Le di vuelta a Caroline y comencé a cabalgar por el valle cruzando por la parte pantanosa de nuestro rancho grande hasta llegar al mar. Conocía cada palmo del pantanal, pero vi que mi hermano no sabía muy bien cómo maniobrar a través de los pequeños canales de agua y seguirme el paso. Además, tampoco era tan ágil ni rápido con su caballo como yo con el mío.

Escuchamos el sonido del mar en la distancia. Estábamos en una zona en que la vegetación del pantanal era tan densa, que cubría varios de los profundos canales cavados por el agua luego de un fuerte aguacero. Dejé de prestarle atención a mi hermano y comencé a mirar nuevos sitios en los que Shep y yo podríamos cazar. Últimamente, Shep me había enseñado a cazar patos y me encantaba hacerlo con él. De hecho, nos habíamos vuelto tan buenos cazadores de patos, que se estaban convirtiendo en mi plato preferido, cocinados con naranja y miel, así como lo preparaban en los restaurantes chinos. Mi hermano me llamó.

"¡Mundo!" me dijo. "¿Cómo hiciste para llegar hasta allá?"

Miré a mi hermano. Vi que no podía llegar adonde estaba yo, pues se encontraba a unas cincuenta yardas, en la parte interior del canal que yo había cruzado.

"¡No puedes llegar hasta acá!" le grité. "¡El agua es muy pantanosa y profunda! ¡Tienes que cruzar por donde lo hice yo!" continué gritándole.

"¿Por dónde?"

"Allá," le dije señalando.

Le dio vuelta al Duque de Medianoche y comenzó a remontar el valle. No hice nada para ayudarle, y me dediqué a observar la gran profusión de vida silvestre que había al oeste de nuestro rancho grande. Dios mío, nunca antes había visto todos esos pececitos en los canales que estaban cerca del mar. Me pregunté si los peces grandes llegarían con la marea y se los comerían.

"¿Cruzo por aquí?" me gritó mi hermano.

Me di vuelta y vi que José estaba frente a un juncal denso y sí, podía cruzar por ahí, pero por otra parte, también podía ser uno de esos abismos sin fondo cubiertos de vegetación.

"¡Sí! ¡Creo que sí!" le respondí con un grito.

Entonces vi al Duque de Medianoche juntar sus patas mientras mi hermano lo dirigía hacia el juncal. De inmediato, supe que me había equivocado y que era peligroso cruzar por allí. Duque también lo advirtió, y había juntado sus patas para saltar.

Mi hermano no pareció entender por qué su caballo hacía eso, y entonces le grité, "¡NO! ¡NO CRUCES POR AHÍ!" pero era demasiado tarde. Duque saltó como una gran pantera negra, tratando de hacer lo que le habían ordenado.

Mi hermano, que no esperaba semejante salto, fue a dar a la parte trasera de la montura. Palideció de dolor. No se había corrido hacia delante para ayudarle a saltar a su caballo, Duque no alcanzó a cruzar y sus patas traseras se hundieron en el agua empantanada.

Mi hermano luchó con todas sus fuerzas para permanecer en la montura. El caballo comenzó a chapucear y a resoplar, tratando de salir del pantano. Finalmente, Duque y mi hermano llegaron a tierra firme luego de un esfuerzo descomunal.

Todo sucedió en unos pocos segundos. Yo ya estaba al lado de mi hermano y noté que tenía los ojos llenos de lágrimas. Estaba tan adolorido que ni siquiera podía hablar.

"¡LO SIENTO!" dije. "¡OH, DIOS MÍO, LO SIENTO! ¡Te llevaré a casa!"

El regreso pareció una eternidad. Mi hermano no podía cabalgar su caballo, estaba muy adolorido, y tampoco quería que yo fuera a pedir ayuda, pues él desconocía el camino de regreso. ¡Me sentí como un estúpido! ¡Si tan sólo hubiera esperado a mi hermano y estado a su lado! ¡Había sido un imbécil y un egoísta!

Tan pronto llegamos a casa se acostó y llamaron al doctor Pace. Y cuando llegó, le preguntó qué le había sucedido.

"Te dije que no hicieras mucha fuerza," añadió.

"No tuvo la culpa," le dije al médico. "Yo era el que conocía el camino."

"No es culpa de nadie," dijo mi hermano. Mi caballo quedó atrapado en el pantano y comenzó a patalear. Lo único que pude hacer fue tratar de mantenerme sobre el caballo," dijo, esforzándose en reír como un vaquero de verdad.

El doctor Pace, que se había criado en un rancho de Arizona, sonrió y siguió examinándolo. "Si el dolor no desaparece mañana, tendremos que internarte en el hospital."

Salí de la habitación. Me sentía pésimo y esa noche mi mamá no tuvo que decirme que orara con ella en el altar. Yo sabía muy bien que mi hermano se había enfermado de nuevo por mi culpa. Recé y recé aquella noche como nunca antes, pero de nada sirvió. Al día siguiente mi hermano seguía tan adolorido que tuvieron que llevarlo al hospital. Y en la escuela andaba tan distraído que me era difícil escuchar lo que decía la maestra.

Era una maestra suplente. Nos dijeron que la nuestra estaba enferma. Miró su lista al final de la tarde y me dijo que leyera. No la oí de tan ocupado que estaba dibujando estrellas.

"Jovencito," me dijo, mientras se dirigía hacia mí. "Veo que no has leído desde hace un tiempo. Me gustaría que te pusieras de pie y leyeras."

Miré alrededor. Todos me observaban. El corazón comenzó a latirme a un millón por hora. "No," dije después de un momento.

"¿Me estás diciendo que no?" dijo, comenzando a respirar agitadamente.

"Sí, le he dicho que no," contesté.

"Bueno, ya lo veremos," me dijo agarrándome de la oreja para pararme de la silla. "¡Tienes que ponerte de pie y leer cuando te llame!"

Algunos compañeros empezaron a reírse y otros a silbar. Era fuerte; me levantó de mi silla a pesar de que me aferré al pupitre con todas mis fuerzas. Luego me puso el libro en las manos y lo abrió. "¡Lee!" me ordenó.

Comencé a llorar y todos los compañeros me miraron. No lograba entender las palabras que estaban en la página y que parecían saltar y cambiar de sitio. Me golpeó en la frente.

"¡Presta atención y comienza a leer!" repitió.

No era capaz de leer, y no sé por qué, pero sentí que no soportaría que me golpeara de nuevo. Lancé el libro al suelo, le agarré la mano y la mordí tan duro como pude.

¡Ella gritó del dolor! ¡Me alegré tanto! Salí disparado de clase tan velozmente como pude. ¡Iba a subirme a mi bicicleta para ir a casa y nunca más regresaría a la escuela! Tomaría la .38 especial de mi papá y mi rifle de aire, me montaría en mi caballo y esta vez me escaparía.

Pero no alcancé a llegar debajo del molle, en donde estaba mi bicicleta. El maestro del patio era muy grande, me sujetó los brazos detrás de la espalda y me llevó a la oficina del director. Allí estaba la maestra agarrándose la mano y diciéndole que la había mordido como un animal con rabia. Yo entendí otra cosa y comencé a reírme, pero el director y el maestro del patio se molestaron conmigo, me agarraron de los brazos y la maestra me abofeteó una y otra vez y me insultó. Aunque me salían lágrimas de los ojos, juro que no estaba llorando por dentro. No, asumí mi castigo como Ramón... y sí, como también lo había hecho Jesús, sin decir una sola palabra.

Llegué a casa sin saber qué hacer. Aún sentía deseos de escapar. Pero otra parte de mí era partidaria de tomar la pistola .38 de mi papá y un par de cartuchos de dinamita, regresar a la escuela y dispararles a todos los compañeros que se habían burlado de mí, y luego volar en pedazos al maldito director y a la maestra suplente, pero especialmente al maestro del patio que casi me había roto los brazos. Pero antes de decidir lo que haría, si escapar o regresar a la escuela, mis padres me dijeron que me subiera al coche, que iríamos al centro de Oceanside a pedirle al sacerdote que dijera algunas misas por mi hermano.

Entrar a la iglesia la Estrella del Mar de Santa María fue realmente extraño. Nunca antes había estado en una iglesia, a no ser los domingos, cuando se llenaba de centenares de personas. Al entrar metí mis dedos en la pileta de agua bendita, me persigné como me habían enseñado y seguí con mis padres hacia el ábside a través del pasillo. Siempre me habían dicho que el pasillo central era sólo para bodas, entierros o para otras ceremonias.

Un sacerdote alto nos esperaba al lado de un cuadro de la Santa Virgen. Saludó a mi papá y a mi mamá por sus nombres, les sugirió que mi hermanita y yo nos quedáramos allí y que mis papás fueran a hablar con él en un salón que había al fondo. Mi mamá nos preguntó si estaríamos bien. Mi hermanita y yo le dijimos que sí, nos sentamos en uno de los bancos de la iglesia y vimos a mis padres alejarse en compañía del sacerdote.

La iglesia era fría, un poco oscura y tenía un olor agradable aunque extraño. Miré alrededor y vi que era muy alta, grande y hermosa. Cuando íbamos a misa los domingos, no nos dejaban mirar siquiera a nuestro alrededor. No, teníamos que mantener nuestros ojos en el sacerdote y fingir que realmente estábamos prestando atención a todo lo que decía. ¡Era tan aburrido!

Pero esta vez miré a mi alrededor y vi que la luz solar se colaba por entre las ventanas, formando extensos rayos de luz dorada dentro de la iglesia. Los rayos eran tan hermosos, que me recordaban la luz que había visto emanar del Ojo Dorado con el que había soñado cuando estuve viajando a través de los Cielos. Permanecí sentado en aquel banco con mi hermanita y el silencio irradiaba tanta paz que súbitamente comencé a sentir otra vez el zumbido detrás de mi oído.

Sonreí. Tal vez Papito Dios todavía me quería. Tal vez Dios no me había abandonado a pesar de lo que yo le había hecho a mi hermano. Se me llenaron los ojos de lágrimas. Tal vez mi papá tuviera razón y Dios no quisiera vengarse ni castigarnos. Tal vez Papito Dios realmente era Amor, y el problema éramos nosotros, que habíamos estado castigándonos y peleando unos con otros desde que habíamos sido expulsados del Jardín.

Miré a mi hermanita y vi que se había acostado en el banco y se había quedado dormida. Permanecí sentado, mirando la iglesia alta e imponente, los rayos maravillosos, los magníficos vitrales, y el zumbido detrás de mi oído se hizo cada vez mayor.

Me sequé las lágrimas y me alegré de no haber ido a la escuela a matar personas. A fin de cuentas, un hombre bueno siempre se comía lo que mataba, y yo no habría podido cocinar ni comerme a tantos chamacos, al director y a la maestra suplente. Me reí. Era realmente divertido. Hubiera tenido que cavar un gran hueco y hacer una hoguera inmensa para asar a todas esas personas.

Reía y miraba a mi alrededor, cuando de un momento a otro vi una gran cantidad estrellas en la iglesia, en la madera, en los cuadros, en los vitrales e incluso en el altar, en la ropa de Jesús, María y José. En todas partes había estrellas y todas sonreían.

Inmediatamente sentí en mi corazón que Dios me había perdonado. "Gracias, Papito," le dije, dándome la bendición. "Muchas gracias."

Creo que debí quedarme dormido, porque cuando mis padres nos despertaron a mi hermanita y a mí ¡llevaba un buen tiempo riéndome y bailando con las Estrellas, en compañía de Sam y de mis dos mamagrandes!

Salimos de la iglesia y mis padres decidieron ir a un restaurante chino. Fuimos en el coche una cuadra hacia el oeste y media hacia el sur, al lado del cine. Archie y nuestra tía Tota se encontraron con nosotros en el restaurante. Archie era ruidoso y alegre, y les dijo a mis padres que todo saldría bien, que no se preocuparan, que Joseph se iba a mejorar, que él y George López habían ido a donar sangre al hospital Scripps. Al escuchar esto, vi que mi papá y mi mamá se sintieron mucho mejor, hasta que nuestra tía Tota abrió la boca y dijo, "Por eso es que no he tenido hijos. No soporto el sufrimiento que han tenido que padecer mis hermanas, primero al dar a luz y luego cuando se ha muerto alguno de sus hijos."

"¡Nuestro hijo no se va a morir!" dijo mi papá levantándose de su asiento.

"Salvador," le dijo mi mamá, agarrándolo. "Ella no quiso decir eso. Ya sabes cómo habla Carlota."

"No es sólo hablar," dijo nuestra tía. "Es..."

"Mira, cómete este camarón," dijo Archie, embutiéndole un camarón grande en la boca a mi tía, con caparazón y todo."

"¡Archie!" gritó jadeando. "¡Sabes muy bien que odio el pescado!"

Mi papá comenzó a reírse.

"El camarón no es pescado," dijo Archie. "¡Cómetelo y cállate!"

"¡Sabe horrible! ¡Peor que la langosta!" gritó mi tía.

"¡Cómete otro!" le dijo Archie, listo para zamparle otro camarón en la boca.

"¡No me metas esas cosas a la boca!" gritó mi tía.

Mi papá, que seguía riéndose y ya se sentía mucho mejor, se estiró para agarrar el arroz que yo había guardado para lo último.

"¡NO!" grité a todo pulmón. "¡Ese es mi postre!"

Todos los que estaban en el restaurante nos miraron. Mi papá había soltado mi plato de arroz y tenía un aire sumiso. "Creí que no lo querías," dijo.

"Es mi plato favorito," dije. "¡Por eso lo estaba dejando para el final!"

"Definitivamente este chamaco es extraño," dijo Archie. "Siempre me como lo que más me gusta al comienzo, ¿verdad, cariño mío?" le dijo a nuestra tía Tota, pellizcándola.

Ya estaba oscuro cuando salimos del restaurante. Todos estábamos muy contentos. Mi papá no paraba de reírse. "¿Vieron cómo me miraron todos cuando gritó porque iba a comerme su arroz?" comentó. "Apuesto a que dijeron, miren a ese viejo descarado, robándole la comida a ese chamaquito."

"Sí," dijo Archie, "ha sido un pendenciero desde que nació. Nunca me olvidaré cuando se te orinó encima, ¡y eso que todavía estaba en pañales!"

Yo había escuchado esa historia desde que tenía memoria. Había sucedido en el barrio de Carlos Malo, cuando mi papá estaba construyéndole una perrera a Sam. Agarré el martillo y comencé a clavar las láminas, pues quería ayudarle. Mi papá no encontraba su martillo, y cuando me vio al otro lado del jardín con el martillo en mis manos, me dijo 'cerotito', atravesó el jardín, me lo quitó y me dio un golpecito muy suave en el trasero.

Recuerdo muy bien que me dio mucha rabia, le arrebaté el martillo y le dije tan fuerte como pude en español: "¡cerote!" "Al papá no se le habla así," me dijo y me pegó duro.

Lo aceché y lo perseguí toda la tarde, así como nuestro gato acechaba ratones. Y cuando se fue a hacer la siesta antes de comenzar su segundo turno en el salón de billar, entré, me subí a la mesa, me bajé los pañales y me oriné encima de él, y la boca se le llenó de orines, pues estaba roncando y la tenía abierta. Se sentó a toser y a escupir, y yo salí por la puerta trasera y me escondí debajo de la casa con mi perro Sam.

Y a pesar de todo lo que mi papá me gritó para que saliera, pues quería azotarme, me negué a hacerlo. Se fue a trabajar al billar y le dijo a todos que yo me le había orinado encima. Me convertí en la sensación del barrio, pues era la única persona que se había orinado en Salvador y salido con la suya.

Esa misma noche, el tío Archie vino desde Oceanside para averiguar si la historia era cierta. Mi papá me sacó de la cama, donde estaba durmiendo con mi mamá. Me llevó al salón de billar y me subió a la barra para mostrarles a todos cómo me había orinado encima de él. Yo me resistí, pues me sentía avergonzado, pero mi papá me bajó los pantalones, exponiéndome a la vista de todos, cosa que me dio mucho coraje, y entonces me volví a orinar sobre él. Mi papá se puso furioso y quiso darme una buena zurra, pero Archie lo apartó y le dijo que eso era lo mejor que había visto en su vida, ¡porque la verdad era que no había un hombre en la Tierra que soñara con poder orinarse sobre él!

Esa noche en el salón de billar, mi Tío Archie me abrazó con fuerza, se rió un largo rato, me dio un dólar de plata –que todavía conservo— y le dijo a mi papá que lo golpearía en el trasero si llegaba a saber que me había puesto la mano encima por haberme orinado en él.

Y aquella noche, a la salida del restaurante, vi al Tío Archie tomar a mi papá en sus brazos enormes y darle un fuerte abrazo, pecho a pecho.

"Hemos pasado por tantas cosas, amigo," le dijo Archie a mi papá. "Libertad condicional, cárcel, balas, y también pasaremos esta prueba. Mira, tengo una idea," añadió Archie. "¿Por qué no nos vamos Lupe, Carlota, tú y yo para Las Vegas? Veremos algunos espectáculos y jugaremos un poco. Chingaos, si has hecho todo lo que has podido. Fuiste donde el sacerdote, le pagaste varias misas a nombre de Joseph, y George y yo ya donamos la sangre que necesita. Vamos, Lupe y tú necesitan salir de aquí y respirar otros aires."

"Tal vez tengas razón," dijo mi papá, "también iremos con George y con Vera."

"¿Y quién pagará?" preguntó Archie.

"Pues, yo, chingaos," dijo mi papá. "Archie, el mayor problema de mi vida ha sido conseguir suficiente dinero para comer y para mantener alejados a los lobos. Ahora Lupe y yo tenemos más dinero del que necesitamos y todavía tengo problemas, y quizá el más difícil de todos sea Joseph. ¡Es un chavo a las todas, tan bueno, tan decente, y saber que está sufriendo tanto!"

Mi papá comenzó a derramar lágrimas. "Sí," dijo el Tío Archie, salimos de una cacerola de problemas para meternos en otra más caliente todavía."

Nuestros padres salieron para Las Vegas y menos de una hora después, mi hermana Tencha y sus amigas organizaron una gran fiesta en casa. Pero como mis padres no les habían dado permiso, tuvieron que pedirnos a todos que no dijéramos nada. Mi hermano Joseph estaba en casa, y la transfusión de sangre que había recibido parecía haberle sentado bien. Chemo, nuestro primo grande y guapo que tenía más o menos la edad de mi hermana Tencha, estaba de visita. Era el hijo de nuestra tía María, la hermana mayor de Mamá y de tía Tota. Chemo ya estaba en los últimos años de secundaria y era una estrella futbolística. Le dijo a mi hermana que invitaría amigos si ella invitaba amigas. Mi hermano Joseph no dijo nada y permaneció recostado en una silla del patio delantero, descansando como le había ordenado el médico.

Cuando me llegó el turno de jurar que guardaría el secreto y me pidieron que no les contara nada a nuestros padres, dije, "claro, pero cada uno tendrá que darme cincuenta centavos."

"¡Cincuenta centavos cada uno!" protestó Virginia, una amiga de mi hermana. "Eso es chantaje. ¿Dónde aprendiste eso?"

"Con Chemo," dije.

"¿Chemo te enseñó a chantajear?" me preguntaron todos, mirando a nuestro primo tan guapo.

"Sí," contesté. "Él me dio un dólar para que yo no le dijera a nadie que lo había visto en el granero con..."

"¡Ya basta!" dijo mi primo, riéndose y agarrándome. "Sólo está bromeando."

"No," dije. "¿No te acuerdas que me pagaste para que no le dijera a nadie que te había visto en el granero con..."

Mi primo me cerró la boca de inmediato y les sonrió a mi hermana y a sus amigas. Todas lo miraban.

"¿Con quién estabas en el granero?" le preguntó Joan, otra amiga de mi hermana Tencha. Era evidente que a ella le encantaba Chemo, por la forma en que le sonreía.

"Con nadie," dijo Chemo, sonrojándose por completo. "Este chamaco está bromeando, ¿entienden? ¡Bromeando!"

Pero nadie se rió, y todas seguían mirándolo.

"Está bien," dije, retirándole la mano de mi boca, "si no se apuran a pagarme, les cobraré un dólar a cada uno."

"Mira," me dijo Chemo, llevándome a un lado y hablándome en voz baja, "te di ese pinche dólar para que te quedaras callado, pero no te podemos pagar por todo lo que queramos hacer. El chantaje no es ninguna broma, Mundo. Es algo horrible, especialmente cuando se lo haces a un familiar."

"Pero, ¿por qué, Chemo? A mí me parece padrísimo. Si ustedes quieren hacer una fiesta, pues háganla. Yo por mi parte quiero unos pocos dólares para comprarme una caja de helado de fresa y un nuevo juego de arco y flechas. El mío ya está viejo y averiado, y yo ya soy grande."

"Mira, no te vamos a pagar un solo centavo," dijo Chemo, "¡Eso es todo!" añadió en tono fuerte.

Estábamos en el patio de atrás, al lado de la cascada con los helechos y las flores. Los pájaros del aviario cantaban. Hacía un día hermoso. Mi hermano Joseph se veía mucho mejor, pero no parecía importarle nada referente a la fiesta. Mi primo Chemo y mi hermana Tencha eran los que querían hacerla. En aquella época, la escuela secundaria de Oceanside recibía estudiantes de Carlsbad, Vista, Bonsall y de San Clemente, de tal manera que en ese entonces Oceanside era el centro para todos los adolescentes del Condado Norte de San Diego. Además, Tencha y sus amigas querían hacer la fiesta a toda costa, pues Chemo era un futbolista muy famoso y sumamente apuesto. Yo los tenía entre la espada y la pared.

"Está bien, no me paguen," les dije. "Pero les contaré a Papá y a Mamá sobre la fiesta tan pronto regresen de Las Vegas."

"¡Te arrojaré al bote de la basura y te lanzaré al mar junto con la basura de la ciudad!" gritó furioso Chemo.

"Oye, tú no vas a arrojar a mi hermano a ningún bote," dijo mi hermana Tencha, parándose frente a Chemo.

"Pero Tencha, ¡no está bien que trate de conseguir dinero a costa de nosotros!"

"¿Y por qué no?" dije. "Ustedes están tratando de ocultar algo, y Papá siempre dice que donde hay miedo se puede hacer dinero."

"¡Pero no de la bolsa de tu propia familia!" insistió Chemo.

"Está bien," dije, "entonces sólo les cobraré veinticinco centavos a cada uno, lo que vale una flecha."

Mi hermano Joseph, que estaba sentado a un lado, guardó silencio y sólo miraba. Finalmente llegamos a un acuerdo y esa tarde, todos los asistentes a la fiesta depositaron una moneda de veinticinco centavos en la pequeña cesta que yo había puesto sobre la mesa del patio delantero. Si alguien no pagaba, inmediatamente se lo comentaba a mi hermana Tencha y ella y sus amigas le decían que pagara si quería quedarse, pues de lo contrario tendría que irse. ¡A mí eso me parecía de poca madre! Me estaba volviendo rico, como la iglesia de Oceanside con aquellos techos altos y hermosos, en donde recogían dinero los domingos y vendían misas durante la semana.

Cuando vi llegar a la güera—la que había estado con Chemo en el granero—me comporté como si no la conociera para que no pasara vergüenzas, y sólo le pedí los veinticinco centavos.

"¿Es el impuesto de la casa?" preguntó con sarcasmo.

Esa definición me gustó mucho más que "chantaje", y le dije, "Sí, es el impuesto de la casa para la fiesta."

Me pagó y cruzó el patio hacia donde estaba Chemo. Comprendí por qué nuestro primo tenía tanta vergüenza de que supieran qué era lo que habían hecho en el granero. Ella no era grande ni parecía fuerte, y sin embargo, cuando me subí a la escalera y miré, vi que estaba encima de Chemo. Los dos parecían estar muy adoloridos, pero ella había logrado mantenerlo debajo y lo había montado como un vaquero montaba un bronco corcoveando.

Esa noche, durante la fiesta, me subí con mi helado de fresa a un árbol de duraznos que había afuera. Nunca me había comido una caja entera, pues mis padres sólo me permitían comer una porción. Me encantaba el chantaje, es decir, los impuestos, pues con mi propio dinero podía comprar lo que quisiera y cuando quisiera. Y lo mejor de todo era que como todavía era chamaco y apenas comenzaba, quién sabe hasta dónde llegaría al cabo de unas pocas semanas si me mantenía alerta y aprendía todo lo que pudiera acerca de los chantajes, es decir, de los impuestos.

Estaba comiéndome el helado de fresa en el árbol de duraznos y observando lo que sucedía en la fiesta. Veintiséis personas me habían pagado y comprobé que desde lo alto del árbol podía ver a todas las personas que llegaran a la fiesta y bajar a cobrarles.

La fiesta se estaba animando y yo la estaba pasando de maravilla, recostado en la rama del árbol, comiendo helado, cuando de repente me sentí mareado. Solté la caja y me caí del árbol como las ardillas que Shep hacía caer de los postes.

Lloraba cuando recobré el sentido, y mi hermana Tencha trataba de ayudarme. Sin embargo, nuestro primo Chemo y su amiga güera no trataron de ayudarme. No, se rieron y dijeron que me lo merecía por ser un puerco ambicioso.

No sé, pero sentí tanto coraje que dejé de llorar. No me importaba si tenía el cuerpo magullado o no, y les grité, "¡NO SE RÍAN DE MÍ! ¿Me entienden? Si vuelven a reírse, ¡LES CONTARÉ a todos!"

"¡MOCOSO DE MIERDA!" me gritó Chemo. "¡Hicimos un trato! ¡Te romperé el cuello!"

La música se detuvo. Mi hermano Joseph se acercó. "No le romperás el cuello a nadie, Chemo," dijo en un tono suave y calmado pero firme.

"Joseph tiene razón" dijo Tencha, haciéndose a un lado de mi hermano para protegerme. "No está bien que hables así, y tú bien lo sabes, Chemo. ¡Somos familia!"

"¡Claro, y él sí hace lo que se le da la gana!" gritó Chemo.

"No," dijo mi hermano, "sólo está pidiéndole veinticinco centavos a cada uno, y eso es poco para hacer una fiesta en paz."

"Decir eso es muy fácil," dijo Chemo, temblando.

Y entonces me di cuenta. Pude percibir el olor que emanaba de mi primo. Chemo estaba completamente asustado de que alguien descubriera lo que él y la güera habían hecho en el establo. Era tan grande, tan fuerte y tan valiente en la cancha de fútbol: derribaba a los rivales a izquierda y derecha cuando tenía la bola, y sin embargo, ese era el miedo que yo le había percibido todo el día. Parecía completamente asustado de que la gente se enterara que una chava hubiera estado sobre él, y no que él estuviera encima de ella.

"Chemo," le susurré, "nunca le diré a nadie que estabas debajo de ella."

"¿Qué?" dijo Chemo.

"Ya sabes, en el granero, cuando te derrotó."

Chemo comenzó a reírse. "¿Así que eso fue lo que viste?"

"Sí, pero no le diré a nadie que perdiste."

"Está bien," dijo. "¡Gracias! ¡Fantástico!"

La música comenzó a sonar de nuevo y todos regresaron a la fiesta. Mi primo Chemo parecía feliz. Pensé que él no sabía que las mujeres eran diez veces más fuertes que los hombres y que era apenas natural que ganaran.

Miré al suelo, vi mi caja de helado arrugada y empapada y me di cuenta que la había perdido. Todo el trabajo que había pasado para conseguir medio litro de helado, y terminé comiendo tan sólo una cucharada grande.

Tenía miedo. Íbamos muy rápido. Un día después de la fiesta, iba con mi primo Chemo y con mi hermana Tencha en el coche de los padres de Joan. Ellos tres iban adelante y yo atrás. Chemo conducía y giramos a la derecha por California Street. Estábamos descendiendo por una carretera llena de curvas que conducía a la laguna de patos entre Oceanside y Carlsbad. Se reían y se divertían en grande.

"Despacio," dije. "¡Vas muy rápido!"

"Cállate, pendejito," me gritó Chemo. "¡Sé cómo conducir!"

Normalmente, a mí no me daba miedo cuando alguien conducía rápido. De hecho me gustaba y me parecía divertido, pero esta vez era diferente y sabía que nos sucedería algo terrible si no lográbamos que nuestro primo Chemo disminuyera la velocidad.

"Chemo," le dije, "por favor, ¡no estoy bromeando! ¡Tienes que disminuir la velocidad!"

"¡Qué chingaos!" dijo y aceleró aún más.

Inmediatamente vi un enorme camión rojo que subía por la colina con un inmenso cargamento de madera y que ocupaba casi toda la carretera, que era pequeña y empinada.

"¡BUENO, CHEMO!" le grité. "¡Esta es tu última oportunidad! ¡Te juro que si no me obedeces ahora mismo, abriré la puerta, saltaré y todos ustedes se morirán tras chocarse en la próxima curva con un camión grande y rojo!"

"No hay problema," dijo Chemo riéndose. "¡Salta! No veo ningún camión, ni rojo ni verde ni púrpura," dijo negándose a disminuir la velocidad.

¿Qué otra cosa podía hacer? ¿Abrir mi bocota para que él se hiciera el macho? Pude ver con mi ojo mental al camión grande avanzar por la colina. Eso lo vi con mucha claridad dentro de mi cabeza. El conductor del camión llevaba un sombrero de vaquero viejo y raído y trataba de encender un cigarrillo mientras conducía, y cuando levantó la cara, lo reconocí. Era Bert Lawrence, el herrador de nuestros caballos. Era un hombre grande y apuesto, y estaba casado con Jackie, la mujer más hermosa en todo Oceanside al lado de mi mamá Lupe, y de Vera, la esposa de George López.

Agarré la manija de la puerta y cuando sentí que Chemo desaceleró un poco mientras tomaba una curva, abrí la puerta y salté del coche.

¡Me fui aproximando a la carretera con la velocidad de un rayo, me golpeé contra la gravilla soltando un grito de dolor, y me fui rodando hasta una zanja llena de piedras a un lado de la carretera!

¡Tencha GRITÓ!

¡Chemo FRENÓ!

¡El camión rojo DIO UN VOLANTAZO!

La amiga de Tencha se puso completamente histérica y el coche de sus padres escapó por un pelo de chocarse con el camión.

Vi pasar todo como en un sueño lento, mientras me golpeé y sentí mi cara y mi hombro derecho raspados por la gravilla.

¡Me golpeé la cabeza contra una de las rocas de la zanja y me diluí!

¡Dejé de estar ahí!

Estaba muerto.

Rodeado de estrellas. Eran unas estrellas hermosas.

Después, me di cuenta de que no sólo estaba muerto; también estaba fuera de mi cuerpo, elevado a unos doce pies. Vi mi propio cuerpo rodar por la carretera y mi cabeza golpearse contra la roca.

Desde arriba, vi a mi hermana Tencha salir del coche después de que Chemo frenara en seco, lanzando una verdadera lluvia de gravilla. Ella gritaba y me llamaba a mí, que era su "Shrimpito".

Tencha era la única que me decía así. "DIOS MÍO, POR FAVOR," gritó mientras subía por la carretera. "¡NO LO DEJES MORIR!"

Yo disfrutaba viéndolo todo desde arriba. Nunca había notado que las carreteras y las calles se vieran tan anchas y uniformes desde arriba.

"¡Mataré a ese mocoso si no está muerto!" gritó Chemo cuando se bajó del coche completamente furioso.

"¡Ya basta!" le gritó Tencha a Chemo. "¡Él tenía razón! ¡Ibas muy rápido! ¡Si no hubiera sido por que saltó y te viste obligado a frenar, ese camión nos hubiera matado a todos!"

"¡Mentiras! ¡Yo sé conducir!"

"Pero, ¿cómo hizo para ver el camión rojo?" preguntó Joan.

Al escuchar esta pregunta vi todo con mucha claridad. Incluso cuando estaba vivo, yo no sólo había estado en el asiento trasero del coche mientras íbamos rápido por la carretera de gravilla. No, yo también estaba fuera de mi cuerpo—arriba—viéndome a mí y a todo lo que había abajo, como lo estaba haciendo ahora.

Me reí y vi a mi hermana Tencha, a Chemo y a Joan subir corriendo por la colina empinada, pero me pareció como si fueran en cámara lenta, y luego llegaron a la zanja donde estaba mi cuerpo recostado contra las rocas.

"¡SHRIMPITO!" gritó Tencha.

"¡AY, DIOS MÍO!" gritó Chemo. "¡Imbécil! ¡Creí que estaba bromeando! ¡Nadie es tan estúpido como para saltar desde un coche en marcha!"

Me di cuenta que Chemo también me quería, sólo que estaba confundido y asustado.

"¿Está muerto?" preguntó Joan.

Al oír su pregunta, comprendí que ésa era mi elección. Yo podía hacer lo uno o lo otro. Podría estar vivo o muerto. En realidad, vivir o morir dependía de nosotros mismos.

Respiré profundo. No supe qué camino tomar. Una parte de mí quería estar muerto, arriba de todo y de todos, pero también me di cuenta lo mucho que mi muerte le dolía a mi hermana Tencha, que me quería tanto.

"Quiero vivir," le dije a mi Otro Yo, y al decir esto, regresé a mi cuerpo de inmediato. Sentí un dolor terrible y comencé a llorar.

"¡Ay, mi Shrimpito!" me dijo mi hermana Tencha. "¿Estás bien?"

"No sé," dije llorando. "Tengo el brazo torcido y siento que lo tengo roto."

"¡Eso espero!" dijo Chemo. Parecía tan enojado que creí que iba a llorar, pero en vez de eso siguió gritando. "¡Imbécil! ¡No estaba hablando en serio cuando te dije que saltaras!"

"¡Ya basta!" gritó Tencha. "¡No sé qué te pasa con mi hermanito, Chemo, pero no sigas más!"

"Gracias a Dios está vivo," dijo Joan.

"Vamos, Shrimpito, subamos al coche y regresemos a casa," dijo mi hermana Tencha, ayudándome a levantarme.

"No, regresaré caminando," dije cuando me levanté. "No quiero morirme otra vez."

"No te vas a morir," me dijo mi hermana. "Chemo va a conducir muy despacio de ahora en adelante, ¿verdad, Chemo?"

Me di vuelta y miré a mi primo. Todavía estaba enojado. "No," dijo, "¡conduciré como siempre lo hago! ¡No voy a permitir que un chamaquito me dé órdenes!"

"Mira," le dije, "hagan lo que quieran pero yo regresaré caminando."

Pero cuando me di vuelta, comprendí que no sabía qué camino tomar. Sentía unas punzadas ardientes en la cabeza y estaba completamente confundido. Cerré los ojos y recobré el sentido. Comprendí que podía regresar si subía por la colina hasta California Street, o si bajaba la colina hasta Vista Way y seguía por la laguna. Podía regresar a casa por cualquiera de estas dos rutas, pero no pude mover mis piernas cuando traté de caminar.

"¡Mírate! ¡Ni siquiera puedes caminar!" me dijo mi hermana.

"Sí puedo," le contesté. Sin embargo, comprendí que mis rodillas no me responderían si decidía subir la colina a pie. Creo que también me las había golpeado contra las piedras. Comencé a bajar por la colina hacia Vista Way, pero tenía tanto dolor que tambaleaba de un lado al otro.

"¡Shrimpito!" me llamó mi hermana.

Yo la ignoré, tenía que hacerlo. Veía la carretera borrosa. Sentí lágrimas resbalando por mis mejillas, pero cuando fui a secármelas, vi sangre en mis manos. Comencé a temblar y a sentir mucho frío, pero sabía que no podía sucumbir al dolor.

Seguí bajando la colina con lágrimas y sangre resbalando por mis mejillas. Iba caminando y sin saber por qué, me caí al suelo.

Inmediatamente mi hermana llegó corriendo. "¡Chemo!" gritó, tomándome en sus brazos. "¡Se acabó! ¡Joan conducirá si no aceptas conducir realmente despacio!"

"¡Está bien! ¡Está bien! ¡Haremos lo que diga el reycito!"

Yo estaba de nuevo sobre mí, pero ya no estaba muerto. No, estaba vivo y me vi abajo mientras mi hermana Tencha me ponía en el asiento trasero del coche y se sentaba a mi lado.

Tencha me acarició la cabeza durante el camino de regreso. Me sentí feliz de haber decidido regresar para vivir. Fue ahí cuando me di cuenta que no íbamos solos en el coche. No, Jesús también iba con nosotros, así como me acompañó aquella vez que caminé por el corredor largo y oscuro para confrontar a la Rana gigante. Sonreí, le agradecí y me quedé dormido.

CAPÍTULO catorce

Llegamos a casa y Chemo le dijo a mi hermano Joseph que yo estaba loco, que había saltado del coche porque él no me había obedecido y disminuido la velocidad.

"¡Yo sabía lo que hacía!" gritó Chemo. Estaba tan alterado que poco le faltaba para llorar. Siguió gritando. "¡Tienes que hablar con él! ¡Se cree el rey, y que todos tienen que obedecerle! ¿Quién diablos se cree que es? ¡Prefiere morirse si las cosas no se hacen a su manera! ¡Está loco, le falta un tornillo, José!"

Joseph escuchó atentamente y luego me llamó. Sentí que me había metido en un lío. "Necesitamos limpiarte las heridas," me dijo mi hermano cuando entramos a la casa.

Mi hermana Tencha y Joan me lavaron la sangre, el polvo y la mugre que tenía en la cara. Sentí un dolor infernal cuando me sacaron los jirones de mi camiseta. Tuvieron mucho cuidado en limpiarme toda la mugre y la suciedad de mi espalda, hombros y cabeza. Chemo y mi hermano me miraron durante todo ese tiempo. Joseph tenía su pijama y su bata marrón oscura.

Finalmente, Tencha y su amiga Joan terminaron de limpiarme. Mi hermano les preguntó si podía platicar un momento conmigo. Nos sentamos frente a frente en la mesa de la cocina. Chemo, Tencha y Joan se retiraron.

"Dime, ¿realmente quisiste saltar o fue un accidente?"

"No," respondí, "no hubo ningún accidente. Yo quise saltar."

"¿De un coche en marcha?"

"Sí," dije, sintiéndome como Superman, "de un coche en marcha."

"Mundo, ¿te das cuenta que pudiste haber muerto?"

"Sí," dije. "Creo que lo estuve por un momento."

"¿Qué?"

"Creo que me morí," dije.

"¿Qué te moriste?" replicó.

"Sí, por un momento."

"¿Y por qué crees eso?"

Me encogí de hombros. "No sé, pero era como si no estuviera en mi cuerpo. Era más bien como si estuviera arriba de mi cuerpo mirando hacia abajo. Creo que hasta llegué a ver mi propio cuerpo estrellarse contra la gravilla y rodar hacia la zanja."

Al escuchar esto, mi hermano asintió y me miró sin decirme nada. Tampoco dije nada y lo observé. Nunca antes había notado que las pestañas de Joseph eran tan largas y pobladas como las de mi papá; se entrecerraban como mariposas sobre sus ojos grandes y oscuros. Mi mamá siempre decía que Papá tenía unas pestañas que cualquier mujer quisiera para sí.

Mi hermano siguió sin decir nada. Su silencio me hizo sentir un poco nervioso. Me senté en la silla pero no apoyé mis pies en el suelo y corrí la silla hacia delante para poder hacerlo. Sin embargo, seguí moviendo nerviosamente mis pies.

"¿Utilizaste la palabra 'obedecer' cuando le pediste a Chemo que disminuyera la velocidad?" me preguntó.

Asentí. "Sí," dije. Dejé de mover mis pies. Yo también me pregunté porqué había utilizado la palabra "obedecer."

"Veo," dijo mi hermano, acercando su silla hacia mí. "¿Sabes qué implica la palabra 'obedecer'?" me preguntó.

"¿Implica?"

"Sí, lo que quiere decir esa palabra."

Asentí. "Sí, creo que sí."

"Dime qué quiere decir."

"Quiere decir," dije, "que es como cuando Dios nos dice que debemos obedecer sus Diez Mandamientos, o cuando las personas dicen que debemos obedecerles a nuestro padres o maestros."

"Exacto," dijo. "¿Ahora comprendes lo que originó la palabra 'obedecer'?"

Negué con la cabeza.

"Pensándolo bien, tú, que eres un chamaquito, le dijiste a Chemo, que tenía que 'obedecerte' delante de su amiga. Él es mayor y más grande que tú, y por supuesto, no podía hacer eso porque quedaría como un tonto."

"Pero José, tú no entiendes," le dije con los ojos súbitamente humedecidos por las lágrimas. "¡Yo no estaba bromeando! ¡Te aseguro que vi al camión rojo subir por la colina! ¡Tenía que hacer que disminuyera la velocidad o todos nos hubiéramos matado!"

Joseph se levantó y me tocó con suavidad. "No estoy negando eso," me dijo. "Estoy seguro que tienes razón y que viste el camión. Pero no se trata de eso. Papá nos ha dicho que mucho antes de jugar una partida de póquer, él ya sabe con cuáles cartas van a jugar sus adversarios. Eso se lo enseñó Duel, su maestro de Montana, y gracias a eso sabemos que Papá ganará en Las Vegas y que los demás no."

"Así que no importa si viste o no al camión subir por la colina. Lo importante es que aprendas a que los demás hagan lo que sea necesario para evitar un accidente mortal, si es que acaso vuelves a ver lo que sucederá en el futuro. ¿Entiendes lo que quiero decir?"

Mis ojos se abrieron de par en par. Creí que estaba en un lío, pero en vez de ello mi hermano me dijo cómo mejorar y fortalecer aún más mis visiones del futuro, si es que acaso volvía a experimentarlas.

"¿Qué otra palabra podrías haber utilizado entonces en vez de 'obedecer'?" me preguntó mi hermano.

"No sé," respondí. "Yo ya le había pedido el favor y le había dicho que había visto el camión, pero no me hizo caso ni disminuyó la velocidad."

"¿Sabes qué pudiste haberle dicho?" dijo mi hermano. "Decirle que hiciera el favor de parar porque te ibas a orinar."

"Yo me iba a orinar," dije.

"Bueno, ya lo ves," continuó mi hermano. "Estoy seguro entonces que Chemo hubiera disminuido inmediatamente la velocidad si le hubieras dicho que te ibas a orinar, porque habría sido solidario contigo y no habría quedado mal. ¿Te parece que tiene sentido lo que te digo?"

Asentí. "Sí."

"Bien," dijo mi hermano, "me alegro, porque ¿sabes? Papá me ha explicado un millón de veces que nunca debes hacer quedar mal a un hombre, especialmente delante de su mujer, si no quieres verte envuelto en una pelea. Papá también me ha contado muchas veces que cuando era joven, le pidió a un conductor que parara porque tenía deseos de orinar. Y que cuando se bajó, les dijo a sus amigos que hicieran lo que quisieran, pero que él tenía deseos de vivir y que no iba a arriesgar su vida con alguien que conducía bajo los efectos del alcohol. Y tres de sus amigos murieron. Él también hubiera muerto, me dijo, si no se hubiera bajado de ese coche. Así que no estoy diciendo que tu intención no fuera la adecuada, pero la forma en que abordaste el asunto no fue la mejor. No puedes saltar de un coche en marcha, ni aunque creas ser Superman," añadió sonriendo.

Me había convencido y sonreí. ¡Era tan inteligente! Y eso era exactamente lo que yo había pensado desde que había saltado del coche, que quizá yo era Superman.

"Me alegra verte sonreír," me dijo mi hermano. "Ya sabes que la vida es divertida, pero necesitas aprender a escoger tus batallas. Eso es lo que nos han enseñado en la Academia."

"¿A escoger batallas?"

"Sí, cuando ves algo que los demás no ven, tienes que pensar por anticipado y ver cómo haces para conseguir lo que quieres y no desperdiciar el tiempo valioso."

Asentí.

"Porque," añadió, "estoy seguro que esto te volverá a pasar, Mundo. Lo que te ocurrió hoy no fue un accidente, así como tampoco fue un accidente que nacieras dos años después del día y la hora en que murió nuestra abuela doña Margarita. Papá siempre dice que tú eres ella, así que la próxima vez que puedas ver por la curva de la vida, debes estar preparado para lograr lo que quieres, así como lo hizo ella durante la Revolución."

Asentí de nuevo. Toda mi vida había oído que yo había nacido dos años después y el mismo día y a la misma hora de la muerte de nuestra abuela Doña Margarita. "¿Entonces, tú sí me crees que yo vi ese camión y que tenía que hacer que ellos, bueno, no que me obedecieran, pero sí que hicieran lo que les decía?"

"Sí," me dijo. "Fíjate que yo también he estado viendo muchas cosas, ahora que he pasado tanto tiempo en el hospital." Respiró profundo. "Una noche me levanté y fui a ver a una mujer que lloraba. Era una anciana y los médicos no sabían qué hacer con ella. Se estaba muriendo. Le tomé la mano y le acaricié la frente como si fuera una chamaca. Inmediatamente se calmó y murió en paz mientras dormía."

"La enfermera se disgustó mucho, y al día siguiente les contó a los médicos lo que había hecho yo. Ellos también se enojaron y me dijeron que no tenía permiso para visitar a otros pacientes. La pobre enfermera y los médicos no estaban preparados para aceptar la realidad de saber que no pueden controlar la vida. Nadie puede hacerlo, Mundo. Sólo somos huéspedes de Dios durante poco tiempo."

No sé por qué, pero le pregunté, "¿Joseph, te vas a morir pronto?"

Él me miró a los ojos. "Sí, Mundo," dijo. "Me voy a morir pronto."

Comencé a llorar. "¡Pero *Chavaboy*, no quiero que te mueras!"

"Tú me lo preguntaste y yo te respondí," me dijo.

"Sí," repliqué. "Pero... cuando yo me morí, vi que dependía de mí seguir muerto o vivir de nuevo."

"Mira," me dijo. "Me alegra que hayas vuelto, pero mi situación es muy diferente a la tuya. Llevo mucho tiempo así y ya he utilizado mis nueve vidas. En cambio, es probable que tú sólo hayas utilizado una o dos."

Un frío helado me recorrió la espalda. "Entonces ¿no tengo la culpa de no haberte advertido que no cruzaras por aquel sitio del pantano?" Mis ojos estaban llenos de lágrimas.

"No, Edmundo, no es tu culpa"

"¡Sí, sí lo es, solo que tú no me lo quieres decir!"

"Escúchame," dijo mi hermano "en estos últimos meses yendo y viniendo del hospital, he aprendido mucho acerca de la vida y también de la muerte. Y lo que he aprendido es simplemente esto, que todo ya está bien, Mundo, lo que será, será con el favor de Dios."

"Pero, *Chavaboy*, si yo sólo hubiera retrocedido, entonces todo..."

"No hay 'peros' en esta vida, nuestro padre siempre nos dijo, si no entonces nuestra tía habría tenido bolas y sería nuestro tío."

Yo reía. Mi hermano había enredado todo. "No, José," dije, "nuestro padre decía eso para la palabra 'si' no para la palabra 'pero.'"

"Creo que tienes razón," dijo él también riendo. "Me alegra que hayas prestado atención, porque cuando todo haya sido dicho y hecho, todo se reduce a la misma cosa: no hay 'si,' 'debería,' 'tratar,' 'pero,' o 'tal vez' en esta vida. Todas estas son palabras débiles que nos hacen permanecer dubitativos y no nos dejan vivir a plenitud. En Scripps, pasando por encima de las protestas de los doctores, yo fui capaz de ayudar a muchas personas a calmarse y a aceptar su destino."

"¿Así que tú no le hiciste caso a los doctores que te decían que no podías ver a otros pacientes?"

"No, no les hice caso," dijo mi hermano.

Yo no podía parar de llorar. Yo quería mucho a mi hermano. Sólo deseaba que él no me hubiera dicho la verdad cuando le pregunté si iba a morir.

"Mira," dijo, "¿quién crees que te ayudó a ver el camión rojo que venía colina abajo? ¿Quién crees que ayudó a nuestras dos abuelas durante la hambruna y la guerra? ¿Quién crees que ha estado ayudando a toda la humanidad desde siempre? ¿Qué crees que significa 'con el favor de Dios'? Es para pedirle a Dios que nos ayude con milagros diarios."

"¿De modo que tú crees que en realidad sí hay milagros?"

"Por supuesto, en todo lugar y todos los días. Sólo que nosotros cerramos los ojos y ya no vemos esos 'camiones rojos.'"

"Bueno, entonces," dije limpiando mis ojos, "¿por qué no podemos más bien pedir un milagro ahora mismo y así tú no te mueres?"

Me miró a los ojos silenciosamente, y luego tomó mi mano. "No, Edmundo, no fue culpa tuya. ¿Me entiendes? No fue culpa de nadie, y ni tú ni yo ni nadie debe preguntarse eso." Mi hermano respiró. "He tenido mucho tiempo para pensar en el hospital. Poco a poco entendí que existe un plan mucho más grande y divino que no podemos ver y mucho menos entender. Pobre Mamá y pobre Papá, aún creen que con su dinero y con los medicamentos modernos pueden influir y cambiar el curso de mi destino. Eso es posible en algunas ocasiones, pero en otras, lo mejor que podemos hacer es relajarnos, dejar que las cosas sigan su curso y confiar en la Mano de Dios."

Al escuchar "la Mano de Dios", un frío helado me recorrió la espalda y como cosa extraña, otra vez comencé a sentir el zumbido detrás de mi oído izquierdo. No entendí lo que me dijo mi hermano; sin embargo, el zumbido apacible se hizo más fuerte y me sosegó como una mano cálida y suave.

"*Chavaboy*," le dije, "¿Alguna vez has sentido un ronroneo aquí, detrás de tu oído izquierdo?"

"¿Un ronroneo?"

"Sí, como el ronroneo de un gato o un pequeño masaje, como cuando Mamá nos acaricia la cabeza si no nos sentimos bien."

"¿Tú sientes eso?"

"A veces," respondí.

"Me había olvidado," me dijo sonriendo. "Pero ahora que lo pienso, recuerdo que algo así me sucedió cuando era más joven. Es una pequeña vibración detrás del oído, ¿verdad? Luego se extiende al otro oído por detrás de la cabeza."

"¡Sí, así es!" dije emocionado.

"Entonces sí recuerdo que me haya sucedido eso."

"Bueno, ¿y sabes qué creo que es ese zumbido?" le dije. "Creo que es la Mano de Dios que nos masajea."

Él sonrió de una forma encantadora.—"Por supuesto. ¿Por qué no? Mientras más aprendo, más me doy cuenta que Dios siempre está con nosotros. Lo que pasa es que no lo percibimos porque siempre estamos muy ocupados." Respiró. "No hiciste nada malo. ¿Entiendes? No hiciste nada malo. Sólo eres un chamaco que estaba tan emocionado con la aventura de ir a ese pantanal, que te olvidaste de mí, y es así como debe ser. Vive, Mundo, vive, para eso estamos aquí."

Las lágrimas me resbalaron por las mejillas. Tuve que esforzarme para no estallar en llanto, pues no quería que mi hermano se preocupara por mí.

"¿Entiendes?" me preguntó de nuevo.

No podía hablar, pero finalmente le dije, "Sí, creo que sí."

"Bien," dijo él, "porque últimamente he comprendido que lo que necesitamos en este mundo no es poder, dinero ni nuevos inventos, sino paciencia," dijo respirando profundo. "Paciencia, compasión, amor, perdón y entendimiento, para que no nos culpemos a nosotros mismos ni a nadie por nada," añadió.

"Pero, *Chavaboy*," dije, con las lágrimas todavía resbalando por mis mejillas, "¡No quiero que te mueras! ¡Papá me dijo que nadie de nuestra familia se irá!" grité.

"Es cierto, nadie se irá. ¿Recuerdas que viste tu propio cuerpo rodar hacia la zanja?"

"Sí," respondí.

"Bueno, yo estaré mirándote así, hermanito. No me iré. Siempre estaré ahí, arriba de ti, cuidándote."

"¿De veras? ¿Me lo prometes?"

"Te lo juro," dijo mi hermano.

Me acerqué y abracé a mi hermano Joseph con todo mi corazón y mi alma. Luego—nunca lo olvidaré—cuando terminamos de abrazarnos, se sentó de nuevo y encendió el tocadiscos que estaba a su lado. Comenzó a sonar la canción "Jinetes fantasmas en el Cielo" La escuchaba una y otra vez desde hacía más de un mes:

Un viejo vaquero salió a cabalgar en un día oscuro y con viento,
descansó en una loma mientras continuaba su camino
cuando súbitamente vio una gran manada de vacas de ojos rojos
avanzando con dificultad a través del cielo escabroso y tirando de un vagón.

Yippee-aye-aaa, Yippee aye-ooh,
jinetes fantasmas en el cielo.

Sus marcas aún estaban encendidas y sus cascos eran de acero
sus cuernos eran negros y brillantes, y por sus bocas salía fuego
un relámpago de miedo lo envolvió cuando las vacas rugieron por el cielo
vio sufrir a los jinetes... y escuchó sus lúgubres gemidos.

Yippee-aye-aaa, Yippee aye-ooh,
jinetes fantasmas en el cielo.

Con sus rostros demacrados, sus ojos nublados, sus camisas mojadas de sudor
cabalgaban esforzándose por atrapar a la manada pero no lo conseguían
pues tendrían que cabalgar por siempre en los confines de los cielos
en caballos exhalando fuego mientras escuchaban sus terribles llantos.

Yippee-aye-aaa, Yippee aye-ooh,
jinetes fantasmas en el cielo.

Los jinetes iban tras de él y escuchó a uno que lo llamaba
si quieres salvar tu alma y no cabalgar por siempre en este infierno
toma entonces otro rumbo o tendrás que cabalgar con nosotros y atrapar a esta manada infernal a través de estos cielos infinitos.

Yippee-aye-aaa, Yippee aye-ooh,
jinetes fantasmas en el cielo.
Jinetes fantasmas en el cielo.
Jinetes fantasmas en el cielo.

CAPÍTULO quince

Al día siguiente, mis padres regresaron de Las Vegas. Mi papá y mi mamá querían saber qué me había sucedido. Tenía la cara y los hombros llenos de cortes y no supe qué decirles. Mi hermano les dijo que yo había sufrido un pequeño accidente y que todo estaba bien.

Mi papá trajo una bolsa grande y pesada y le dio vuelta. ¡Las monedas de dólar rodaron por todas partes! ¡Había ganado y mucho, y todos los demás habían perdido!

Archie y George fueron al bar y se sirvieron un trago. Todos estaban muy contentos, menos la tía Tota, quien parecía estar molesta con todo. George y Vera se fueron a su casa para reunirse con sus hijos. Mi papá sugirió que fuéramos a un restaurante chino.

"¡No, Salvador, de ninguna manera!" gritó nuestra tía Tota. "¡Sólo tratas de engañarme para envenenarme de nuevo con pescado!"

"Ni siquiera había pensado en ti, chingaos. Estaba pensando en Lupe. No quiero que cocine ahora."

"¡Pensando en Lupe!" exclamó nuestra tía. "¡Cuándo has pensado en ella! Si ustedes los hombres sólo piensan en el juego y el licor y nos dejan encerradas en nuestras habitaciones."

"Las llevamos a los espectáculos," le dijo mi papá.

"¡Sí, a ese espectáculo de mujeres con los pechos desnudos con el que se enloquecen ustedes los hombres!"

"¡Pero tú y Lupe escogieron ese espectáculo!" le gritó mi papá.

Mi papá y mi tía estaban peleando otra vez. Algunas cosas nunca lograban cambiar.

Dos días después, mi hermano fue hospitalizado mientras yo estaba en la escuela. ¡Sentí tanto coraje cuando llegué a casa y me enteré! ¡Mi hermano se había esforzado tanto para no rendirse ante su enfermedad, pero al final, Dios lo había olvidado!

Mi papá repitió una y otra vez que todo era culpa del doctor Hoskins. Si el imbécil no se la pasara todo el tiempo bebiendo, hubiera detectado el verdadero estado de Joseph hacía varios meses y nada de esto hubiera sucedido. Pero yo sabía que no sólo el doctor Hoskins le había fallado a mi hermano. Yo también le había fallado al no haberle ayudado a cruzar el canal pantanoso.

Tenía mucho coraje y comencé a ser grosero en la escuela. Empecé a ganar canicas de nuevo. Me llevaba ollas enteras y ganaba todas las canicas. Una nueva chamaca entró a la escuela, su papá era pastor de la iglesia. Era muy guapa. Se llamaba Judy y nos preguntó a mí y a Dennos, un buen amigo mío, si teníamos dinero. Los dos contestamos que sí.

"¿Cómo consiguieron el dinero?" nos preguntó. "Mis padres no me dan ni un centavo, me dicen que el dinero es la causa de todos los males."

"A mí me dan cincuenta centavos a la semana," dijo Dennis.

"Yo chantajeo a la gente," dije.

"¿De veras? ¿Chantajeas a la gente?" me dijo. "¿Cómo lo haces?"

"Bueno, lo primero que tienes que hacer es saber si alguien está tratando de ocultar algo o si quiere hacerlo sin permiso, y entonces le cobras para no delatarlo."

Ella abrió los ojos; le encantó lo que le dije.

"¿Y me vas a chantajear a mí?" me preguntó Judy.

"No, tú no tienes dinero," le dije. "Algo que he descubierto es que no vale la pena desperdiciar el tiempo chantajeando a alguien que no tenga dinero."

"Eso tiene mucho sentido," dijo. Y luego propuso algo que nunca habría imaginado como una forma de conseguir dinero. "Mira," dijo, "si tú y Dennis se quedan después de clases, me levantaré el vestido y les mostraré mis calzones si cada uno me da cinco centavos."

"De acuerdo," le dijo Dennis con ansiedad.

"Espera," dije, "¿Entonces Dennis y yo te cobraríamos cinco centavos cada uno por bajarnos los pantalones?"

Ella se rió. "Es que a mí no me interesa verles los calzoncillos," dijo. "A todas horas se los veo a mi hermano, son completamente blancos. Pero mis calzones," añadió sonriendo, "son rosados y tienen florcitas. Además, podrán verme las piernas y el ombligo."

No me gustó eso en lo más mínimo. Me pareció muy injusto que no nos pagara por bajarnos los pantalones, aunque tengo que admitir que verle los calzones sonaba mucho más emocionante que mostrarle nuestros calzoncillos.

Dennis y yo aceptamos y nos encontramos con Judy debajo de los eucaliptos, detrás de la tienda de un señor de apellido Hightower. Ella tomó nuestras monedas antes de mostrarnos algo, pero luego, cuando se levantó el vestido, sólo se dejó ver por delante. Yo quería verla por detrás, pero ella nos dijo que eso nos costaría otros cinco centavos. Le dije que no tenía más monedas en ese momento y ella me respondió que podría dársela al día siguiente.

Esa noche, mi mamá durmió en el hospital. Papá nos dijo a mi hermanita Linda y a mí que no volvería a cenar con nosotros por un tiempo, que permanecería día y noche en La Jolla, bien fuera en el hospital o en el hotel, donde había rentado una habitación a una cuadra del hospital. Comencé a llorar. Eso era terrible. Mi hermano Joseph se estaba muriendo.

Al día siguiente en la escuela, lo primero que quiso saber Judy era si yo había llevado la moneda de cinco centavos para poder mostrarme la parte trasera de sus calzones después de clases, pero yo no quería hablar de dinero ni de calzones, así que le dije que le pidiera a su papá, que si era pastor debía tener dinero. Ella me respondió que su papá no tenía dinero, que eran pobres. Luego, los ojos de Judy adquirieron una expresión extraña y comenzó a acariciarle las mejillas a Dennis y le dijo que si se hacían novios, no le cobraría por mostrarle algo. Yo reaccioné rápidamente, pues Dennis era mi amigo.

"Mira," le dije a Dennis, "no importa lo que hagas, nunca permitas que esté sobre ti, porque si lo haces, te avergonzarás y te enojarás cuando la gente sepa que estuviste debajo."

"¿Debajo de qué?" preguntó Dennis.

"Debajo de ella," dije, "de ella encima de ti como hacen los gallos con las gallinas, subiendo y bajando."

"¿De veras?" dijo la hija del pastor. "¿Es cierto que los chamacos se avergüenzan y se enojan si las chamacas están encima de ellos?"

"Sí," dije, orgulloso de saber tanto. "Lo vi una vez, con mi... no puedo decirles con quién, pero es cierto."

"¿Y los chantajeaste?" me preguntó Judy.

"Sí."

"¿De veras? ¿Cuánto te dieron?"

"Un dólar."

"¿Un dólar?" dijo asombrada "¡Guau! ¿Y cómo hago para entrar en el chantaje?"

"No sé," dije.

"Mira, si le enseñas a mi novio Dennis a hacer chantajes, dejaré que me toques."

"¿En dónde?"

"Ya sabes."

"No, no sé."

Los dos comenzaron a reírse tanto que me dio coraje y no me vi con ellos después de clases. Quería irme a casa, saber cómo estaba mi hermano Joseph y preguntarle a mi papá si podía acompañarlo al hospital para ver a mi hermano. Pero esa noche, cuando papá llegó a casa, mi hermanita y yo vimos que no estaba de humor para hablar. Olía a whisky. Comimos en silencio en la mesa del comedor, mientras Rosa nos servía. Podía presentir que mi hermano estaba mal. Le pedí a Dios que le perdonara la vida a mi hermano, así como había escuchado rezar a mi mamá tantas veces durante el último año.

Al día siguiente, Judy y Dennis se encontraron conmigo en el descanso. Querían saber cómo podían entrar a mi negocio del chantaje, pero a pesar de que les expliqué varias veces que era mejor que comenzaran a chantajear a sus familias—pues yo estaba chantajeando a la mía—se resistían a creerme.

"Miren," les dije finalmente, tratando de quitármelos de encima,

"Observen a los maestros hasta que los descubran haciendo algo que no deban hacer y puedan chantajearlos."

Pocos días después, Dennis y Judy llegaron completamente emocionados. Me dijeron que habían estado al acecho y que el día anterior habían seguido a la maestra de cuarto grado, la más joven de la escuela, y que la habían visto encontrarse con alguien en el pequeño cementerio al sur de la escuela, arriba de la laguna entre Oceanside y Carlsbad.

"Estaban tomados de la mano," dijo Judy completamente emocionada, "caminando por entre las tumbas. Se besaron al lado de una," añadió.

"¿Cuánto crees que deberíamos pedirle?" preguntó Dennis.

"Miren," les dije. "No creo que tengan algo sólido."

"¡Pero ellos estaban besándose, y al lado de una tumba! Tiene que servir de algo," señaló Judy.

"No si están casados," dije, "o si son novios. No van a conseguir dinero por haber visto a una persona besarse o tomarse de la mano con alguien. Para que el chantaje funcione, las personas tienen que estar realmente asustadas de que alguien descubra lo que han hecho. Así es como el sacerdote trabaja en la iglesia. Él hace que todos se sientan mal por lo que han hecho durante la semana, luego los asusta con el infierno y con la maldición eterna, y entonces las personas sacan el dinero de las bolsas y lo depositan en la cesta. Pregúntale a tu papá," le dije a Judy, "apuesto a que él sabe cómo chantajear a la gente para que le den dinero los domingos."

"No, no es cierto," respondió ella, "ya te dije que somos pobres."

"Pero eso no tiene sentido," dije. "Deberías espiar a tu papá, porque el sacerdote de nuestra iglesia de Santa María en Oceanside, es viejo pero sabe muy bien cómo ching... digo, cómo diablos asustar a la gente y hacer que le den dinero los domingos e incluso que le paguen por decir misas."

"No tienes que decir 'diablos' por mí," dijo Judy. "Puedes decir chingaos, si eso es lo que quieres decir."

"¿De veras?"

"Claro. ¿Por qué no? Yo digo vulgaridades cuando mi papá no está. Y mi mamá también dice algunas cuando no la está oyendo."

"MALDITA SEA," dije para mis adentros.

Chavaboy estaba empeorando día a día.

Mientras tanto, en mi casa seguíamos cenando en silencio y mi papá apestaba cada vez más a whisky. Mamá no había ido a casa en toda una semana y Linda y yo la extrañábamos mucho.

Comencé a encender las velas del altar que estaba al lado del cuarto de mis padres, y le dije a Linda que se arrodillara conmigo para que rezáramos juntos por Mamá y por nuestro hermano. Las velas titilaban en la oscuridad del pasillo y juro que a veces veía moverse algo por el rabillo del ojo, pero no me dio miedo; sabía quién era. No estábamos solos. Jesús estaba rezando con mi hermanita y conmigo.

Y en la escuela, a pesar de lo que yo dijera, no podía evitar que Dennis y Judy no hablaran de otra cosa que de dinero y chantajes. Sin embargo, no parecían reunir pruebas suficientes sobre alguien como para chantajearlo, y a pesar de eso, seguían intentándolo, especialmente Judy, quien siempre andaba tan pobre que no podía ni comprarse un dulce.

Una vez, Judy, Dennis y yo fuimos a la tienda de Hightower y ella me dijo que le preguntara si tenía Prince Albert en lata, mientras ella y Dennis veían otras cosas en la parte trasera de la tienda. Fui y se lo pregunté al señor Hightower. Me dijo que por supuesto, se dio vuelta y sacó una lata de tabaco de color verdoso.

"Tienes que decirle a tu papá que venga a comprarla," me dijo.

Judy y Dennis llegaron corriendo, le gritaron al señor Hightower que dejara salir al pobre Prince Albert de la lata y salieron disparados por la puerta principal.

El señor Hightower se puso furioso.

Yo no sabía qué estaba sucediendo, así que también me fui. Me subí a mi bicicleta y les di alcance a Judy y a Dennis a la altura de Buccaneer Beach. Se reían casi sin parar y tenían una gran cantidad de dulces y paquetes de maní y de Fritos. Inmediatamente comprendí que me habían enviado a hablar con el señor Hightower mientras se robaban aquello. Yo me sorprendí, pero ellos estaban calmados, me ofrecieron un dulce y me dijeron que haber liberado a Prince Albert del cautiverio había sido lo máximo.

Cuando les dije que robar era incorrecto, se rieron y me preguntaron si yo creía que el chantaje era obra de Dios. Al escuchar esto me sentí pésimo. Tal vez Dios estaba castigando a mi hermano por todas las cosas tan terribles que yo estaba haciendo. Mi mamá tenía razón. Dios se estaba llevando a Joseph porque éramos una familia mala y horrible.

Empecé a llorar pero no quería que Judy y Dennis me vieran, me subí a mi bicicleta y me fui a casa tan rápido como pude. Esa noche mi papá no vino a cenar a la hora de siempre y entonces Linda y yo cenamos con Rosa, Emilio y con Carlitos, su pequeño hijo. Era agradable escuchar de nuevo a la gente reírse y platicar en la mesa. Mi papá llegó más tarde y nos llevó a la cama, pero no sabía cantar canciones para arrullarnos, ni acariciarnos la frente tan bien como mamá. Además, tenía los ojos rojos y olía muy mal.

Al día siguiente, Dennis y yo jugamos canicas con algunos estudiantes y Judy llegó. Estaba muy disgustada, podía notarlo en sus ojos, pero no nos dijo qué le sucedía. Lo único que yo sabía era que últimamente, ella había comenzado a espiar a su papá para exigirle que le diera dinero, pero él se negaba y siempre le decía que el dinero era la causa de todos los males. ¡Chingaos, si mi papá me había dicho lo contrario! Me dijo que estar sin un centavo era la causa de todos los males, y que los tontos que no supieran eso estaban condenados a vivir como mendigos.

Ese día después de clases, vi a Judy tan descorazonada que le di un dólar. "Y no tienes que mostrarme nada," le dije. "Te doy esto porque eres mi amiga y me caes bien."

Al escuchar esto, tomó el dólar, me miró a los ojos y me dio un abrazo fuerte y un beso en la mejilla, aunque no como los que le daba a su novio Dennis. ¡Sin embargo, sentí algo maravilloso! Era la primera vez que una chamaca que no fuera de mi familia me besaba.

Pocos días después y mientras salía del salón, presentí que algo andaba muy mal. La escuela estaba vacía. Una vez más tenía que permanecer después de clases para que la maestra me enseñara a leer antes de que terminara el año.

Iba caminando a paso rápido para montarme en mi Schwinn y regresar a casa, cuando vi a tres chamacos salir detrás de un molle. El corazón comenzó a palpitarme. No eran amigos míos, pero los conocía. Dos de ellos estaban en mi curso; el otro estaba en cuarto y había sido compañero mío el año anterior.

Me rodearon. Se reían con malicia, pero yo no sabía qué querían. Luego pensé que tal vez estaban enfadados conmigo porque había ganado muchas canicas últimamente. Pero antes de que pudiera hablar, se abalanzaron sobre mí y me golpearon tan fuerte como pudieron.

Esto me sorprendió tanto que al principio no reaccioné, pero después, uno de los chamacos dijo algo relacionado con el hecho de que yo fuera mexicano y me dio tanto coraje que comencé a lanzar puños y patadas con todas mis fuerzas.

Me derribaron y comprendí que no tenía muchas opciones, así que los agarré, los atraje hacia mí y los mordí con todas mis fuerzas, como si fuera un perro salvaje. Comenzaron a gritar y me soltaron de inmediato.

Me puse de pie. "¡HE GANADO MIS CANICAS EN JUEGO LIMPIO Y SIN HACER TRAMPA!" les grité. "¡Ustedes no saben perder!"

"¡Me mordiste!" dijo un chamaco llorando. "¡Estoy sangrando, mexicano estúpido! ¿Acaso no sabes que los dientes transmiten enfermedades?"

"¿Y qué querían que hiciera? ¡Ustedes fueron los que empezaron!"

"¡No es cierto!" dijo otro. "¡Fuiste tú! ¡Es tu culpa! ¡El próximo año vendrán más mexicanos a esta escuela por tu culpa! ¿Por qué no se quedan en Pas-ol-eee Town, donde pertenecen?"

Me sentí confundido. Creí que me habían agredido por haber ganado canicas. "¿Significa entonces que ustedes me atacaron porque el próximo año vendrán otros estudiantes mexicanos a esta escuela?"

"¡CLARO QUE ES POR ESO, IMBÉCIL!" me gritó un estudiante que había entrado recientemente a la escuela. ¡Soy de Texas! ¡Y mi papá me dijo que tenemos que ponerlos a ustedes en su sitio! ¡Que no importa qué tan grande sea la hacienda de tu papá, ustedes seguirán siendo unos latinos despreciables!" Luego dijo, al igual que Gus "¡Recordemos el Álamo!"

Me quedé blanco. Inmediatamente me asaltaron los recuerdos de Ramón y de todos nosotros los mexicanos siendo golpeados por los maestros y por nuestros compañeros en la otra escuela. ¿Sería que Dios también me estaba castigando por ser mexicano? Comencé a llorar. ¿Sería que todo se remitía a eso? Tal vez era eso lo que mi mamá había querido decir cuando le dijo a mi papá que Dios había castigado a Joseph por sus pecados, por los pecados de todos nosotros los mexicanos. Si eso era cierto, entonces mi tía Tota tenía razón en decir que se alegraba de no haber tenido hijos. A fin de cuentas, los mexicanos no éramos buenas personas, así que estaba mal que tuviéramos hijos. Me subí a mi bicicleta y me fui llorando a casa.

Pero les digo que todo eso no me afectó tanto como al día siguiente, cuando salí de clases y fui por mi Schwinn, y allí estaba Dennis, mi mejor amigo, esperándome en compañía de los tres estudiantes para atacarme.

Bueno, esa vez comenzaron a rodearme y no esperé a que se abalanzaran sobre mí. Me sentí TAN TRAICIONADO cuando vi a Dennis con ellos, que los ataqué como mi papá me había contado que había atacado a un tigre que se iba a abalanzar sobre él en un desierto de México, cuando todavía era un chamaco.

Levanté los brazos y GRITÉ a todo pulmón, los tomé por sorpresa y le di una fuerte trompada en la nariz al más grande de todos, el que estaba en cuarto. Luego agarré al tejano, que le seguía en tamaño, lo atraje hacia mí y lo mordí en la cara. Gritaban mientras les di a los otros dos. Todos salieron corriendo y yo les grité varias veces, "¡Regresen! ¡REGRESEN! ¡PELEARÉ CON USTEDES! ¡PELEARÉ CON USTEDES, CABRONES! ¡RECORDEMOS EL ÁLAMO!"

Yo ni siquiera sabía qué era el Álamo, pero me sentí bien luego de gritarles eso. Le di algunas trompadas a Dennis, pero no muy fuertes, pues me di cuenta que no tenía intenciones de agredirme. De hecho, noté que se había sentido avergonzado.

Al día siguiente la situación se agravó. De nuevo, la escuela estaba desierta cuando salí de mi sesión de lectura, que duraba treinta minutos. Yo era una presa fácil. Esta vez me esperaban cinco estudiantes y su olor de ansias de pelea era muy fuerte. Dos de ellos eran muy grandes y no los conocía, así que supuse que podrían estar en quinto.

Me golpearon muy fuerte en aquella ocasión. Me derribaron al suelo y me patearon. Al final, lancé tantos golpes, los arañé y mordí tanto que todos se retiraron y desistieron de seguir peleando conmigo.

Yo había resistido, no me había dado por vencido. Claro que por la forma en que me veía y sentía, nadie diría eso. Me dejaron tan adolorido que ni siquiera podía levantar los brazos para agarrar mi bicicleta y regresar a casa. La cabeza me daba vueltas luego de tantas patadas, después recordé, como en un sueño lejano y difuso, que mi hermano se había enfermado luego de una lesión futbolística. Me pregunté si también yo terminaría en el Hospital Scripps.

Me fui llorando a mi casa. Yo no tenía la culpa de ser mexicano ni de que otros mexicanos entraran a la escuela el próximo año.

"Dios," dije, "¿por qué creaste a los mexicanos y a los negros, si somos tan malos y tan inútiles? ¿Eh? ¡Respóndeme!"

Me sentía tan mal que tuve que detenerme y descansar varias veces antes de llegar. Me sentí mucho mejor cuando pasé por la entrada de nuestro rancho grande. Estaba en casa. Este era nuestro lugar, nuestro mundo, nuestra reservación. Y todos hablábamos español. Así que tal vez aquí estaba bien ser un mexicano.

Esa noche, mi papá se quedó en La Jolla. Llamó para decir que se quedaría con mi mamá, acompañando a mi hermano. Cuando les conté lo que me había sucedido, Rosa y Emilio me curaron las heridas, me vendaron las costillas, encendieron velas y le rezaron a la Virgen María para que me protegiera.

Emilio me dijo que los policías lo habían golpeado en Texas cuando se quejó de que su patrón no le pagaba. Yo recé y pedí para que Ramón y los otros chamacos de Pozole Town fueran a ayudarme a la escuela de South Oceanside, porque no resistiría pelear solo ni un día más. Estaba seguro que al día siguiente me iban a matar.

Pero cuando llegué a la escuela, sucedió algo completamente extraño. Inmediatamente me llamaron a la oficina del director y me dijeron que varios padres de familia habían ido a la escuela a quejarse de que yo había agredido a sus hijos.

"¿Yo? ¡Golpeando a sus niños!" dije sorprendido. Y traté de explicarle al director que en realidad ellos me habían atacado a mí, pero él se puso bastante furioso y no me dejó hablar, diciéndome que yo debería parar de atacar y golpear gente en su escuela.

"¡Tal vez sea el comportamiento usual al otro lado de la frontera, de donde has venido, pero aquí no!" me gritó el director.

"¡Pero si ellos fueron los que me atacaron!" dije, comenzando a llorar.

"¡Escucha!" me dijo el director levantándose de su silla y acercándose a mí. Yo bajé la cabeza, pues creí que me iba a golpear, pero no lo hizo. Me señaló con el dedo y me dijo, "¡No es posible que cuatro estudiantes estén equivocados y que tú tengas la razón! ¡Si vuelves a agredir a alguien, te aseguro que te daré con esta regla! ¿Entiendes?"

Comencé a derramar lágrimas. Era completamente injusto, pero el director no parecía comprender lo que yo había intentado decirle. No pude creer lo que escuché después: me dijo lo mismo que me habían dicho los estudiantes.

"¡El próximo año entrarán más mexicanos a esta escuela y la gente como tú tiene que aprender cuál es su sitio!"

Salí llorando de la oficina del director. Pero, ¿con quién podía hablar? Con nadie. Mis padres estaban en La Jolla con mi hermano y no tenían tiempo para mí.

Luego vi a los estudiantes que me habían golpeado, incluyendo a Dennis. Me esperaban, pero cuando vieron que estaba llorando, comenzaron a reírse de mí y a abuchearme. Por lo menos esa tarde no me golpearon.

Al día siguiente, Dennis y Judy se aproximaron. Yo estaba solo y ya la escuela no era lo mismo. Todo había cambiado en sólo tres días. Me había alejado de todos, o más bien, todos se habían alejado de mí. Almorcé solo. A fin de cuentas yo era el único mexicano de la escuela con aspecto de mexicano. El otro mexicano de la escuela era de piel clara y les decía a todos que era español, así como muchos otros chamacos decían en la ciudad.

"Dennis tiene que decirte algo," me dijo Judy.

Vi que Dennis no quería hablar.

"¡Vamos, Dennis!" le dijo Judy. "¡O dejaré de ser tu novia!"

"Siento haberte golpeado," me dijo Dennis. "Hicimos mal en atacarte en grupo. No tienes la culpa de ser mexicano ni de que el próximo año entren otros mexicanos a la escuela."

"¡No fue eso lo que te dije que le dijeras!" lo interrumpió Judy. "¡Te dije que le dijeras que él es una persona buena y decente, y que todos ustedes son unos cobardes, que te disculpe y que nunca volverás a hacerlo!"

Él la miró, notó que estaba furiosa y me miró. "Judy tiene razón," me dijo. "Fuimos unos cobardes, eres una persona buena y decente y nunca más volveré a agredirte."

Judy se acercó a mí y me abrazó. "Ya hablé con todos ellos," me dijo. "Nunca más volverán a molestarte."

"¿De veras?"

"No, los chantajeé," me dijo emocionada.

"¿Y qué hiciste?" le pregunté.

"Les dije que si no me obedecían, le contaría a la maestra que me habían bajado los calzones."

"¿Y ellos te hicieron eso?" pregunté, y el corazón se me quiso salir, ¡pues Judy era mi amiga, y si eso era cierto se las tendrían que ver conmigo!

"¿Qué si me hicieron qué?"

"Bajarte los calzones."

"No," me dijo. "Nunca se atreverían. Son unos cobardes. Sólo los amenacé con que diría eso si no me obedecían."

Me reí. ¡Judy también había utilizado la palabra "obedecer"! Y ella también había llevado el chantaje a otro nivel. A mí nunca se me había ocurrido inventar algo cuando no veías otra forma de chantajear a los demás. Era realmente inteligente. Su papá podría aprenderle mucho para sacarles dinero a los feligreses.

Pocos días después me llevé otra gran sorpresa. Un chamaco que se llamaba Gary, hijo de un ex *marine* que ahora era bombero, me preguntó si podía pelear conmigo. Nunca antes me habían pedido permiso para pelear, así que no supe qué decirle.

"Mira," me dijo, "mi papá me explicó que atacarte como lo hicieron esos chamacos es actuar con cobardía, así que me sugirió que como soy un estudiante nuevo y tú eres el más fuerte y valiente de la escuela, que viera entonces si podía ganarte, pero en una pelea equitativa, para que los demás me respeten. No se vale morder ni tirar del pelo, sólo luchar y boxear."

"¿Quieres decir que tu papá te dijo que deberías pelear conmigo?"

El chamaco asintió. "Sí, por supuesto."

Esto era muy diferente a todo lo que había escuchado. Mi papá me había dicho que sólo a los tontos les gustaba pelear, pues en las peleas no había dinero ni nada de por medio, y que los hombres de verdad sólo lo hacían como último recurso.

"Mira," continuó, "nuestro deber como americanos es ponerlos a ustedes en su sitio, pero no con ataques a traición como el de Pearl Harbor."

Me di cuenta que Gary era sincero conmigo porque yo sabía lo que había sucedido en Pearl Harbor, y también que los papás de la mayoría de estos chamacos eran ex *marines* o habían estado en la Fuerza Naval y combatieron en la guerra, y que lo más seguro era que tuvieran las mismas ideas.

Me sentí muy mal por ellos y también por mí. Seguramente mi mamá tenía toda la razón, y nuestros padres no sólo nos pasaban sus pecados sino también su forma de pensar.

"Está bien," le dije, "pelearé contigo pero tiene que ser una pelea justa y limpia, sin trampas. Pelearemos los dos sin que nadie nos vea." No quería que otros chamacos estuvieran presentes y luego se entrometieran y lo ayudaran si veían que yo le estaba ganando.

Él me extendió su mano en señal de pacto. Yo extendí la mía y nos dimos la mano. Ese mismo día, me encontré con Gary debajo de los eucaliptos que estaban en el extremo suroriental de la escuela. Las clases ya haban terminado y Gary esperó a que yo saliera de mi recuperación de lectura.

Se quitó su camisa de inmediato, creo que para mostrarme lo musculoso que era. Pero me pareció que había hecho una tontería, porque se iba a lastimar la espalda cuando empezáramos a rodar por el suelo, que estaba lleno de tierra, piedras y hojas. Sin embargo, no pareció importarle y vino hacia mí esgrimiendo sus puños como si supiera boxear. Yo ni siquiera lo intenté, pues no sabía boxear; mantuve las manos abiertas y neutralicé sus puñetes con las palmas de mis manos.

Luego detuve otro puñete suyo, lo agarré—lo que lo sorprendió bastante—y vi que era mucho más fuerte que cualquiera de los chamacos con los que había peleado, pero también me di cuenta que, comparado conmigo, no tenía mucha fuerza.

Supongo que haber pasado tantas tardes moviendo heno y alimentando ganado me convirtieron en un chamaco muy recio. Le hice una llave fácil y rápida y lo derribé. Pude haber acabado con él en ese instante, pero luchaba con tanto ahínco, bramando y empujándome para tratar de desprenderse de mí, que finalmente lo solté.

Dejé que se subiera sobre mí y me golpeara, aunque no sé por qué lo hice. Pero un par de días después comprendí que había sido todo un genio al escuchar mi Voz interior, que me sugirió dejarme golpear de él. Comenzó a decirles a todos que era el campeón y el estudiante más fuerte y valiente hasta el quinto grado. Y cuando alguien dudaba de lo que decía, es decir, de que me había derrotado en una pelea justa, yo lo respaldaba y decía que me había ganado, que era el campeón, y todos se alegraron tanto de que fuera el campeón que se olvidaron de mí.

Era fantástico. Yo era libre, y creí que me había liberado porque todos pensaron que me habían puesto en mi sitio, y que entonces todo era ya como debía ser. Pero yo no sabía cuál era mi sitio, y entonces anduve como un solitario, observando y aprendiendo; dejé incluso de jugar a las canicas.

CAPÍTULO **dieciséis**

¡Ladridos y más LADRIDOS! ¡Shep, el perro de mi hermano, estaba incontrolable, dando vueltas por toda la casa y aullándole al cielo! Era muy tarde en la noche y yo estaba profundamente dormido. Mis padres llevaban varios días en la Jolla, acompañando a mi hermano.

Sentí a Shep dar vueltas por toda la casa, aullando como un loco. Finalmente me levanté para ver qué sucedía. A fin de cuentas, Shep era un perro muy inteligente y no ladraba porque sí. Me puse mis botas de vaquero, agarré mi arco nuevo y grande, pero luego decidí dejarlo y llevar mi viejo rifle de aire.

Abrí la puerta principal, la Madre Luna estaba llena, y yo sabía que cuando la luna estaba así, los animales salvajes bajaban de las montañas y llegaban hasta el mar, atravesando el cañón que estaba detrás de nuestra casa. No, Shep aullaba mientras daba vueltas por nuestra casa grande, y no vi nada extraño ni allí ni cerca de ella. Se podía decir que Shep estaba persiguiendo a su sombra.

"¡Shep!" grité. "¡Todo está bien! ¡Cálmate! ¡No pasa nada!"

Quería acariciarlo para que se sintiera mejor y se calmara, pero no se me acercó. Siguió dando vueltas de un lado a otro, aullando como si se hubiera enloquecido. No sabía qué le pasaba, pues siempre había sido muy inteligente y mesurado, y generalmente me obedecía. Se comportaba de un modo extraño. Aunque lo llamé varias veces, me ignoró y siguió dando vueltas alrededor de la casa, aullando que daba miedo.

Mi hermanita Linda se despertó y salió a ver qué sucedía. Rosa también salió para ver cómo estábamos.

"¿Pasa algo?" preguntó Rosa en español. Linda y yo sólo hablábamos con ella en español.

"Sí," dije, "el perro de mi hermano se enloqueció. Ladra sin razón y no se me quiere acercar."

"No está ladrando sin razón," me dijo Rosa. "Está ladrando porque —empezó a llorar—tu hermano se está muriendo."

"¿Quieres decir que se está muriendo en este instante?"

"Sí," respondió ella.

Me quedé perplejo. No supe qué pensar. "¿Pero cómo puede Shep saber que mi hermano se está muriendo en este instante?" pregunté. "Mi hermano está en La Jolla, a más de treinta millas de aquí. Seguro que estás EQUIVOCADA. ¡NO SABES LO QUE DICES!" le grité.

Emilio, el esposo de Rosa, apareció de un momento a otro en medio de la oscuridad y vi que varios trabajadores del rancho estaban sentados bajo el enorme molle, removiendo la tierra con palos pequeños.

"Rosa tiene razón," me dijo Emilio. "Ya es hora de que lo sepas. Tu hermano se está muriendo. Es por eso que su perro está como loco. Toda la vida ha querido tanto a tu hermano que tiene el corazón destrozado."

"Pero Emilio," le dije, "si ayer hablé por teléfono con mi papá y me dijo que mi hermano estaba mucho mejor, que había vuelto a comer por primera vez desde hacía varias semanas," añadí.

El corazón me latía a un millón por hora. Al verme tan afligido, Emilio miró a su esposa, se hizo a mi lado, agachándose para estar a mi altura y me puso la mano en el hombro.

"Escúchame bien," me dijo, "los animales no saben mentir ni fingir. Y sus almas no conocen las distancias. El amor habla a través de sus corazones, y este perro nos está diciendo que tiene el corazón destrozado porque tu hermano se está muriendo."

"¡NOOO!" grité. "¡POR FAVOR! ¡MI HERMANO NO SE ESTÁ MURIENDO! ¡Por favor, Shep; tienes que dejar de ladrar!" grité. "¡Tienes que dejar de decirle a la gente que mi hermano Joseph se está muriendo! ¿Me escuchas? ¡Dejas de decir eso o... te mato!"

Pero a pesar de todas las veces que le grité y lo amenacé, Shep seguía aullando. Comencé a llorar. Sentí mi corazón tan destrozado como el de Shep.

Los trabajadores no dijeron una sola palabra y se quedaron sentados bajo el enorme molle, revolviendo la tierra con sus palos. Rosa nos entró a mi hermana y a mí.

Shep aulló toda la noche. Sus aullidos eran misteriosos y fantasmales, y juro que en dos ocasiones, la Madre Luna bajó de los Cielos y asomó su cara por mi ventana.

Luego, en las primeras horas del día siguiente, Shep dejó de aullar de un momento a otro, y cuando salí a ver qué había pasado, Rosa y Emilio me dijeron que mi hermano se había muerto justo en ese instante, y que Shep había ido a las montañas a interceptar su Alma.

Comencé a llorar como nunca antes lo había hecho y no pude volver a dormir. Me sentía completamente asustado y confundido. Toda la noche había sido como un sueño loco y descabellado.

Mis padres llegaron esa mañana. Mi mamá llevaba casi dos semanas sin ir a casa, pues todo ese tiempo estuvo con mi hermano en La Jolla. Mi hermana y yo salimos, felices de ver a nuestra mamá, pero quedé paralizado cuando vi lo hinchada que tenía la cara de tanto llorar. Mi hermanita Linda corrió hacia ella con los brazos abiertos pero Mamá no la vio. Pasó por nuestro lado y entró a la casa sin decir una palabra. Papá se quedó afuera con mi hermanita y conmigo, y nos dijo que nuestro hermano Joseph había muerto.

¡GRITÉ a todo pulmón! Papá nos abrazó a mi hermanita y a mí. Linda lloró y lloró. Años después, mi hermana me dijo que no había llorado de verdad, que había fingido llorar porque todavía no sabía cómo debían reaccionar las personas cuando se moría alguien de la familia.

Mi hermana y yo pasamos toda la mañana al lado del árbol de duraznos; estábamos muy tristes. Papá entró para acompañar a Mamá. Más tarde les dije a Emilio y a Rosa que tenían razón, que mi hermano sí se había muerto tal como lo habían dicho ellos, y me contestaron que ya lo sabían.

"Cuando vimos a Shep salir esta mañana rumbo a las montañas para interceptar el alma de tu hermano," me dijo Rosa, "miramos y, claro, poco después vimos una estrella fugaz en el cielo, y nos dimos cuenta que al igual que todos los perros buenos, Shep había interceptado el alma de su amo y lo había guiado de regreso hacia Dios," dijo, dándose la bendición.

Al escuchar esto, tuve una imagen muy vívida de Shep corriendo hacia la cima más alta que pudo encontrar, saltar hacia el Padre Cielo, convertirse en una estrella Fugaz y unirse con el Alma Sagrada de mi hermano, para regresar juntos al Cielo.

Esa tarde ensillé mi caballo para ir a buscar el cuerpo de Shep. Emilio envió a dos trabajadores conmigo y lo buscamos toda la tarde, pero no lo encontramos. Uno de nuestros vaqueros me dijo que los animales no dejaban necesariamente sus cuerpos así como lo hacían los seres humanos, que muy a menudo, los animales se llevaban sus Cuerpos Terrestres consigo una vez que entraban al Mundo de los Espíritus, así como le habían enseñado a Nuestro Señor Jesús.

Al oír esto, me invadió un gran sentimiento de paz, y los tres cabalgamos por las colinas y por los cañones profundos hasta que oscureció. Estábamos en esa mesa alta que está justo al sur de la vía del tren y al oeste del cementerio de El Camino, por donde salió la primera estrella de la noche. Aunque hicimos todo lo posible para encontrar el cuerpo de Shep, no lo logramos. La Madre Luna había salido y parecía muy cercana y muy viva. Mis ojos se humedecieron pero no lloré por dentro. No, yo estaba feliz en mi interior, porque sabía que ese era el lugar exacto donde Shep, el ser humano más inteligente que yo había conocido, había saltado dentro del Padre Cielo para interceptar el Alma Sagrada de mi hermano Joseph.

Me sequé las lágrimas y comencé a sentir ese suave zumbido en mi oído izquierdo. Luego, vi con toda nitidez que ese sitio ya era también un Lugar Sagrado, así como el Abre-ojos Dorado en el Cielo o ese banco de la iglesia donde me senté a escuchar el Silencio de Dios a mi alrededor.

Respiré profundo y miré la tierra oscura y el cielo iluminándose con las estrellas y la Madre Luna. Comprendí que la mesa en la que estábamos probablemente era el sitio más alto al sur de Oceanside. Mis ojos seguían humedecidos: yo estaba tan triste, pero también tan feliz.

"Gracias, Shep," dije. "Muchas gracias por guiar a mi hermano *Chavaboy* de regreso al Cielo. Y muchas gracias también por haberte tomado el tiempo para ser mi amigo mientras estuviste aquí en la Tierra. Nunca te olvidaré, Shep, ¡nunca! Y gracias también, Joseph," dije, dándome la bendición, "por ser el mejor hermano que alguien hubiera podido tener. Te amo. ¡Los amo a ustedes dos con toda mi alma y mi corazón!"

Dije esto y supe que mi hermano había cumplido su promesa, y que en ese momento estaba cuidándome ahí, arriba de mí. Regresé a casa sintiendo que Joseph y Shep estaban muy cerca de mí, y que me guiaban paso a paso en la oscuridad.

Yo no iba solo. Nunca más volvería a estar solo sin importar a donde fuera, porque mi hermano Joseph había cumplido su palabra y de ahora en adelante siempre estaría conmigo, arriba de mí, así como yo lo había estado cuando salté del coche.

Una vez que llegué a casa, intenté explicarles a mis padres lo que me había sucedido en aquella mesa para que se sintieran mejor, pero no me escucharon.

Sin embargo, cuando les conté a Emilio y a Rosa lo que me había sucedido—en los establos, antes de entrar a mi casa—entendieron de inmediato y dijeron que el cuerpo de Shep probablemente se había transformado en humo, cuando su Alma había viajado al Otro Lado para estar con el Alma de mi hermano, pues eso era lo que hacían las Almas: trabajar juntas en Armonía, al igual que todo el resto de la Creación de Dios.

"Los animales," me explicó Rosa, "pueden hacer eso de manera voluntaria, mucho más fácilmente que los humanos, porque ellos no han aprendido aún a preguntar, así que el amor del alma todavía es la base de sus vidas, así como también lo fue para el Señor Dios Jesús," añadió, dándose la bendición, y luego se besó el dedo gordo que lo tenía sobre su dedo índice.

El día del funeral de mi hermano, el coronel Atkinson llegó con un autobús lleno de cadetes uniformados de la Academia del Ejército y la Marina de Carlsbad, para que marcharan y tocaran la corneta. Más de quinientas personas asistieron al funeral. Yo me puse el traje marrón y gris que mis padrinos Manuelita y Vicente me habían dado para mi primera comunión. Un cadete amigo de mi hermano me anudó la corbata. Mi hermano fue enterrado en el extremo norte del cementerio El Camino, de Oceanside, muy cerca de una cruz blanca y grande con la imagen de Jesús.

De repente, todas las cosas que no tenían sentido para mí me parecieron muy claras. Es decir, allí estaba Jesús en la cruz con Su Santa madre rezando por él, y ahí estaba mi mamá a pocos metros de distancia, rezando y llorando mientras bajaban el ataúd de su hijo.

Mis ojos se llenaron de lágrimas de felicidad, me di vuelta y miré el pequeño valle al oeste. Nunca me había dado cuenta que la mesa grande y alta, donde creía que Shep había saltado dentro del Padre Cielo para interceptar el Alma de mi hermano, estaba tan cerca de este cementerio. Sonreí. Era tan hermoso. Ahora mi hermano Joseph estaría aquí para siempre, al lado de Jesús y María, y cuando así lo quisiera, podría mirar desde su tumba hacia el oeste y ver el lugar donde su perro había interceptado su Alma para guiarla de regreso al Cielo. Ahora entendía sin ningún esfuerzo lo que mi hermano me había dicho en el sentido de que había un plan mucho más grande y divino del que no sabíamos nada. Todos estábamos juntos, como familia: Jesús y María, mi mamá y Joseph.

Me emocioné tanto que quise contarle eso a mi mamá, pero estaba inconsolable.

El funeral concluyó, regresamos a nuestros coches, y nuestra tía Tota volvió a decir por qué nunca había querido tener hijos, delante de Linda, Tencha y yo.

"¡Tener hijos es horrible!" gritó ella, lo suficientemente duro para que todos oyeran. "¡Es tan doloroso traerlos al mundo y que se mueran antes que uno! Lupe y yo vimos cómo nuestra adorada mamá vivió varias veces esta situación durante la Revolución, y yo le dije a Lupe que nunca tuviera hijos," dijo nuestra tía en medio del llanto, "pero no me hizo caso, y miren cómo está sufriendo ahora."

"¡Carlota!" dijo Papá y nos lanzó una mirada. "¿Podrías cerrar tu boca aunque sea una vez en tu PINCHE VIDA?"

"¡USTEDES LOS HOMBRES SON LOS QUE DEBERÍAN CERRARSE LA CREMALLERA DE LOS PANTALONES!" gritó nuestra tía, "¡siempre están obligándonos a tener más y más hijos, cuando todo lo que queremos es un poco de amor y de bondad!"

"¡BONDAD!" bramó Papá, agarrando a nuestra tía Tota de la garganta, "nunca has tenido una pinche palabra de bondad para nadie que no seas tú ¡BOCONA, ESTÚPIDA Y EGOÍSTA! ¿No ves que tus palabras destrozan a Lupe y les hacen daño a nuestros hijos?"

"Salvador," dijo Mamá, separando a mi papá de nuestra tía, "¡Deja a Carlota en paz! Ella tiene buenas intenciones, aunque sea a su manera. ¡No peleen más, por favor!"

Llegamos a casa y como la vajilla no alcanzaba para servirles a todos, nuestra tía Tota fue por la suya y por su juego de cubiertos. Regresó y ayudó a servirles comida a todos los que fueron a nuestra casa después del funeral. Nunca olvidaré que esa noche, mi tía Tota me llevó aparte mientras limpiaba la cocina con mis primas Isabela y Loti.

"Mira," me dijo, poniendo un tenedor suyo al lado de los de mi mamá, "mi juego de cubiertos es más grande, mejor, más fino y más caro que el de tu mamá. No crean que no tenemos cosas buenas porque ustedes viven en una casa bonita. Archie pudo haber construido una casa más grande que ésta, y también en la playa, pero no lo hizo porque no le gusta presumir como al grosero de tu papá. ¡Lupe nunca debió tener hijos!" añadió furiosa.

Me quedé estupefacto. Me dieron ganas de agarrar su tenedor, que era mejor y más grande, y enterrárselo en la panza. Sin embargo, permanecí allí, mientras ella me mostraba por qué sus cubiertos eran más grandes y mejores que los nuestros. A fin de cuentas, tal vez tuviera razón y ninguno de nosotros lo mexicanos debería haber nacido jamás.

Siete días después de la muerte de mi hermano, Emilio me dijo que Joseph y Shep habían llegado a casa. "Esta mañana, al despertar, miré hacia el cielo y vi que la estrella matinal estaba más grande y más brillante que nunca. Eso quiere decir que tu hermano y su perro Shep regresaron al Cielo," dijo Emilio. "Es por eso que Dios, en su Infinita sabiduría, nos ha sonreído, haciendo que esa Estrella sea más brillante aún."

Al escuchar esto, me alegré mucho de que Shep hubiera pasado tanto tiempo conmigo, enseñándome a cazar y a observarlo todo. La bauticé "Estrella Perro." Pero cuando les conté a mis padres lo que Rosa y Emilio me dijeron cuando Shep había dado vueltas por la casa y que fue a interceptar el alma de Joseph para guiarla de nuevo al Cielo, entraron en furia. No supe por qué, pues les había dicho aquello para que se sintieran mejor.

"¡Tu mamá y yo le conseguimos los mejores médicos a tu hermano!" me gritó mi papá. "¡Y NUESTRAS PALABRAS NO SERÁN PUESTAS EN DUDA por ninguna estúpida creencia india!"

"Pero, Papá," dije, "no estoy poniendo tus palabras en duda. Sólo estoy tratando de decirles que Joseph y Shep han regresado al Cielo."

"¡YA BASTA!" gritó.

"Pero, Papá," dije, "escúchame por favor. Si Mamá me ha dicho que su madre siempre decía que somos estrellas caminantes que vinimos a la Tierra a realizar nuestra labor, para luego regresar al Cielo a ayudarle a Papito a mantener las estrellas brillantes. ¿No ves entonces que es apenas natural que Shep haya guiado el alma de *Chavaboy* de regreso al Cielo?" añadí.

Sin embargo, cualquiera pensaría que había dicho algo terrible, porque mi mamá salió del cuarto, gritando que no quería escuchar nada más.

"¿Ves lo que has hecho?" me dijo mi papá. "Abre los ojos. ¿No te das cuenta mijito que tu hermano está muerto? ¡YA SE FUE! ¡ESAS NO SON MÁS QUE SUPERSTICIONES INDIAS RETRÓGRADAS para darles FALSAS ESPERANZAS a las personas! ¡Tu mamá tiene razón! ¡Vivimos en este país! ¡No podemos seguir con las viejas costumbres mexicanas!"

"Pero... no entiendo. ¿Por qué no, Papá? Si hasta Joseph me dijo que lo que se necesita en el mundo no es poder, dinero ni inventos, sino..."

"¡MALDITA SEA!" gritó mi papá tan duro que las cuerdas de su cuello de toro se le engrosaron como lazos, ¡NECESITAMOS SABER CUÁL ES NUESTRO SITIO!"

El corazón se me quiso salir cuando escuché esto. Ya me estaba asustando. Mi propio Papá me estaba diciendo lo mismo que me habían dicho el director y mis compañeros: que yo tenía que saber cuál era "mi sitio."

"¿Cuál es entonces nuestro sitio, Papá?" le pregunté, y el corazón se me quería salir del susto.

"¡MALDITA SEA!" vociferó de nuevo y su cara denotó una expresión confundida. "¡NO LO SÉ!"

Y enseguida, mi papá, mi héroe, el hombre más fuerte y valiente en todo el mundo, comenzó a llorar como un niño. Los ojos se me llenaron de lágrimas, y una nube cubrió el cielo y oscureció la luz del sol. El día se enfrió. Concluí que mi hermano había sido muy listo en irse, y deseé haberme ido con él.

Ese mismo día, mi mamá y mi papá decidieron despedir a Rosa y a Emilio, pues dijeron que no iban a tener personas que nos platicaran sobre las antiguas costumbres mexicanas a mi hermanita Linda y a mí, ni a socavar su autoridad.

Linda y yo nos pusimos a llorar. No queríamos que Rosa y Emilio se fueran, pues nosotros los queríamos mucho y eran como un segundo papá y una segunda mamá para nosotros. Además, yo no iba a cambiar si los despedían, porque mi hermanita y yo habíamos visto lo que habíamos visto: que nuestro perro Shep realmente había enloquecido de amor por nuestro hermano, que desapareció el día en que Joseph murió, y que nunca más volvimos a verlo.

Nuestra tía Tota podía decir lo que quisiera sobre sus cubiertos y nuestros padres podían decir lo que quisieran sobre los mejores médicos que habían conseguido, pero yo seguía sabiendo lo que sabía: que los animales tenían Almas Sagradas y que nosotros, los seres humanos, debíamos que prestarles mucha atención si queríamos que nos guiaran para regresar al Cielo.

LIBRO **tres**

CAPÍTULO **diecisiete**

¡Me DESMORONÉ POR COMPLETO! ¡No podía haberme sucedido algo peor! Pocos días después de la muerte de mi hermano Joseph, la maestra me dijo delante de todos mis compañeros que tendría que repetir tercero una vez más.

Comencé a llorar. No pude evitarlo. Estaba cansado y me sentía tan abatido que tuve dificultades hasta para respirar. La maestra me dijo que no me preocupara, que yo no era el único, que Jeffrey también tendría que repetir el año. La miré. ¿Qué le pasaba a esa mujer? Era estúpida o sufría de estreñimiento, como decía mi papá de las personas que no pensaban con claridad. ¿Acaso pensaba que yo me sentiría mejor porque otro estudiante también iba a reprobar el año?

Me di vuelta en mi silla para mirar a Jeffrey y ver cómo había recibido la noticia. Era extraño, nunca antes había reparado en él, pero ahora que los dos íbamos a reprobar el año, pude recordar algunas cosas suyas muy interesantes.

Un día, hacía casi un mes, y mientras la maestra nos leía una historia sobre los indios de la región, algunos estudiantes dijeron que los indios estaban tan atrasados que ni siquiera tenían el cerebro para hacerles ventanas a sus chozas y mirar hacia fuera. Jeffrey, que era un chamaco muy introvertido, habló.

"Tal vez les interesara más guardar el calor que mirar," dijo. "Y además, debido al clima, lo más seguro es que sólo utilizaran sus chozas para dormir, pues cocinaban y vivían afuera."

La maestra—nunca lo olvidaré—miró a Jeffrey como si fuera la primera vez que lo viera y le dijo, "¿No les parece interesante que el segundo estudiante con mayores problemas de aprendizaje haya pensado eso? Creo que tal vez exista un sitio para todos nosotros."

¡Qué sorpresa me llevé cuando la maestra dijo delante de todos que Jeffrey era "el segundo estudiante con mayores problemas de aprendizaje"! Yo no creía tener ningún problema. Automáticamente miré, preguntándome quién sería el estudiante con mayores problemas de aprendizaje y noté que la mayoría de mis compañeros me miraron.

Súbitamente me hice a la idea de que yo era el estudiante con mayores problemas de aprendizaje. Quise desaparecer en el acto y morirme de tanta vergüenza que sentí. Pero pronto percibí aquella voz detrás de mi cabeza, diciéndome que recordara que la maestra también había dicho que tal vez existía un lugar para todos nosotros. Me sentí un poco mejor, porque era probable que eso quisiera decir que también había un "sitio" incluso para mí, el más atrasado de todos, y que posiblemente también existiera un sitio para mi papá y mi mamá, y que todo estaría bien si pudiéramos encontrar uno para todos los mexicanos.

En el descanso, después de que la maestra dijera que Jeffrey y yo íbamos a reprobar el año, intenté hacerme amigo suyo, esperando que se sintiera mejor, pues al fin y al cabo yo ya había reprobado un año y tenía mucha experiencia en ese sentido.

Pero cuando me acerqué a él, noté que no quería que lo vieran conmigo. De hecho, miró rápidamente alrededor y se alejó de mí. No me fui tras él, pues sabía lo que sucedía. Estaba esforzándose para que los compañeros lo aceptaran, así como yo también lo había intentado la primera vez que hice tercer grado. Además, él era blanco, y no quería que lo vieran con un perdedor, que para colmo de males era mexicano.

Me sentí muy rechazado y eso me dolió bastante. Crucé rápidamente el sendero pavimentado y decidí hacerme tan lejos de todos como pude. Me senté solo y cuando vi a mis compañeros, me di cuenta que Jeffrey había tenido suerte. Lo aceptaron al ver que me había rechazado. La maestra vino y me preguntó por qué estaba solo.

"¿Por qué no juegas con tus compañeros?" me preguntó.

Me dieron ganas de escupirla. ¿Por qué me había dicho que iba a reprobar el año y que era el estudiante con mayores problemas de aprendizaje delante de todos, si realmente quería que me aceptaran? Sin embargo, no la escupí, aunque debí hacerlo. No, sólo me encogí de hombros y me comporté como si fuera tan estúpido que no me diera cuenta de nada. Comenzaba a descubrir que comportarse como un estúpido era una buena forma de evitar mayores vergüenzas.

Pero mi situación no era realmente tan mala. Había dos o tres chamacos que platicaban conmigo. Uno se llamaba Phil, vivía cerca de la laguna, al sur de la escuela. El otro era Billy, que vivía en la colina, un poco más arriba de nosotros, al final de California Street. Los padres de Billy y de Phil ya eran muy mayores y siempre se mantenían muy limpios y bien vestidos.

Cuando les llevé la nota a mis padres y les dije que había reprobado tercero de nuevo, mi mamá comenzó a llorar, pues no supo qué hacer. Sin embargo, mi papá me llevó hasta el molle.

"¿Cuántos años tienes?" me preguntó.

"Nueve," dije. "Cumplí nueve un par de semanas antes de... que Joseph..." y me callé, pues no quería que mi papá se disgustara.

"Muriera," dijo mi papá. "Cumpliste nueve años pocas semanas antes de la muerte de tu hermano Joseph, ¿verdad?"

"Sí."

"No tengas miedo en decir esa palabra. No podemos vivir temiendo utilizar esa palabra."

"Muriera," dije con lágrimas en los ojos. El viento comenzó a soplar y las ramas del árbol se movieron.

"Bien," dijo él. "Creo que tu mamá y yo no les hemos prestado mucha atención ni a ti ni a tus hermanas luego de la enfermedad y la muerte de tu hermano, ¿verdad?"

Me encogí de hombros, pues no supe qué decir.

"Lo siento," dijo. "Mi papá hizo lo mismo con nosotros, y yo terminé haciendo lo mismo con ustedes." Respiró profundo. "Mi papá ni siquiera tuvo ojos para verme después de la muerte de sus hijos, que eran altos y güeros. ¡Lo único que hizo fue gritar de montaña en montaña, como si fuera un loco, diciendo que Dios lo había abandonado y que ya no tenía ningún motivo para vivir, porque todos sus hijos habían muerto!" A Papá se le llenaron los ojos de lágrimas. "Yo tenía nueve o diez años, la misma edad que tú, pero él no se fijaba en mí porque yo tenía la piel morena y aspecto indio, y no tenía ojos azules como él. Tu mamá y yo no vamos a olvidarnos ni de ti ni de tus hermanas, aunque mi papá se hubiera olvidado de mí. ¡Lo juro!"

Me tomó en sus brazos y me estrechó contra él, besándome y abrazándome una y otra vez, hasta que dejó de llorar. Se secó los ojos, me apartó, me tomó del brazo y me miró fijamente a los ojos.

"¿Recuerdas lo que te dije que hizo mi mamá cuando mi papá nos rechazó a los hijos que todavía estábamos vivos y comenzó a beber hasta morirse, llorando la pérdida de todos sus hijos ojiazules? Mi mamá, que no era más que un saco de huesos indios, padeció el mismo dolor de perder a once de sus hijos, pero no se desmoronó ni dijo que Dios la había abandonado. No, ella dijo, 'tengo tres hijos por los cuales vivir' y luego remató con el dicho indio más poderoso que había en todo México: mañana es otro milagro de Dios. Y gracias a esas palabras, y a la fuerza de su corazón y de su alma, la vi levantarse con el poder de una gran estrella, bajar con nosotros de los altos de Jalisco y atravesar el valle de Guanajuato, donde vimos ciudades enteras con decenas de muertos apilados. ¡Y esa pequeña mujer nunca se rindió!"

"No vamos a dejarnos llevar por el pánico ni a perder la confianza," añadió, tomándome de los hombros, "ni a dejar de vivir por la muerte de tu hermano Joseph, ¿entiendes? Somos una familia y vamos a seguir viviendo con amor en nuestros corazones, porque en realidad, mañana es otro milagro de Dios, y quién sabe si tal vez tu hermano salió mejor librado al morir tan joven. Tenía un corazón tan grande y era tan amable, que quizá el mundo lo hubiera... aplastado. Él no era un cabrón de verdad como tú y yo. ¿Me entiendes?"

Me encogí de hombros pero luego asentí; tal vez mi papá tuviera razón al decir que yo era un cabrón de verdad. A fin de cuentas, yo chantajeaba a los demás y le había pagado cinco centavos a una chamaca para verle los calzones. Y también había mordido a una maestra. "Tal vez," dije. "Creo que sí."

Mi papá me miraba y tenía la sonrisa más grande que le hubiera visto. "¿Sabes lo que acabas de hacer?" Negué con la cabeza. "Acabas de cerrar lo ojos y arrugar tu cara para pensar, igualito a mi mamá."

"¿De veras?"

"Sí, yo siempre he dicho que la sangre conoce la sangre. Tu hermano era muy parecido a José, mi hermano mayor, y tú te pareces mucho a mi mamá."

"¿Quieres decir que la sangre puede saltar y pasar de un hombre a una mujer?"

Mi papá asintió. "Claro, ¿por qué no? ¿Acaso no es lo que hace Dios, oscilar entre el día y la noche, entre el hombre y la mujer?"

Me encogí de hombros, pues no sabía eso.

"Chingaos, me alegro que hayas reprobado el año de nuevo," me dijo mi papá.

Yo me quedé asombrado. "¿De veras?" le dije.

"Claro que sí. Mi mamá decía que cuando las cosas se ponían difíciles, era ahí cuando teníamos la verdadera oportunidad de realizar el trabajo de Dios. 'Vamos, Dios' decía ella en medio del desastre, '¡dame una oportunidad! ¡Porque sé que Tú y yo juntos, Diosito, podemos mover montañas!' ¿Por qué mi mamá –Dios bendiga su alma— hablaba así? Porque ella, mijito, no creía en Dios. ¡No, ella VIVÍA con DIOS! ¿Entiendes? ¡Ella estaba convencida que vivía con Papito Dios, y que Él la necesitaba tanto a ella como ella a Él, para que se hiciera Su Voluntad!"

"Chingaos, si te hubiera ido muy bien en la escuela, probablemente hubieras terminado queriendo ser maestro. Y la mayoría de ellos se ven tan temerosos, que nunca dan la cara. ¿Crees que el director de tu escuela podría sobrevivir en prisión? ¿Sabría qué hacer en Las Vegas con mil dólares en una mesa? ¿Podría aterrizar en México sin dinero, sin saber español y empezar una vida de la nada? Te digo que ni siquiera tendría el valor de acercarse a una mesa de juego ni de llegar a México arruinado."

"Papá, ¿tendré que ir a prisión?" pregunté.

"¿Qué? ¿Por qué me lo preguntas?"

El corazón comenzó a latirme con fuerza. "Por lo que acabas de decir del director. Dijiste que para ser hombres, se necesita sobrevivir en prisión."

Vio el miedo en mis ojos y me miró con suavidad. "No, mijito," me dijo, "seguramente nunca vas a estar en prisión. Pero tú eres un mexicano, y si no le besas el trasero a la autoridad o aprendes a ser realmente astuto, es posible que necesites pasar un tiempo allí."

El corazón se me quiso salir. "¿*Chavaboy* habría ido a prisión si hubiera vivido?" pregunté, casi orinándome en los pantalones del miedo que tenía. Yo no quería que me enviaran a prisión, todavía era muy pequeño y quería estar con mi mamá y con mi papá.

"No," dijo, "creo que no. *Chavaboy* era muy diferente a ti y a mí. Él se parecía más a tu mamá. Tú te pareces más a mí, eres un cabrón de verdad. ¿Te acuerdas que te orinaste sobre mí cuando todavía estabas en pañales?" dijo riéndose. "Y ahora andas chantajeando a los demás."

Me quedé paralizado. No sabía que mi papá estaba al tanto de mis chantajes. "¿Cómo supiste eso?"

"¿De tus chantajes?" me preguntó.

Asentí. Creí que me había metido en un gran lío, pero mi papá se rió.

"No te asustes," me dijo. "Recuerda, el miedo sólo es bueno cuando la otra persona lo siente y tú no."

"Entonces, ¿no estás enojado conmigo por haber chantajeado a los demás?"

"¡Claro que no! ¡Me parece padrísimo! Pero ya estás muy grande para eso, porque... el chantaje es un asunto serio y puede ser muy peligroso. He visto morir a hombres rudos, pues no supieron cuándo retirarse. Un hombre debe saber cuándo retirarse, mijo. Ese es el secreto, no sólo del juego y del chantaje, sino de toda la vida."

"¿Retirarse? Creí que me había dicho que un hombre bueno nunca se retiraba, que era un burro macho, y que seguía y seguía sin importarle lo demás."

Mi papá sonrió. "Bueno. Entonces ya estamos hablando de la crucifixión de la vida. Mira, siempre que decimos que algo es cierto, también vale para lo opuesto. Es así como llegamos a un punto de equilibrio y logramos entender, en lugar de simplemente tener opiniones. Las opiniones son como los traseros, todo el mundo tiene uno y todos apestan. Pero el entendimiento tiene un olor dulce y es el comienzo de la sabiduría. ¿*Capiche*?"

"No sé," dije, encogiéndome de hombros. "Tal vez un poco."

"Bueno. El comienzo de toda sabiduría es entender lo que no sabes. Saber es el enemigo de todo aprendizaje. Estar seguro es el enemigo de toda sabiduría. Mira, un hombre bueno nunca se da por vencido cuando las cosas se ponen difíciles o cuando tu familia sufre una gran tragedia. Pero también, un hombre bueno a las todas no puede ser terco, sino saber cuándo decirle no a la próxima copa de licor o a la próxima ronda de cartas y retirarse del juego. Fue tu mamá quien gracias a todo su poder me hizo dejar el juego y la fabricación clandestina de licor y que entrara a la legalidad."

"No, los hombres buenos nunca se retiran: ¡Nunca! Y sin embargo, tenemos que saber cuándo parar y decir "mañana es otro milagro de Dios" y descansar por la noche para ver las cosas con más claridad al día siguiente."

Asentí. Todo eso tenía mucho sentido para mí. Luego, una idea me asaltó con la velocidad de un rayo: los caballos pensaban y mucha gente sabía esto. Me sentí muy bien de un momento a otro y comencé a sentir de nuevo el zumbido detrás de mi oído izquierdo. Sonreí. Papito Dios me masajeó la cabeza y me dijo que estaba de acuerdo con todo lo que yo había pensado.

"¿Te estás sintiendo mejor?" me preguntó mi papá.

"Sí," dije, "me estoy sintiendo mucho mejor, Papá."

"Está bien," y al decir esto, me tomó suavemente de los hombros, nos dimos vuelta y nos dirigimos de nuevo a casa. Las ramas del gigantesco árbol comenzaron a bailar en la brisa y supe que mi papá y yo no estábamos solos.

Al día siguiente, mi papá me sorprendió de nuevo cuando me dijo que no tenía que ir a la escuela si no quería. "Ya está bueno," dijo "¿para qué demonios estudiar? ¿Qué harán, hacerte reprobar el año de nuevo?" dijo sonriendo con picardía. "¡Propongo que desayunemos juntos y que luego montemos a caballo como una familia de LOS ALTOS DE JALISCO!"

Nunca olvidaré lo agradable que fue comer huevos rancheros esa mañana con mi familia, en vez de desayunar sólo con mi papá y destinar el tiempo para alistar mis cosas antes de irme a la escuela. Y en los corrales, después de haber ensillado los caballos, mi papá se metió la mano en la bolsa y me dio cinco billetes de un dólar. "De ahora en adelante, no más chantajes, pero quiero que siempre tengas dinero, mijo, porque el dinero es bueno, y no sólo para gastarlo en dulces y en pendejadas como esas, sino también para darles a las personas que vienen hasta nuestro valle siguiendo las vías del tren que están detrás de nuestra casa. Algunas de esas pobres gentes vienen caminando desde el sur de México, como lo hicimos tu mamá y yo."

"Están cansadas, hambrientas y buscando trabajo. Son buenas personas, mijo, ¡las mejores! No quieren nada porque sí. Si ves que están sin dinero, les das para que puedan comprar pan, leche y carne. Este es el gran milagro del dinero, que puede salvarle la vida a una persona hambrienta. Nosotros nos estábamos muriendo de hambre cuando cruzamos la frontera. Toda la vida le he tenido miedo al hambre, no a la muerte. Morirse es fácil cuando se trata de un pobre mendigo que no puede hablar el idioma y mucho menos pedir un vaso de agua."

"Y cuando se te acabe este dinero, pídeme más o simplemente vas a mi cuarto, lo sacas de la bolsa de mis pantalones y me dices cuánto tomaste. Tienes nueve años, eres un hombre honorable, y tu honor no tiene precio que el dinero pueda comprar. Entiende: ya tienes dinero, ya sabes manejar una pistola y ningún hombre o mujer, sin importar qué tan grandes o importantes crean ser, pueden volver a pisar tu sombra sin antes pedirte permiso. ¿Comprendes? ¡Ya eres UN HOMBRE, y tienen que respetarte!"

Yo asentí, pues había entendido. ¡El corazón me PALPITABA de AMOR! Tomé los cinco dólares, me los guardé en la bolsa, y me sentí como si hubiera crecido diez años desde que me habían dicho que había reprobado el año de nuevo.

Esa mañana, mi mamá y mi hermanita—Linda todavía no había comenzado a estudiar—fueron a montar a caballo con mi papá y yo. Salimos por las puertas de la entrada, bajamos por Stewart Street hacia Cassidy, doblamos a la izquierda, subimos la colina y luego bajamos por la cuesta que está en la propiedad del doctor Hoskins, y seguimos hacia la laguna de los patos que está entre Oceanside y Carlsbad.

"Espero que ese hombre arda en el infierno," dijo mi mamá cuando pasamos por la casa del doctor.

"Lupe," le dijo mi papá, "cálmate. Estamos montando a caballo y divirtiéndonos." Ella le hizo un gesto a mi papá. "¡Tú eres un hombre, Salvador!" dijo mi mamá "¡no una mujer! ¡Nunca podrás entender qué siente una mujer aquí en el corazón, cuando pierde a un hijo a una edad tan temprana que no tuvo la oportunidad de vivir!"

Y estalló en llanto. Papá respiró profundo pero no dijo nada, cruzamos la colina. El paisaje era hermoso. Llegamos a un rancho muy grande al este de El Camino, que un famoso campeón olímpico de patinaje sobre hielo había comprado hacía poco. Desde allí pudimos ver toda la laguna hasta el Océano Pacífico que resplandecía en la distancia.

Nos apeamos de los caballos, les aflojamos las cinchas y los dejamos pastar un poco. Mi papá había traído su pinta de whisky, bebió un trago y le ofreció a mi mamá. Nunca la había visto beber licor de la botella. Sin embargo, cuando mi papá intentó besarla, ella retiró su cara. Al ver esto, recordé de nuevo lo que había dicho nuestra tía Tota acerca de que nunca había querido tener hijos, y me pregunté si también mamá no estaría arrepentida de habernos traído al mundo.

Mi papá no le dijo nada por haberle retirado la cara, pusimos las cinchas y ensillamos de nuevo. Mi papá nos ayudó a mi hermanita y a mí a montarnos en nuestros caballos, y luego a mi mamá, acariciándole la pierna. Mi papá saltó encima de Lady, su gran yegua Morgan, sin asentar los pies en el estribo.

Llegamos a casa, desensillamos los caballos y almorzamos. Había muchos aguacates grandes y jugosos, queso recién hecho en casa, tortillas y salsa caseras. Esa tarde, mis padres y yo fuimos a la escuela a llevarle una caja de aguacates a mi maestra. Se me hizo extraño que ya no me pareciera tan grande ni tan fuerte. No, parecía vieja, débil y nerviosa cuando me vio llegar con mis padres. Mi papá y mi mamá le dieron la caja de aguacates, que contenía también un sobre con dinero. Cuando lo vio, se negó a recibir la caja.

"Recíbelo," le dijo mi papá con tono suave pero firme. "Lo que pasa es que tenemos un pequeño plan. Lupe habló esta mañana con nuestro sacerdote."

Mi mamá le contó el plan a la maestra. Se trataba de que ella me aprobara, pues yo no volvería a estudiar en ninguna escuela pública. Estudiaría en una escuela católica, y mi papá ya me había explicado que era una institución mucho mejor y más confiable, donde si el dinero era bastante, no sólo hablaba sino que gritaba y te garantizaba un paso asegurado—no sólo de grados escolares—sino también al Cielo.

Mi maestra se "iluminó." Me aprobó por escrito, tal como le había sugerido mi mamá, aceptó el dinero y los aguacates y nos fuimos silbando felices a casa. ¡Me pareció padrísimo! ¡Nunca antes me había dado cuenta que la vida era así de fácil! El chantaje y los sobornos eran el camino a seguir. Sin embargo, recordé que había prometido no hacer más chantajes. Pero no se había dicho nada sobre el soborno.

Estaba profundamente dormido cuando mi mamá llegó corriendo, comenzó a sacudirme y me dijo que despertara.

"¡APÚRATE! ¡Vístete!" me gritó mi mamá. "¡Tu papá volvió a emborrachar a su caballo en un bar!"

Sólo faltaban dos días para que la escuela terminara. Mi papá había comprado un caballo llamado Cherokee. Era un palomino blanco que le había comprado a Harold Figstad, quien había abierto una estación de gasolina Mobil en Hill Street y Cassidy. A su vez, Jimmy Williams y mi papá le habían vendido a Ojos Azules.

"¿Cuál caballo?" le pregunté a mi mamá. Esperaba que fuera Lady, su vieja yegua Morgan, pues era resistente al licor y sabía comportarse bien. Cuando mi papá comenzaba a beber, a veces le daba algunas cervezas al caballo. Afortunadamente nunca les daba licores fuertes; sólo cerveza. Pero Cherokee era un caballo joven, recién castrado y seguramente no resistiría siquiera unas pocas cervezas.

"No sé," dijo mi mamá. "No le pregunté. Creo que es Cherokee, su nuevo caballo. Lo único que sé es que el caballo se enloqueció, quebró sillas y mesas y no hay forma de sacarlo del bar."

Me dio mucha tristeza escuchar esto, pues podría tratarse de algo malo. Un animal que no supiera asimilar el licor podía ser muy peligroso.

"¡APÚRATE! ¡Vístete!" me dijo mi mamá. "Yo traeré a tu papá y tú traerás al caballo."

Casi me orino en mi pijama del susto. Esperé que mi papá estuviera por lo menos en el bar Pepper Tree, que tenía un camino de tierra detrás, pues no quería montar en un caballo borracho por una carretera de concreto o de asfalto resbaloso.

Me quité rápidamente el pijama, me puse mis Levi's, mis calcetines y mis botas, saqué una camisa de manga larga, me lavé la cara y agarré mis espuelas y mi sombrero de vaquero. Dudé en ponerme las espuelas, ya que todo dependía de que el caballo colaborara o no.

Bajé corriendo las escaleras, abrí la puerta, crucé el patio y me subí al coche, que mi mamá ya había encendido. Avanzamos con rapidez por el largo camino de entrada, cruzamos las puertas grandes y blancas, doblamos a la derecha en California Street, pasamos por la nueva tienda del anciano Hightower y doblamos a la izquierda por Hill Street. Mi mamá se estacionó una cuadra y media más abajo, frente a la nueva estación de Figstad. El caballo de la Mobil, grande, rojo y con alas, titilaba. Nos bajamos del auto y fuimos a un lugar en el que nunca antes había reparado. Tenía una entrada con dos puertas inmensas, pero había una pared muy sólida poco después de la entrada, así que tenías que doblar a la derecha o a la izquierda si querías pasar. Antes de llegar a la entrada escuché la voz potente de mi papá, y un estruendo de mesas y sillas.

Seguí a mi mamá por el costado derecho, llegamos a un salón grande y allí estaba mi papá con dos mujeres a su lado. Su caballo dorado y blanco resbalaba en la pista de baile, temblando de miedo y derribando todos los muebles que encontraba a su paso. Mi papá tenía su sombrero de vaquero detrás de su cabeza y estaba cantando en español como Jorge Negrete, con una cerveza en la mano. No parecía preocuparse porque Cherokee estuviera destruyendo todo. Al vernos a mi mamá y a mí, se le iluminó la cara de puro gusto.

"¡QUERIDA!" gritó a la vez que las dos mujeres se apartaban rápidamente de su lado. "¡ALMA DE MI CORAZÓN!" gritó. "¡Por fin vienes a estar conmigo!"

"¡No, Salvador! ¡He venido para llevarte a casa!"

"¿A casa? Pero, ¿por qué? ¡La fiesta apenas está comenzando!"

Vi que todos los clientes del bar estaban atrás, pues se sentían asustados por la forma en que el caballo se resbalaba y pateaba. Había más de veinte personas, la mitad hombres y la mitad mujeres. El encargado del bar—me pareció reconocerlo pero no estaba seguro—también parecía muy asustado. Me imaginé que había sido él quien llamó a mi mamá y no a la policía. Eso estaba bien, pues la mayoría de los policías no habrían sabido qué hacer con Cherokee. El año anterior, dos policías jóvenes habían tratado de llevar a casa un ganado nuestro que se había salido de los corrales y fue a dar a la playa. Uno de los policías acercó su motocicleta al ganado y una res le rompió las luces.

Rápidamente me acerqué a Cherokee, agarré las riendas en las que se había enredado, y creí tenerlo bajo control.

"Calma," le dije. "No te apresures." Pero estaba tan borracho y asustado que no sabía qué sucedía.

"LUPE, ¡MI CORAZÓN! ¡Mi novia! ¡MI ESPOSA!" le gritó mi papá. "¡BAILEMOS, MI AMOR, TÚ Y YO!"

"¡Estás borracho, Salvador!"

"¡Y qué! ¡Mis sentimientos por ti todavía son tan fuertes y profundos como el primer día en que te vi! ¡Eres MI ÁNGEL!" gritó, acercándose a ella y tratando de besarla.

"¡No, Salvador! ¡Por favor! ¡Apestas!"

"¡Sí! ¡Apesto COMO UN TORO que todavía respira y adora cada paso que das, balanceando el peso de una hermosa cadera en la otra con un movimiento tan poético que me ENCIENDE EL CORAZÓN!"

"¡Está muerto! ¡Se ha ido! Yo también quise a nuestro hijo con todo mi corazón, pero ¿qué demonios podemos hacer? ¡Todavía estamos aquí, y respirando! Ven, querida. Besémonos."

"¡No, Salvador!"

"¡Sí, Lupe!"

"¡NO!"

"¡SÍ!"

Intenté llevar a Cherokee por la pared que estaba cerca de la puerta, pero le dio pánico y retrocedió. Casi se golpea la cabeza contra el techo, luego se resbaló y cayó sobre sus ancas. Parecía un perro gigante sentado en el piso del bar.

Yo me reí, pero a muchos no les pareció nada divertido y gritaron y salieron espantados. Lo agarré tan fuerte como pude de las riendas, pero Cherokee comenzó a resbalarse y a saltar. Mi papá se acercó de inmediato.

"¡Agárralo, mijo! ¡Tú eres un charro de Jalisco, a lo CHINGÓN! ¡Ah! La vida está tan llena de aventuras locas y extrañas, ¿verdad?" dijo con una mueca de borracho, lamiéndose los labios con su lengua inmensa. "¡Tú tienes problemas con un caballo, y yo tengo problemas con LA MUJER QUE AMO!"

"¡Así que el consejo más importante que puedo darte sobre la vida, mijo es que... le levantes la cola, metas la nariz, respires fuerte y siempre sabrás que es una hembra! ¿Me estás escuchando? ¡QUE LE LEVANTES LA COLA, metas la nariz COMO UN SEMENTAL! ¡Y respires fuerte, LO MÁS FUERTE QUE PUEDAS! ¡Y SIEMPRE SABRÁS QUE ES UNA HEMBRA!" repitió, lamiéndose los labios con su lengua larga y gruesa.

"¡Mira a tu mamá! ¡Es tan HERMOSA! ¡Apenas entra al cuarto yo comienzo a oler! ¡Y lo que huelo es el OLOR DE LA VIDA, CON TODA SU LUJURIA Y BELLEZA, un OLOR TAN RICO que me llena los ojos de lágrimas, el corazón de sangre y mis tanates de energía!"

"¡YA BASTA, SALVADOR!" gritó mi mamá, acercándose a nosotros. "¡Todo el mundo está avergonzado de ti!"

"Bueno, entonces, ¡AL DIABLO CON TODOS! Porque, ¿de qué otra forma podríamos seguir? Dime, Lupe. ¡Las guerras, el hambre, la muerte, toda la maldita tragedia de la vida continúa, de una generación a otra, y sin embargo, nada puede detener este olor de la vida que OLEMOS!"

"Chingaos, un toro huele a una vaca en celo a cinco millas de distancia, y ese toro derriba cercas para coger a la vaca, ¡BRAMANDO TODO EL CAMINO! ¡Y las mujeres, a Dios gracias, una vez que abren sus corazones están en calor todos los días de sus vidas y nos obligan a nosotros los hombres a querer vivir! A VIVIR PARA QUE PODAMOS LEVANTARLES LA COLA, METER LA NARIZ, y..."

Pero antes de que pudiera terminar, mi mamá lo abofeteó. Todos los miraban, especialmente las mujeres. Tenían una expresión de embriaguez, hambre y locura en sus miradas.

"¡VUÉLVEME A PEGAR!" gritó mi papá. "¡Al menos eso sería mejor que no haberme tocado desde que se murió nuestro hijo! ¡Me dices que un hombre no puede sentir lo que siente una mujer! ¡Me dices que un padre nunca puede entender lo que siente una madre cuando pierde a un hijo! Bueno, ¡ESO ES PURA MIERDA!"

"¡Mi madre, Dios bendiga su alma, perdió a un hijo tras otro durante la Revolución, pero no se derrumbó! ¡Fue mi padre quien se vino abajo, diciendo que Dios los había abandonado y que era EL FIN DEL MUNDO!"

"Pero mi mamá," dijo mi papá, tambaleándose en dirección a mi mamá, con lágrimas en la cara, "¡nunca habló en esos términos! No, ella dijo: mañana es otro milagro de Dios, y con esa certeza nos sacó de las montañas de Jalisco y nos fuimos a la frontera con Texas. ¡Y esa anciana india era toda una MAMÁ, y nunca, nunca se dio por vencida!"

"¡Acércate, Lupe! ¡Ven que mis brazos te están esperando! ¡Yo te amo con TODO MI CORAZÓN! Tu piel, el olor de tu..."

"¡YA CÁLLATE, SALVADOR! ¡Por el amor de Dios!"

"¡Está bien! ¡Me callaré! ¡PERO YO TE NECESITO! ¡NECESITO TENERTE CERCA DE MÍ! Porque, ¿cómo podemos tener fe en la vida si no tenemos el olor y la calidez para continuar? ¡TE AMO!"

"Vamos, Salvador," le dijo mi mamá, mirando a todos los clientes del bar. "Necesitamos irnos a casa... Mundo llevará el caballo."

"¿Me apretarás contra tu piel?" dijo él, balanceándose de un lado al otro. "¿Me amarás como te amo yo? Dejarás que DIOS REALICE SU TRABAJO y... ¡Lupe! ¡LUPE! ¡LUPE!" exclamó, arrodillándose con los brazos abiertos. "¡TÚ ERES MI ESPOSA, que me arrebata el alma y el corazón!"

Aunque no quería, mi mamá abrió sus brazos, se acercaron el uno al otro, se abrazaron y luego se besaron. Él la besó y ella lo besó. No se escuchó el más leve sonido en todo el bar. Todos los miraron con la boca abierta. Hasta Cherokee parecía haberse calmado.

Mi papá se puso de pie y siguieron dándose el beso que tanto le había pedido mi papá desde hacía varias semanas. Luego, mi mamá y mi papá se dieron vuelta y salieron por la puerta, y yo me quedé con el caballo borracho. Cada vez que trataba de sacarlo, retrocedía en pánico. Concluí que debió pasarle algo muy malo a la entrada.

"¡Hey!" les grité a todos. "¿Saben si a este caballo le pasó algo a la entrada?"

"Sí," dijo el encargado del bar "se dio un golpe en la cabeza que lo derribó, mientras tu papá montaba en él."

"Ah, es por eso que tiene tanto miedo de pasar por ahí. ¿Hay alguna otra forma de sacarlo de aquí?"

"No sé nada de caballos," dijo el encargado del bar. "Pero no creo que quepa por la puerta de atrás."

"¿Alguien podría agarrar al caballo mientras voy a echar una mirada?"

Pero nadie se ofreció a ayudarme, hasta que una de las mujeres que había estado al lado de mi padre cuando Mamá y yo llegamos, vino desde un rincón del bar. Tenía el cabello rojo y era mayor, pero parecía muy joven y era muy hermosa.

"Yo lo tendré," dijo con una voz ronca y gutural.

"Te conozco, ¿verdad?" le pregunté.

"Sí," dijo ella, un poco nerviosa. "He ido a caballo hasta tu casa un par de veces."

"Ya veo," respondí.

Agarró las riendas y le habló al caballo con suavidad. Vi que sabía lo que hacía. El encargado del bar me acompañó a la parte de atrás. Pasamos al lado de cajas de cerveza, vino y whisky. Cuando llegamos hasta la puerta me di cuenta que él tenía razón, pues era muy estrecha. La entrada de adelante seguía siendo la mejor opción. Regresamos al bar y vi toda la humareda de cigarro. El sitio era un mar de humo gris y blanco y Cherokee comenzó a jadear como si estuviera enfermo. La pelirroja no lograba controlarlo, el caballo resbaló y se cayó varias veces.

"¿Bebió mucho licor?" pregunté.

El encargado del bar pareció avergonzarse. "Como seis cervezas y un par de tequilas."

"Dios mío," exclamé. "Una sola copa de tequila es suficiente para matar a un puerco de quinientas libras."

"No pude hacer nada. No hay nadie que pueda decirle no a tu papá. Dijo que si yo no le servía licor al caballo, compraría el bar y me despediría."

Le creí y decidí ponerme las espuelas. Me montaría en el caballo, lo conduciría por la puerta y confiaría en que no me sacara de la silla cuando llegáramos a la entrada. Me pareció que había muy poca distancia entre el cacho de la montura y el dintel de la puerta. No pude entender cómo había hecho mi papá para entrar montado en Cherokee.

Me amarré las espuelas y les dije a todos que dieran un paso atrás, cosa que hicieron con rapidez, menos la pelirroja.

"Lo agarraré fuerte mientras te montas," dijo ella. Había que hacerlo, pues Cherokee seguía resbalándose a cada momento y poco le faltó para acabar con todo.

"Llévalo cerca de la mesa," le dije. "Todavía soy muy pequeño para subirme a un caballo sin ayuda."

"¿Y qué tal un asiento de la barra?" sugirió el encargado del bar.

"Buena idea," le dije.

El encargado trajo un asiento y se alejó tan rápido como pudo. Me imagino que estaba muy prevenido después de ver todos los destrozos que había causado Cherokee.

Puse el asiento al lado del caballo y le hablé con suavidad. Afortunadamente revisé la cincha, pues estaba floja. Se la apreté e intenté subir los estribos, pero vi que mis piernas eran demasiado cortas como para que sirviera de algo.

"¡Qué chingaos!" dije y me subí al asiento. Estaba listo para poner mi pie en el estribo y subirme a la silla, cuando sentí que dos manos fuertes me agarraron como si yo fuera tan liviano como una pluma y me subieron al caballo. Me di vuelta para decir "gracias" pero no había nadie detrás de mí. Sin embargo, olí a mi hermano. Percibí el olor de la bata de algodón café que había utilizado durante el último año de su vida.

Una gran calma se apoderó de mí cuando me di cuenta que mi hermano Joseph estaba conmigo. ¡Fue padrísimo, pues Cherokee se paró en dos patas, como si quisiera irse!

Miré la ventana grande de cristal que había al lado de la entrada y me pregunté si no sería mejor saltar a través de ella con Cherokee, pero recordé que Bert Lawrence, quien herraba nuestros caballos, había hecho eso el año anterior en el restaurante Mira Mar, al norte de Oceanside, después de los juegos pirotécnicos del Cuatro de Julio, y su caballo se había roto una pata. Aunque parecía una opción tentadora, decidí no hacerlo. Llevé a Cherokee hacia la entrada y cuando comenzó a asustarse, lo espoleé tan fuerte como pude.

El caballo salió disparado como un murciélago escapando del infierno. Pasamos por el corredor y por la puerta, y yo me acosté en la montura para no golpearme contra el techo.

Cherokee se resbaló, cayó de rodillas al atravesar la puerta, se levantó de nuevo y avanzó hacia adelante.

Una corriente de aire frío nos golpeó cuando llegamos a la calle. Pasaron varios camiones y coches con las luces encendidas, pero Cherokee no pareció asustarse. No, lo que hizo me demostró que era un caballo más rápido y ágil que cualquier otro que hubiera montado, y también valiente. Este hijo de la chingada no dudó en saltar sobre el primer coche, luego esquivó un camión y ahí estaba el caballo rojo de la Mobil, titilando enfrente de nosotros, y órale, ¡COMENZAMOS A VOLAR!

Los cascos le retumbaban al galopar. Bajamos por todo el carril central de Hill Street; los coches nos tocaron la bocina y frenaron. Doblamos a la derecha al final de la primera cuadra, abandonamos la vía pavimentada y volví a espolear a Cherokee. Descubrí que mientras más rápido fuéramos, más probabilidades tendría Cherokee de mantener el equilibrio.

Íbamos a toda marcha, dejando atrás las casas y los perros del vecindario. Las Oxely, unas chavas mayores que yo, venían de una reunión y no podían creer lo que veían: a un caballo borracho que pasaba volando con un paso tambaleante y extraño.

Cuando llegué a las puertas de la entrada de nuestro rancho grande, me di cuenta que un coche me había seguido todo el camino. Era la pelirroja que me había ayudado en el bar, acompañada por otra mujer, y se dieron vuelta cuando me vieron cruzar las puertas de la entrada de nuestro rancho grande.

Cuando llegamos a los corrales, Cherokee estaba sudoroso y empezando a recobrar la sobriedad. Afortunadamente no pude meter los pies en los estribos, porque cuando dejamos de correr, Cherokee se cayó de lado y yo me bajé como pude para no quedar atrapado debajo de él, pues pesaba mil cien libras.

Cherokee estaba indispuesto y comenzó a dar arcadas. Creo que era la primera vez que tomaba licor, pues no sabía resistirlo como Lady. Chingaos, esa vieja yegua me hubiera dejado guiarla por aquella puerta del bar y llevarla a casa tan fácilmente como comer pastel de manzana.

Al día siguiente, mis padres no se levantaron a desayunar y sólo lo hicieron a la hora del almuerzo. Mi mamá se levantó, les dio comida a los pájaros y silbó como uno de sus canarios. Creo que estaban enamorados de nuevo.

CAPÍTULO **dieciocho**

Ese día comprendí que me había sucedido algo realmente extraordinario al regresar a casa con Cherokee. Era como si en mi interior supiera que no me moriría como mi hermano. Entendí perfectamente que él tenía toda la razón cuando me dijo que su esencia era muy diferente a la mía, que la suya era muy antigua y que ya había usado sus nueve vidas, mientras que tal vez yo había usado sólo dos o tres.

Mientras cabalgaba con Cherokee a toda velocidad, también me había dado cuenta en lo más profundo de mi ser que yo no estaba solo, y que ninguno de nosotros lo estaba, especialmente cuando teníamos tanta familia en el Cielo que nos ayudaba. Yo tenía a mi hermano Joseph, a mis dos abuelas, a José el Grande, el hermano mayor de mi papá, y a mi bisabuelo Don Pío, el hombre más grande junto a Benito Juárez, ¡el Abraham Lincoln de México! El Cielo estaba lleno de mi familia y también de nuestros amigos, y era gracias a esto que Cherokee no había sido arrollado por un coche cuando salimos al tráfico de la calle. ¡Habían movido las cuerdas en el Cielo para favorecerme!

Ese día fui a la escuela y no sabía cómo explicarlo, pero me sentí mucho más grande que todos mis compañeros. Yo era un año mayor, pues había reprobado el año anterior, pero se trataba de algo más. Es decir, que de algún modo, yo era mucho mayor. De hecho, ni la maestra, ni siquiera el director, me impresionaron ni me produjeron temor. Yo ya era un hombre, y nadie me pisaría la sombra sin pedirme permiso, tal como me lo había explicado mi papá.

De ahora en adelante las personas tendrían que hablarme respetuosamente y comportarse con sensatez. Nunca más podrían intimidarme porque fueran más grandes, más fuertes, ni porque fueran sacerdotes o maestros. Esta sensación fue muy agradable, especialmente después de que a nosotros los chamacos mexicanos nos habían golpeado tanto desde *kínder*. Me dieron ganas de saber dónde vivía la maestra del patio, a quien le decíamos gallo-gallina. Ella nos había torturado con más saña que nadie y lo había disfrutado. Me habría gustado colocar una carga de dinamita en su casa y volarle el trasero en pedazos.

Dios debió oírme, porque al día siguiente escuché que mi mamá llamó a información para pedir el teléfono y la dirección de alguien. Entonces, lo único que yo tenía que hacer era agarrar el teléfono, llamar a información y pedir el teléfono y la dirección de la maldita gallo-gallina. ¡Eso me pareció de poca madre!

¡Y luego salimos de vacaciones! Estaría libre durante el verano y mis padres todavía parecían estar enamorados. Decidieron irse un mes para México con Tencha, mi hermana mayor. Mi hermana Linda y yo nos quedaríamos con Hans y Helen, quienes tenían un criadero de gallinas en Bonsall. A mí no me gustó la idea, pues no podría seguir practicando tiro todas las tardes con el rifle Winchester .22 con sistema neumático que me había comprado mi papá, y con el que progresaba notablemente.

Mis padres se fueron con Tencha en nuestro Cadillac nuevo, y mi hermanita y yo nos fuimos a Bonsall. Aprendimos alemán, a hacer bien las camas, a limpiar huevos, a darles de comer a las gallinas y a llevar la lista de cada gallina para saber cuál había puesto huevos y cuál no. Cuando una gallina pasaba dos semanas sin poner huevos de manera regular, era sacrificada, cocinada y se le daba a los perros. Hans nos explicó a mi hermana y a mí que a los perros del rancho nunca les daban carne cruda, pues el sabor a sangre podía convertir a buen perro en un asesino de gallinas de la noche a la mañana.

Pocos días después, dije que quería tomar clases de guitarra; todo el tiempo me pasaba cantando la canción de mi hermano, sobre el vaquero que cazaba a la manada del diablo. Hans me llevaba dos veces por semana a Oceanside para recibir las clases de guitarra. Le dije a mi maestro que quería aprenderme la letra de la canción de mi hermano. Él me la dio por escrito y mi hermana y yo comenzamos a recitar la letra todas las tardes. No sé por qué, pero Linda leía mejor que yo, y eso que ni siquiera había comenzado a estudiar. Cantar "Jinetes fantasmas en el Cielo" bajo un pino alto, era agradable y mágico, pero también muy triste.

Cuando mis padres regresaron, al comienzo no los reconocí, sobre todo por los vestidos tradicionales de México que tenían puestos mi mamá y mi hermana, que eran extraños y coloridos. Esa noche, ellas nos mostraron todas las fotos que habían tomado en México, especialmente en Acapulco.

El verano terminó, los días se hicieron más cortos y ya casi era tiempo de entrar a la escuela. Estudiaría en la Escuela Católica de la Misión de San Luis Rey, pero yo no quería. ¿Para qué, para descubrir que era más estúpido aún que el año anterior? Me di cuenta que a medida que pasaban los años, la lectura se me hacía cada vez más difícil y cada vez me atrasaba más.

Mi hermana Linda iba a entrar a *kínder*. Le expliqué que no era ningún jardín de rosas, como creían nuestros padres. Le dije que las maestras eran malas, especialmente con nosotros los mexicanos. Ella se rió y me dijo que si le preguntaban de dónde era, les diría que era china, pues al igual que mi papá, le encantaba la comida china. Le dije que no estaba convencido que eso le funcionara, pero pareció tan segura que no le dije nada más.

Una tarde, un par de días antes de que mi hermana Linda y yo comenzáramos a estudiar, sentí de nuevo el zumbido detrás de mi oído izquierdo, y de inmediato comprendí que debía ensillar al Duque de Medianoche y cabalgar hasta la playa.

Luego recordé que esto era exactamente lo que mi hermano Joseph había querido hacer antes de morir. Fui al establo, agarré al Duque, le puse el cabestro, lo llevé hacia la rampa que utilizábamos para subir el ganado al camión, lo cepillé muy bien, subí a la rampa con mi montura y mi gualdrapa hasta que quedé lo suficientemente alto para poder ensillarlo, pues todavía era muy chaparrito. Me subí a la cerca, agarré el cabestro, le puse la brida, le di la vuelta, le apreté la cincha y me subí de nuevo en la cerca para montarme al caballo.

Ya estaba tarde y no era el momento apropiado para cabalgar por el pantanal hacia la playa. Yo había visto los problemas que tuvo mi hermano sólo por haber doblado por donde no debía. Pero por alguna razón no sentí miedo. No, yo estaba muy emocionado. Era como si ese ronroneo, ese zumbido, me estuviera guiando como me había guiado hasta mi casa desde aquella mesa alta cerca del cementerio, en donde Shep había saltado al cielo para interceptar el alma de mi hermano, y como me había guiado también la noche en que llevé a Cherokee a nuestra casa.

Me monté en Duque y salí rápidamente. Cabalgué a toda velocidad para poder atravesar el pantano mientras hubiera luz. Cómo iba a regresar en la oscuridad, era algo de lo que no tenía la menor idea, pero supe que todo saldría bien. A fin de cuentas, *Chavaboy* estaba en el Cielo, y si yo necesitaba ayuda, él podía acudir a nuestras dos abuelas, a Sam y a Shep, e incluso a Jesús y María si fuera necesario. Los Cielos ahora estaban llenos de almas humanas y de animales dispuestos a ayudarme.

Duque y yo atravesamos los pantanales tan rápido como pudimos; galopábamos si el suelo era sólido y andábamos muy despacio cuando era necesario. Llegamos a Hill Street, la carretera costera situada al oeste de nuestro rancho grande. Duque y yo esperamos a que pasaran los camiones y los coches, cruzamos la carretera despacio y comenzamos a galopar tan pronto salimos de la carretera asfaltada.

Estábamos en los pantanales al lado de la vía del tren que iba desde San diego hasta Los Ángeles. Cruzamos el puente del ferrocarril al galope, esperando que no viniera un tren y nos diera un susto de la chingada. Luego vi las olas en la playa de Buccaneer Beach.

La marea era baja y hermosa. El Padre Sol comenzaba a ocultarse en el mar. Al oeste, todo el cielo estaba coloreado de rosa, naranja y rojo, con algunas franjas plateadas y lavandas. Duque se alegró tanto al ver el mar que quiso galopar. Tuve que frenarlo hasta que llegamos a la playa. La arena resplandecía como un espejo y Duque quiso meterse al mar. Qué chingaos, le solté las riendas, se dio vuelta hacia el norte, no hacia el sur—el camino que yo habría tomado—y comenzó a correr en las aguas bajas como si supiera hacia dónde iba. Me pregunté si él también estaba siendo guiado por las Santas manos de Dios, y si lo estarían masajeando detrás de las orejas.

Una vez más recordé que esto era lo que mi hermano Joseph había querido: venir hasta la playa con el Duque de Medianoche.

"¡*CHAVABOY*!" grité mientras cabalgábamos por el agua. "¡AQUÍ ESTAMOS, Duque y yo! Era esto lo que querías hacer antes de que te...."

No terminé de hablar. Duque se detuvo repentinamente, giró su cabeza en dirección a las olas que se aproximaban, moviendo sus orejas como si estuviera escuchando algo. Me quité el sombrero para escuchar pero no oí nada, salvo el rugido inmenso de las olas. Sin embargo, Duque parecía haber escuchado algo porque RECHINÓ de un momento a otro tan fuerte que sentí sus costillas vibrar entre mis piernas y me dio un susto tremendo.

No sabía qué sucedía ¿A quién demonios llamaba? No escuché ni vi nada extraño. Luego vi algo que parecía ser la punta de una roca negra y muy grande, a un lado de las olas inmensas, pero no entendí por qué un caballo podría llamar a una roca.

Entonces vi unas aletas que venían con las olas, a un lado de la roca, directo hacia nosotros. Duque las llamó tantas veces y con tanta fuerza que me asusté, pues se sacudió mucho y creí que me derribaría.

Además, yo no sabía nadar muy bien. ¿Qué eran esos animales? ¿Tiburones? Cuanto más acercaban, más grandes se veían.

Luego, y sin saber por qué, ese leve zumbido detrás de mi oído izquierdo comenzó no sólo a ronronear sino también a hablarme. Me dijo que me calmara, que recordara que los perros, los caballos, los gatos y todos los animales podían oír, oler y sentir mucho más que mis sentidos humanos, y que por lo tanto debía confiar en que Duque sabía lo que hacía, así como yo había aceptado y confiado en que un perro me avisara cuando venía algún extraño antes de que yo supiera qué pasaba. Asentí, confiando en la vocecita que me hablaba al mismo tiempo que sentía el zumbido.

Una gran calma se apoderó de mí mientras veía a esos animales enormes y de cuerpos gruesos de color gris oscuro navegar entre las olas. Venían nadando hacia nosotros, que estábamos en la orilla. Vi que no eran tiburones. No, eran delfines o marsopas. Primero vi a dos, luego a dos más, a tres, y emitían unos sonidos extraños mientras nadaban y se deslizaban entre las olas.

Duque empezó a chapotear en el agua con su pata derecha delantera y continuó emitiendo chirridos. Cuando ellos llegaron realmente cerca, él arqueó su cuello y comenzó a producir un sonido gutural bastante grave al cual ellos respondieron con sus propios chirridos.

La vibración que sentía detrás de mis oídos se extendió por toda mi cabeza, y comencé a entender muchas cosas que nunca antes había entendido. Mi cerebro me habló como nunca antes lo había hecho. Era muy agradable. Las olas tenían rostros mágicos y noté que cada una estaba viva. Todo lo que había a mi alrededor estaba tan vivo como nunca antes lo había percibido. Duque también comenzó a zumbar y a ronronear con vibraciones leves y cortas, con sonidos guturales y bajos.

Los delfines nos transmitían unos sonidos con la misma tonalidad baja y gutural que estaba sintiendo entre mis oídos.

Sonreí. ¿Qué significaba todo esto, que todos podíamos hablar unos con otros por medio de vibraciones y zumbidos? Eso tenía mucho sentido.

Los sonidos bajos y guturales se transformaron en chirridos estridentes. Duque se emocionó y alegró tanto al escucharlos que se lanzó al mar para estar con los delfines. Sentí temor de adentrarme, pues el mar era cada vez más profundo.

Halé las riendas con todas mis fuerzas para detener a Duque, quien hizo algo que nunca antes le había visto hacer a ningún caballo. Giró su cabeza hacia un lado, agarró la cuerda de las riendas con los dientes y me las arrebató de las manos.

¡Dios mío, Duque había tomado sus propias riendas! Yo no podía hacer nada. Había estado engañado durante muchos años creyendo que éramos nosotros los humanos los que entrenábamos a los caballos y les dábamos órdenes. Comprendí que si querían, los caballos podían ser más fuertes y pensar mejor que nosotros. Duque se había convertido en su propio jefe.

Recé tan rápido como pude para no morir. Duque nadaba y los delfines estaban a nuestro alrededor; eran inmensos. No podía creerlo, eran tan grandes como Duque, y siguieron comunicándose con los mismos sonidos bajos y guturales, así como con los chirridos estridentes. Platicaron durante mucho tiempo. Eran como una familia, emocionados y felices de encontrarse una vez más. El Padre Sol terminó de ocultarse y por todas partes vimos unas sombras largas, con unos rojos y unos dorados maravillosos. Las olas me sacudían a mí y a la montura del caballo. Recosté mi pecho contra el cacho de la montura y me agarré como pude de la crin para no caer al agua.

Y entonces vi que algo salía del mar. Levanté la cabeza y vi que era mi hermano Joseph, que saltaba encima del agua con otra persona. Estaban un poco más allá de la roca grande, donde las aguas eran más tranquilas. La luz mortecina los envolvió y se veían como Ángeles divirtiéndose en grande, mientras caminaban sobre el agua. Y entonces me di cuenta que—Dios mío—¡la otra persona era el mismísimo Jesucristo!

Me di la bendición y dejé de sentir el zumbido detrás de mi oído, y en un abrir y cerrar de ojos navegaba como todo un experto. Duque y los delfines eran primos. Los caballos provenían del océano, así como toda la vida, y simplemente se estaban saludando, ya que se sentían muy felices de verse después de tanto tiempo.

Mis ojos se llenaron de lágrimas. Nunca antes había visto a Jesucristo. Hasta ese entonces, sólo lo había sentido. Mi hermano Joseph había ido al Cielo, se había encontrado con Jesús y ambos habían descendido para que mi hermano pudiera jugar en las olas con Duque y conmigo.

Seguí llorando de felicidad. A fin de cuentas, mi hermano había conseguido llegar al mar. Ya había oscurecido cuando Duque y yo decidimos regresar. Nos fuimos por la playa hacia el sur, subimos los riscos de Cassidy Street y nos dirigimos a casa.

No tenía miedo. La primera Estrella Santa de la noche había salido y las calles del sur de Oceanside eran amplias, limpias y seguras. Sí, había encontrado mi "lugar" aquí, dentro de mí.

"Gracias, Papito," dije. "¡Gracias con todo mi corazón! Creo que realmente sabes lo que haces. Gracias, Amigo."

Juro que la estrella comenzó a titilarme. Cuando llegamos a las puertas de la entrada, supe que estaba viendo con mis Ojos-Corazón, así como mi mamagrande me había dicho siempre que necesitábamos hacer los humanos antes de poder entrar de nuevo al Jardín Sagrado de Papito.

CAPÍTULO **diecinueve**

Esa noche no les dije nada a mis padres sobre los delfines, pero sí a mi hermanita Linda, porque creí que aún era muy joven y escucharía mi historia sin asustarse. A ella le encantó y quiso contársela a nuestros padres.

"No, Linda," dije. "Podrían vender a Duque."

"¿Y por qué habrían de venderlo?" preguntó.

"¿No recuerdas cómo se enojaron cuando les contamos lo de Shep, y despidieron a Rosa y a Emilio?"

Ella comenzó a llorar. "¿Por qué no podemos hablar de estas cosas con nuestros padres? Quisiera contarles esa historia."

"No podemos. Son muy viejos."

"Entonces yo no quiero envejecer nunca," dijo.

Estuve de acuerdo con ella. Comencé a creer que envejecer no era nada bueno y que tal vez era por eso que Joseph se había muerto tan joven.

Poco faltaba para que comenzara la temporada escolar. Yo entraría a la escuela católica que estaba en la Misión de San Luis Rey. Le decían la "Academia de la Maleza" y era una escuela básicamente para chamacas pero admitían chamacos hasta quinto grado.

Estaba muy nervioso el primer día que mis padres me llevaron, pues desde muy pequeño, las monjas me producían susto, con sus ropas oscuras y sus túnicas largas. La primera vez que vi una monja—tenía unos tres años—grité, "¡EL CO-CO!" como les decía a los fantasmas, y salí corriendo asustado. Ya era mayor, tenía nueve años y los cinco que había estudiado en escuelas públicas me habían fortalecido, así que pensé que tendría muchas probabilidades de que me fuera bien. Así fue durante las primeras semanas, pero un buen día tuve un problema. La monja nos estaba enseñando la Historia de la Creación, pero yo levanté la mano y le dije que estaba completamente equivocada.

"¿De veras?" me dijo. "Está bien, como es evidente que sabes más que yo, ¿por qué no vienes acá y das la clase?"

En medio de mi ignorancia, no me di cuenta que ella me había dicho eso para intimidarme y para que me callara, y le dije "está bien," me levanté de mi silla y fui al lado de la pizarra. Inmediatamente sentí el zumbido y el ronroneo.

"Bueno," dije, "al principio había Dos Planetas Hermanos. En realidad, eran dos Tierras Gemelas, y cuando ocurrió el diluvio en el otro planeta, miles de personas sacaron a todos los animales y a las plantas de nuestro planeta hermano y los llevaron a un gran barco, que era casi tan grande como el condado de San Diego, con colinas, valles y lagos."

Mis compañeros se emocionaron y algunos dijeron que esto les parecía más lógico que lo escrito en la Biblia, con Noé y su arca tan insignificante.

"Claro que sí," les dije, "porque además, en un comienzo también había dos Biblias, una para las chamacas y otra para los chamacos, para que los hombres y las mujeres supieran cómo criar a sus hijos, porque ustedes saben que la razón por la que estamos aquí en la Tierra es para..."

Pero no pude terminar de hablar porque la monja, que se había sentado atrás, saltó y corrió hacia mí.

"¡Ya basta! ¡Suficiente!" gritó. "¡Tuviste que haber soñado todas esas mentiras! ¡Nunca ha habido dos Biblias!"

"No lo soñé," dije. "Todo esto me lo contaron mi mamagrande y también mi papá y mi mamá."

"¿Ellos son autoridades en la Biblia?"

"Claro que sí, y también en el juego. Porque la vida es un juego, y debemos ser reyes del juego."

Ella pareció muy confundida.

"Mire, déjeme continuar," le dije, "ya iba a llegar a la parte buena. Nunca hemos sido expulsados del Jardín del Edén. Lo que pasa es que nos hemos vuelto glotones y flojos, y nos hemos dado mucha importancia como para seguir plantando las Semillas Santas que Dios nos ha enviado a sembrar aquí en la Tierra, en Su Jardín."

"¿Dios nos ha enviado a sembrar el Jardín del Edén?" me preguntó la monja, que se puso pálida.

"Sí, exactamente," dije, sintiendo que por fin me estaba entendiendo. "Así como también nos ha enviado a otras Tierras durante millones y millones de años. Somos Estrellas Viajeras."

Inmediatamente cambió de actitud, se abalanzó sobre mí, me agarró de la oreja y me la haló tan fuerte que grité del dolor. Me sacó arrastrado del salón y gritó una palabra que yo no había escuchado: "¡Blasfemia!"

Me llevaron ante la monja superior, llamaron a un sacerdote, y escuché que hablaban sobre mis padres, sobre el dinero que tenían y por ello decidieron que no me expulsarían, pero que me mantendrían separado de todos los estudiantes durante los descansos para que no los contaminara con mis ideas.

En la tarde del día siguiente, dos sacerdotes fueron a mi casa para hablar con mis padres. Mi mamá les preparó té de yerbabuena y partió un pan dulce mexicano que les ofreció a los dos hombres de Dios. Ellos les explicaron a mis padres lo que había dicho en la escuela, y añadieron que estaban seguros que ellos no me habían dicho nada de eso tan absurdo, pues eran católicos, y que alguien me debía haber metido en la cabeza esa idea descabellada de los planetas gemelos.

Mi mamá estaba molesta. Les dijo que habían tenido que despedir a Rosa y a Emilio, dos indios ignorantes, por todas las supersticiones mexicanas que habían tratado de inculcarnos a mi hermana y a mí.

"Espera," dije. "Eso no es cierto. Rosa y Emilio nunca nos hablaron de los dos planetas gemelos. Fueron tu mamá y tú las que me contaron la historia de..."

Pero ella me interrumpió antes de que yo pudiera terminar lo que estaba diciendo y me dijo que si no cerraba la boca, tendría que irme. Los dos sacerdotes se comieron todo el pan dulce y se bebieron todo el té, se quedaron a cenar, se bebieron varias copas con mi papá y luego concluyeron su visita diciéndoles a mis padres que no nos hablaran más en español a mi hermanita y a mí, pues eso sólo nos impediría obtener la mejor educación americana posible.

Los dos sacerdotes se fueron, y a mi hermanita y a mí nos pareció muy extraño escuchar a nuestros padres tratando de hablarnos sólo en inglés. Mi papá comenzó a reírse cuando nos dimos cuenta que Linda no entendía la diferencia entre los dos idiomas. Ella creía que la mezcla de inglés y español era un idioma en sí, pues decía cosas como, "*lets get* el caballo-*horse by his* pescuezo-*neck*". Por otra parte, como yo había tenido tantos problemas para aprender a leer en las escuelas públicas, los dos sacerdotes sugirieron que una de las novicias del convento me podría dar clases privadas por un poco de dinero adicional.

La novicia que me dio las clases privadas era tan amable, dulce y bonita que me enamoré de ella a primera vista. Al cabo de una semana comencé a llevarle flores casi todos los días, y después le propuse matrimonio—pues era la mujer más inteligente, fuerte y hermosa que había conocido—pero ella me dijo que estaba casada con Jesús.

"Pero Él está muerto," le dije.

"Estoy casada con Él Espiritualmente," me dijo.

"Ah, está bien," dije riéndome. "Yo también lo he visto Espiritualmente. Entonces podrás tener dos esposos como María: José y Dios. Yo seré tu esposo en la Tierra para que podamos besarnos y tener hijos."

Ella se rió e iba a decir algo—creo que iba a aceptar mi propuesta—cuando la monja que había llamado al sacerdote entró a la habitación y me golpeó tan fuerte que me derribó de la silla. Después golpeó a la novicia y le quitó el manto de la cabeza.

Vi que tenía el cabello más hermoso del mundo, de color castaño rojizo, igual al de mi yegua Caroline. Yo salté y ataqué a la monja vieja. La mordí tan fuerte en la pierna que GRITÓ de dolor, mientras se sacudía para liberarse de mí. Dijo que yo era el Diablo y llamó de nuevo al sacerdote, quien se estalló en furia cuando supo que le había propuesto matrimonio a la novicia. Creo que también estaba enamorado de ella.

Me dijeron que yo era un "infa-algo", me encerraron en un armario donde había escobas y traperos, y todos los días me llevaban a la iglesia para que estuviera solo y me arrepintiera de mis terribles pecados, pero nunca pude saber de cuáles debía arrepentirme, así que me sentaba completamente solo en la oscuridad y frialdad de la iglesia, y eso comenzó a gustarme.

Un día, mientras estaba solo en la iglesia, vi que todas las estatuas e imágenes de las paredes hablaban entre sí, tal como lo habían hecho el Duque y los delfines. Me encantó aquello. Parecía como si casi toda la iglesia estuviera viva en una sinfonía de ronroneos. Al poco tiempo comenzó a gustarme que me castigaran, pues el castigo era dejarme solo allí. Comencé a dibujar estrellas de nuevo, Estrellas Santas. Y desde que vi a mi hermano con Jesús en la playa, supe por qué me encantaba dibujar estrellas, pues era algo que nos ayudaba a los chamacos a mantener vivos nuestros recuerdos del alma y nos permitía mantener la cordura, después de todas las dudas y temores que tenían los adultos. Comencé a notar que no era el único que dibujaba estrellas, pues la mitad de los estudiantes de la escuela también lo hacían. Vi estrellas en sus cuadernos, en las tapas de sus carpetas y hasta en las palmas de sus manos. Pero no le dije a nadie, sólo a mi hermana Linda, pues yo ya tenía suficientes problemas.

Un día iba camino a la iglesia para arrepentirme de mis pecados, cuando vi a la novicia. "¡Hola!" le grité. No la veía desde el día en que le había propuesto matrimonio. Pero cuando me vio, su cara se llenó de terror, se dio vuelta y se alejó de mí tan rápido como pudo.

Me fui tras ella por el jardín y la seguí al edificio donde entró. Había monjas—vestidas como ella—por todas partes. Una monja me detuvo y me preguntó qué hacía en su convento. Traté de explicarle, pero me agarró y me abofeteó antes de que pudiera decir algo. Después—nunca lo olvidaré—otra monja dijo que yo era el chamaco diabólico que había metido en problemas a Teresa. Dos monjas grandes y fuertes me sujetaron con fuerza y me sacaron del edificio, me condujeron a través del jardín a otro edificio y me encerraron en un cuarto oscuro y maloliente para que no causara más problemas. Poco después vino el sacerdote que se había enojado cuando le propuse matrimonio a la monja joven. Pegó un grito y me sacudió tan fuerte que me hizo vomitar.

Ensillé a Caroline cuando llegué a mi casa y me fui cabalgando por las vías del tren. Subí la colina, llegué al cementerio y amarré a Caroline de la cerca exterior. Salté la cerca y corrí hacia la cruz grande y blanca donde estaban Jesús y María.

"¿Qué rayos está pasando?" le grité a Jesús, completamente enojado. "¿Qué les pasa a ti y a mi hermano? ¡Yo pensaba que ustedes dos me estaban protegiendo! ¡No he hecho nada malo y no hago más que meterme en problemas! ¡MALDITA SEA, ESO NO ES JUSTO! Y sí, eso fue lo que dije: ¡MALDITA SEA! ¡MALDITA SEA! ¡MALDITA SEA!"

Pero Jesús y mi hermano no me respondieron. Creo que no les gustó que hubiera maldecido. Finalmente, María me habló.

"Ven," me dijo con una voz suave y amorosa mientras extendía sus brazos hacia mí, "y déjame abrazarte. Todos nosotros sabemos lo difícil que ha sido para ti. Nosotros te queremos con todos Nuestros Corazones."

Me acerqué a ella. Tenía unas ropas tan hermosas y coloridas; me recosté a su lado y ella me abrazó. ¡Me sentí tan bien entre sus brazos! Me relajé y lloré mucho, y pronto la rabia comenzó a salir de mi cuerpo. Sentí que dos manos me masajeaban la espalda. Supe que era *Chavaboy*.

"Joseph," le dije sin mirarlo, "realmente debería haberme ido yo, no tú. No tengo la inteligencia para saber qué debo hacer acá," le dije y mis ojos se llenaron de lágrimas. "Soy un burro, el chamaco más tonto de toda la escuela. Debiste quedarte y ser un abogado como me lo dijiste. ¿Qué puedo hacer sino volverme cada vez más estúpido? Maldita sea, Joseph," añadí, volviendo a sentir coraje. "¡POR QUÉ ME ABANDONASTE! Nunca tuviste dificultades para aprender a leer. ¡Eras un GENIO! ¡Debí haberme muerto yo, NO TÚ!"

Inmediatamente dejé de sentir las manos que me masajeaban y comprendí que no debí haberme enfadado ni decir la palabra "maldita", pero yo estaba tan, TAN FURIOSO que era difícil no maldecir, pues sentía que todo el mundo estaba en mi contra.

Debí quedarme dormido, porque recuerdo que desperté con una sensación de bienestar. Me sentía de maravilla. Me estiré, bostecé y tuve la sensación de haber realizado una breve visita al Cielo. Miré hacia el oeste y vi la mesa alta y plana en donde Shep había saltado al Cielo para interceptar el alma de mi hermano, y me di cuenta que el lugar en el que me encontraba era realmente un Lugar Sagrado. Decidí que vendría a este sitio, a nuestro "sitio" todos los días después de la escuela, y no se lo diría a nadie, salvo a mi hermanita Linda.

Nuestra hermana Teresita nació al año siguiente. Papá nos llevó al hospital pero no nos permitieron verla porque éramos muy pequeños. Papá nos guiñó el ojo y nos llevó afuera. Abrió una ventana y nos levantó a Linda y a mí para que entráramos y conociéramos a nuestra hermanita. ¡Fue tan emocionante! Éramos una pequeña familia escondiéndonos de las autoridades del hospital.

Ese mismo año, mis padres me enviaron a Estrella del Mar de Santa María, una escuela católica en Oceanside, entre Hill Street y Wisconsin. En esta escuela—que era nueva—me fue mucho mejor, y creo que en parte se debió a su nombre "Estrella del Mar". Sin embargo, no lograba aprender a leer, pero como ya no teníamos que ponernos de pie y leer en voz alta, nadie se dio cuenta que yo no sabía leer.

Allí conocí a Nick, a Clare, a Rally y a Dave Rorick, el hijo del propietario de Rorick Buick, en el centro de Oceanside. Me hice buen amigo de Nick, quien estaba en mi curso, y también de su amigo Dennis Tico, el chavo más guapo de la escuela, o por lo menos eso decían las chamacas. Yo había engordado desde la muerte de mi hermano, y me engordé aún más cuando me prohibieron jugar con mis compañeros en la escuela de la Misión de San Luis Rey.

Estudié dos años en la Estrella del Mar de Santa María y aunque no aprendí a leer, por lo menos se lo pude ocultar a mis compañeros. Por primera vez desde que estaba estudiando dejaron de decirme que yo era un estúpido o que tenía problemas de aprendizaje. Pude jugar de nuevo con los demás estudiantes durante el descanso y todo iba muy bien... hasta que un día entró un chamaco güero a nuestro curso. Tenía tres hermanas menores que él, siempre usaban ropas sucias y viejas, y se hurgaban la nariz sin importarles si alguien las veía.

Se llamaba Augustus. Nos habían clasificado por el orden alfabético de nuestros apellidos y él quedó antes que yo. Poco antes del almuerzo, teníamos que ponernos de pie, tomarnos de la mano y rezar, pero era evidente que Agustus no quería hacerlo.

"Dale la mano a tu compañero y reza con nosotros," le dijo la Hermana Michael Mary, nuestra maestra, quien también era la directora de la escuela.

Augustus negó con la cabeza; parecía completamente aniquilado.

"¡He dicho," le dijo la Hermana Michael Mary, levantando su voz, "que le des la mano a tu compañero ahora mismo y que reces con nosotros!"

Augustus se sentía mal y decidí hablar por él. "Pero, Hermana, usted acaba de platicarnos sobre el libre albedrío, y si él no quiere rezar, pues no tiene porqué hacerlo."

Mis palabras no sirvieron de nada. La Hermana Michael Mary, que casi siempre era calmada y amable, avanzó rápidamente por el pasillo, agarró a Augustus de los hombros y lo sacudió con fuerza. Pareció creer que quien había hablado era él.

"¡No me hables más sobre el libre albedrío!" le gritó. "Acogimos a tu familia cuando no teníamos espacio. ¡Rezarás como el resto de tus compañeros cuando haya que rezar!"

"Pero, Hermana," dije tratando de ayudarle a Augustus, "eso va en contra de todo lo que nos ha dicho este mes. Usted nos dijo que el libre albedrío nos da la libertad para elegir, así que Dios le ha concedido el derecho a..."

"¡No llevas siquiera un mes!" le gritó la hermana a Augustus, y le dio un golpe en las manos. "¡Reza! ¿Me oyes? ¡REZA!"

Estaba tan fuera de sí que no se daba cuenta que no era Augustus quien hablaba, sino yo, que estaba detrás de él. Ella regresó a su escritorio y continuamos rezando. Augustus había bajado sus brazos otra vez y pude ver que alguien lo había "aniquilado", así como muchos vaqueros estúpidos y malvados lo hacían con los caballos. Pero la hermana Michael Mary no percibía nada de esto y cuando lo vio bajar los brazos, vino volando y lo abofeteó hasta que Augustus unió sus manos y rezó.

Cuando salimos a almorzar, Augustus salió detrás de mí y dijo que me iba a matar por haberlo metido en problemas.

Yo salí corriendo, pero me alcanzó en un rincón del patio. "Lo siento," le dije tratando de tomar aire. "¡De veras lo siento! Sólo estaba tratando de ayudarte."

"¡No trates de ayudarle a nadie, tonto!" dijo y me dio dos o tres golpes. No me defendí, pues vi que tenía mucho coraje. "Yo nunca les dije que nos recibieran," añadió. "Papá nos abandonó y regresó a Texas, y mi mamá no supo qué hacer para alimentarnos. Sólo fue donde el sacerdote, siempre ha hecho eso."

Dejó de golpearme y comenzó a llorar. Le pedí disculpas de nuevo. Me perdonó y dijo que sabía que yo había tenido buenas intenciones. Regresamos junto a nuestros compañeros, quienes estaban almorzando. Saqué mi almuerzo y vi que Augustus no tenía nada para comer. Compartí mi almuerzo con él y me dijo algo completamente extraño —que su abuela era mexicana y que siempre le hacía burritos de huevo y chorizo. Yo no podía creerlo. Él era güero, y sin embargo, en parte era mexicano.

Al día siguiente le llevé burritos a Augustus y a sus hermanitas, pero ellas ya no estaban. Nunca volvieron a la escuela. Creo que regresaron a Texas para tratar de encontrar a su papá.

Casi una semana después, el nuevo sacerdote de la parroquia de Oceanside, que era muy joven, fue a la escuela. Sus brazos eran gruesos y muy velludos, y nos dijo que si rezábamos un rosario diario por la paz mundial durante dos semanas seguidas, tendríamos una gran oportunidad. Nos darían una imagen especial de un santo para cargar en nuestras billeteras y también tendríamos garantizada la entrada al cielo cuando falleciéramos.

Quise preguntarle cómo era posible esto, porque no parecía que tuviera el menor sentido. ¿Significaba esto que si rezábamos el rosario durante dos semanas, podríamos hacer cosas malas y después tener garantizada la entrada al Cielo? Sin embargo, me habían golpeado tantas veces y había visto tantas bofetadas y gritos cuando alguien hacía una buena pregunta, que preferí guardar silencio.

Dios mío, en tercer grado, cuando le dije a "What-A-King" que yo creía que el Papá Noel no existía, sus padres le dijeron que era cierto, que eran los padres quienes les daban los regalos de Navidad a sus hijos. Pero también le dijeron que se alejara de mí, porque el chamaco que dijera cosas como esas, seguramente era malo. Concluí entonces que si un chamaco hacía preguntas era malo y si sacaba conclusiones era un bandido. Mi papá había tenido muchísima razón cuando me dijo que todos los juegos tienen dos tipos de reglas: unas para el público y otras para los que tienen influencias, quienes las utilizan sólo para ellos.

Comencé a sentir el ronroneo detrás de mi oído cuando me di cuenta de esto. Luego escuché "Jinetes fantasmas", la canción que tanto escuchó mi hermano en sus últimos meses de vida. Sonreí. Entonces, esto quería decir que Joseph estaba en el Cielo con Papito, ayudándole a masajearme detrás de mi cabeza.

Decidí no decirle nada de lo que pensaba a la monja ni al sacerdote, y registrarme para rezar el rosario. ¿Por qué no? Cualquier cosa que me diera más posibilidades de entrar al Cielo y poder estar con mi hermano era algo que tenía mucho sentido para mí.

Levanté la mano como mis compañeros y dije que también quería registrarme para las dos semanas de rosarios, pero la hermana Michael Mary me preguntó, "¿Estás seguro que quieres hacerlo?"

"Sí," dije.

"¿Entiendes que se trata de un compromiso serio?"

"Sí," dije otra vez.

"Está bien," replicó ella, "pero todos los días te examinaré para ver si rezaste el rosario."

El corazón comenzó a latirme. "¿Quiere decir que también examinará a los demás estudiantes?" pregunté.

¡Ella explotó! "¡No vas a CUESTIONAR MI AUTORIDAD! ¡Yo examino a quien considere apropiado!"

"¿Y qué es lo apropiado? Porque usted sólo me preguntó si yo entendía que esto era algo muy serio, pero no le preguntó nada a ninguno de los que levantaron la mano."

Supe que había sido un burro al decir esto. Debí mantener la boca cerrada, porque, en efecto, ella salió disparada con su túnica blanca y el velo negro volando como si fueran alas y me dio un susto de la chingada. Vi en sus ojos que me quería agarrar y estrangularme hasta matarme, pero gracias a Dios no lo hizo. En vez de esto, tomó aire, jadeó y suspiró, y me dijo, "¡si sigues así, te expulsaremos de la escuela!"

"¿Por qué?" pregunté sin entender gran cosa.

Algunos chamacos comenzaron a reírse.

"¡SILENCIO!" gritó ella. Los chamacos quedaron paralizados y ella me miró. "¿Acaso crees que no conocemos tu pasado?" me dijo. "¡En la Misión nos advirtieron sobre ti!"

Y luego me miró con una expresión tan malvada como sólo las monjas mayores pueden tener. No dije nada más y esa tarde, después de clases, le pedí la opinión a Nick que era el más inteligente de la escuela.

"¿Qué quieres saber?" me preguntó.

Íbamos en bicicleta, camino a su casa, que en realidad eran dos, una al lado de la otra, en el muelle de Oceanside. Eran inmensas, de dos pisos y de color marrón.

"Por qué fue que la Hermana Michael Mary no quiso responder mi pregunta acerca de qué era lo apropiado y le dio tanto coraje."

"Tú te lo buscaste," dijo él.

"¿Qué yo me lo busqué?" respondí. "Pero, Nick, no es justo que sólo me examine a mí."

"Tal vez sí o tal vez no," dijo. "Tú no eres el estudiante que más participe en actividades extracurriculares, así que le pareció extraño—incluso a mí—que te interesaras en hacerlo. Yo no me inscribiré."

No entendí muy bien lo que dijo, pero me dieron ganas de decirle que eso no era lo que sucedía, que ella había reaccionado así porque yo era "mexicano", aunque no fui capaz de decírselo, ya que mis nuevos amigos de esta escuela no veían las cosas en esos términos, y no agregué nada más.

Estacionamos las bicicletas en el patio trasero de las dos casas. El patio tenía un pasto verde, flores hermosas, caminos en adobe rojo, árboles altos, un estanque enorme con peces y muebles blancos al rededor. Platiqué con él y con su hermana Clare, a quien acompañamos a su clase de piano. Nick regresó a su casa, pues se iba a la playa con Dennis Tico. Yo fui a comprar una pluma a la papelería. Unas pocas semanas atrás, había descubierto que vendían tinta azul acerado, justo el tono exacto que había buscado toda la vida para colorear mis Estrellas, saltar en ellas y perderme.

Para mí, el azul ya no sólo era azul. Me di cuenta que ese color tenía por lo menos diez tonalidades diferentes el día que Duque y yo nadamos con los delfines. Vi que toda el agua estaba viva. Nada era solamente lo que era. Todo tenía muchas tonalidades de realidad. El azul no sólo era azul. El agua no sólo era agua. No, todo estaba vivo con todas esas tonalidades de color y de luz. Y cada tonalidad de color o de luz la sentía muy distinta en mi interior, así como sentí el ronroneo detrás de mi oído izquierdo cuando pinté mi estrella de azul acerado y le añadí pequeños toques de rojo y amarillo. De repente, todo el mundo a mi alrededor se llenó de vida, como cuando había visto a Jesús y a mi hermano. El color y la luz eran los "ojos" de mi ronroneo, los ojos de Papito que veían a través de nosotros los humanos.

Estacioné mi bicicleta afuera de la papelería. Era una bicicleta nueva, igual a la de Nick, con llantas delgadas. Ya casi no utilizaba mi vieja Schwinn. Entré emocionado a la papelería con la pluma que había comprado la semana anterior en la mano. No pude encontrar lo que buscaba y me dirigí a la caja.

"Señora," dije radiante de felicidad, "quisiera comprar otra pluma como ésta y un frasco de tinta azul acerado."

Pero en vez de atender mi pregunta, la mujer me arrebató la pluma.

"¡Devuélveme esa pluma!" me dijo. "¡No puedes llevarte nuestros artículos!"

"Pero, señora," dije sintiéndome confundido, "yo no me la iba a llevar. La compré la semana pasada."

"¿Y cómo hago para saberlo?" dijo ella. "¡Eres mexicano, y todo el mundo sabe que los mexicanos son unos ladrones y que no se puede confiar en ellos! ¡Largo de aquí!"

Temblaba tanto que no pude subirme a mi bicicleta. Me miró con la misma expresión con la que me había mirado la Hermana Michael Mary. Mi amigo Nick no la vio; habló en inglés el primer día de clases y aprendió a leer de inmediato. Chingaos, la semana anterior, cuando nos hicieron la prueba de lectura, quedó seis niveles más adelante que el resto de la clase. Su nivel de lectura era igual al de un estudiante próximo a terminar la secundaria, mientras que yo me había hecho el enfermo y no había ido a la escuela ese día, pues sabía muy bien que estaba por debajo del nivel de lectura de tercer grado.

Respiré profundo. ¿De modo que así eran las cosas? Nadie confiaría en mí mientras supieran que yo era mexicano, ni siquiera las monjas, que se suponía que eran tan sabias y cercanas a Dios. Con razón todos los mexicanos que aprendían rápido decían que eran españoles, franceses o cualquier otra cosa, menos mexicanos.

Me sentí tan mal y tan acorralado cuando me di cuenta de esto, que quise arrancarme mi piel morena. Estaba temblando tanto cuando llegué a la calle donde Clare recibía su clase de piano, que no quise ni verla.

Se suponía que la acompañaría hasta su casa, pero estaba tan furioso y abatido que no quería ver a nadie. Cuando vi salir a Clare, me dio tanta vergüenza de que me viera llorando, que me fui en mi bicicleta sin decirle una sola palabra.

CAPÍTULO veinte

Entré a séptimo a la Academia del Ejército y la Marina. Mi hermanita Teresita ya había aprendido a hablar. Recuerdo que eran las primeras horas de la noche y yo comenzaría a estudiar al día siguiente, pero esa tarde los estudiantes nuevos tuvimos que ir para una orientación de dos horas. De regreso a casa, mi hermanita Teresita se la pasó riéndose y moviendo los brazos como si estuviera marchando, y luego me dio órdenes, así como había visto que los cadetes líderes me las daban a mí. No lo encontré chistoso, pero a Teresita, a Linda y a mis padres les pareció divertidísimo.

Mis problemas comenzaron desde el primer día oficial en la Academia del Ejército y la Marina, gracias a Moses. Él era capitán, al igual que los maestros de séptimo y octavo. Eran las últimas horas de la tarde y ya habíamos estudiado y marchado. Nos quitamos los uniformes, nos cambiamos de ropa y fuimos a practicar deportes. Yo no era muy alto, pero era uno de los estudiantes más gruesos, sobre todo después de haber ganado tanto peso desde la muerte de Joseph. Nunca antes había jugado fútbol ni baloncesto, así que no supe qué hacer cuando me lanzaron el balón; sólo me agaché para que no me golpeara.

Moses se puso furioso y me dijo que mi hermano Joseph había sido un futbolista fabuloso; que despertara, que agarrara el balón y atravesara la línea de contacto. Yo no vi ninguna línea, pero sí noté que Moses estaba cada vez más y más furioso, hasta que llamó a un lado a los tres jugadores más grandes: a Wallrick, Altomar—que era mexicano—y a Williams, un cadete descomunal. Estos tres jugadores tenían cara de pocos amigos y la próxima vez que recibí el balón me golpearon tan fuerte que estuve a un paso de llorar. Mi hermano se había enfermado y muerto debido a una lesión futbolística, y yo no quería enfermarme ni morir. Sin embargo, Hillam, un cadete muy grande, me ayudó y me habló con amabilidad.

"¿Sabes por qué quieren que corras con el balón?"

"No," le dije.

Él se rió. "Porque así es como se marca."

"¿Se marca qué?"

"Puntos."

"¿Y puntos para qué?"

"Para ganar."

"Ah, así como hacía mi primo Chemo con su equipo de fútbol en Oceanside. Pero él no atravesaba ninguna línea, él corría por entre los jugadores, hasta esos postes altos."

"Sí, pero en la práctica no se corre hasta esos postes. Para ahorrar tiempo, corremos hasta la línea de contacto, que en términos futbolísticos es lo mismo que la línea del equipo contrario."

"Ah," exclamé. "¿Y entonces por qué Moses no nos dice eso?"

"Porque a él le gusta presumir de todos los términos futbolísticos que sabe," dijo Hillam riéndose.

Hillam me cayó bien desde el primer instante. Era alguien con sentido común. Cuando regresamos a las barracas, todos los cadetes se empujaron y me daban golpes cuando no empujaba a nadie.

Teníamos que desnudarnos para bañarnos y yo no me había desnudado nunca antes en público. Todos se reían y se pegaban con las toallas, y cuando entramos a las duchas, Altomar, que era más alto que yo, me miró el pene y me dijo, "¿y a eso le llamas verga? ¡Chingaos, no tienes ni un pelo!" Comenzó a reírse y me dijo en voz baja, "tu papá podrá tener la casa más grande de la zona y dárselas de mucho con su Cadillac y sus puros, pero aquí tú no eres más que carne muerta ¡idiota!" Y luego me dio un golpe tan fuerte en el estómago que me sacó el aire y me caí al piso. Altomar se rió y me dijo, "¿Qué te pasó? ¿Te resbalaste?" Me levantó y siguió bañándose como si no hubiera pasado nada.

Wallrick, el líder de la clase, llegó a platicar con Altomar como si fueran muy buenos amigos, y así resultó ser. Ambos tenían vello en sus partes privadas y vivían en Vista, cuya escuela secundaria era rival de la de Oceanside.

Me quedé estupefacto. No tenía la menor idea de que Altomar supiera algo de nuestra casa. En cuanto al Cadillac, todos lo habían visto cuando mis padres me trajeron a la orientación. Desde aquél día no me bañé una sola vez en la escuela; siempre esperaba hasta llegar a casa. Fue en esa época cuando también comencé a... tener problemas para orinar en excusados públicos, y finalmente hasta en el de mi casa.

Al final de la primera semana, comprendí muy claramente que Moses era muy amigo de Wallrick, Altomar y de otro par de matones. De hecho, comencé a notar que era él quien les inculcaba la idea que tenían que ser hombres de verdad, y que los hombres de verdad eran duros y no daban ni un quinto, cosa que me pareció muy chistosa. ¿Quería decir entonces que sólo daban monedas de cinco centavos? La Academia se convirtió en mi pesadilla viviente, así como la "Maleza" lo había sido en el Valle de San Luis Rey y el sistema de escuelas públicas de Oceanside antes de la Academia. Todos los maestros creían que su trabajo era "rompernos", y no hacerse amigos de nosotros ni "amansarnos". No fueron criados como mujeres durante los primeros siete años de sus vidas, así que no tenían la menor idea de cómo ser vaqueros, cristianos ni cadetes pacientes y amables.

Fueron muchas las noches que lloré hasta quedarme dormido y le pregunté a Dios qué era lo que sucedía, y no volví a escuchar la vocecita en mi interior ni a sentir el zumbido detrás de mi oído izquierdo, ni siquiera cuando dibujaba estrellas y las coloreaba. Me sentí abandonado por Papito, por mi hermano Joseph, por Shep, por Sam, por mis dos abuelas y hasta por Jesús y María.

Después vino el maestro suplente chaparrito, musculoso y güero, colgó el póster de los esquiadores en Colorado, y por fin tuve esperanzas. Durante tres días gloriosos sentí de nuevo el zumbido y el ronroneo, que eran la Voz de Amor de Dios. Pero cuando el maestro suplente se fue, comencé a detestar que hubiera llegado a mi vida y que me hubiera dado aunque fuera una pequeña luz de esperanza en medio de mi terrible oscuridad.

Comprendí que las monjas habían tenido razón al decirme que yo era el Diablo, y siempre que veía a Moses pensaba en lo peor, pues me había puesto esa *F* sin haber leído siquiera mi ensayo y se había burlado del nombre que me había puesto mi papá. Tenía deseos de matarlo. Me iba a comportar como el diablo.

Entonces llamé a información para que me dieran el número telefónico y la dirección del capitán Moses. Una vez me los dieron, llamé a su casa. Él contestó. Lo escuché decir, "¡Hola, hola!" Una y otra vez y colgué. Ya era yo quien sonreía.

Decidí llamar de nuevo a información para conseguir el número telefónico y la dirección de la maestra del patio, la que me había torturado en kínder, y me lo dieron.

La llamé. Ella también contestó diciendo, "Hola, hola."

Colgué y me reí sin parar. Ya tenía un plan, una razón para vivir. Iba a matar a esos dos maestros, y al sacerdote y a la monja que habían abusado de mí. ¡Los iba a volar a todos en pedazos! ¡Y lo haría en una sola noche!

Pero recordé que aún no tenía licencia para conducir y que me sería muy difícil ir a sus casas a pie o en bicicleta. Me pareció más lógico dinamitar o matar a una persona por noche.

¡Qué chingón! Tenía una misión.

Una tarde después de la escuela, fui en mi bicicleta hasta la Academia del Ejército y de la Marina. Sabía que la mayoría de los maestros vivían a pocas cuadras del campus. Encontré la dirección de Moses, pues la había anotado en un papel. Pasé varias veces por su casa y la última vez vi a una mujer detrás de la ventana de la cocina y me di cuenta que era la bibliotecóloga de la Academia. A mí me caía bien; era buena persona. No entendí cómo podía estar en la casa de Moses y regresé a casa.

Esa semana, y luego de preguntar, supe que el capitán Moses estaba casado con ella y que tenían una hija pequeña. ¡Me dio un coraje! Ya no podía volar la casa de Moses porque no quería hacerle daño a la bibliotecóloga ni a su hija. La única opción era matar a Moses de un disparo. Sí, sacaría el viejo rifle Winchester 30/30 de mi papá y le dispararía por la ventana de la cocina. Pero después de pensarlo un poco, concluí que el 30/30 era muy pesado y ruidoso. ¡Qué chingaos! Utilizaría mi rifle Winchester .22, pues a fin de cuentas habíamos matado novillos de mil libras con él.

¡Mi vida secreta era tan emocionante! Disparaba más de quinientas balas por semana y cada vez que salía a cazar mataba diez o doce conejos. Las lecciones que me había dado Shep acerca de cómo buscar la presa finalmente estaban dando resultados.

Una noche decidí ir en bicicleta hasta la casa de la maestra del patio. Sin embargo, no llevé el papel donde había anotado su teléfono y dirección. No, lo había roto cuando regresé de la casa de Moses, pues si me hubiera parado un policía y me hubiera encontrado ese papel, me habría metido en un lío de la chingada, porque si llegaban a interrogarme, estaba seguro que comenzaría a llorar y confesaría todo. Mi papá me había explicado muchas veces que un hombre debía mantener sus cartas cerca del pecho, tener un plan, pensar por anticipado y sopesar siempre todas las cosas que pudieran salir mal, y también que una cadena era tan fuerte como el más débil de sus eslabones. Si pensaba matar a todos estos maestros, a un sacerdote y a una monja que habían sido crueles conmigo, yo tenía que ser un cazador al acecho sumamente cuidadoso.

No tuve problemas en encontrar su casa. Estaba en Wisconsin, a dos cuadras al este de la vía del tren. Vi a la maestra la última vez que pasé por su casa. Venía de la playa con su perro, quien reaccionó de inmediato. Creo que debió oler el odio que yo sentía por ella, pues no sólo comenzó a ladrar, sino que perdió el control. Afortunadamente, ella no me reconoció y decidí regresar cuando estuviera preparado para liquidarla. Y en cuanto al perro, también lo enviaría al infierno cuando dinamitara su casa.

El año escolar estaba por terminar. Pronto llegaría el verano. Decidí no cometer todos los asesinatos ese año. ¡Qué chingaos! Si me detenían, tendría que olvidarme del verano. Y ese verano mi padre me daría un revolver Smith & Wesson calibre .22 con barril de seis pulgadas y un cañón calibre .38 que me había prometido, así que no quería perder la oportunidad de tener esta arma y de seguir mejorando.

Además, yo estaba preocupado por otras cosas, como por ejemplo, por un chavo grande que viajaba en el mismo autobús que yo. Se llamaba Workson y vivía en North Oceanside. También estudiaba de día, estaba en segundo año de secundaria, jugaba baloncesto, medía más de seis pies, y tenía un anillo con la cabeza de un lobo de ojos rojos y pequeños. Todos los días, cuando el autobús de la escuela lo recogía, comenzaba a darle vuelta al anillo, caminaba por el pasillo, nos golpeaba en la cabeza a los menores y nos decía que no veía la hora de que estuviéramos en secundaria para iniciarnos como era debido, así como habían hecho con él.

Un día me dio un golpe tan fuerte que me hizo llorar. Luego me dio otros seis o siete golpes y me dijo que yo era un cobarde, que los lobos venían en manada, como si formaran un pelotón, que si quería sobrevivir en la Academia del Ejército y de la Marina, tenía que dejar de ser un bebé llorón y madurar.

No se lo dije, pero ese mismo día entró a mi lista de víctimas. Después de eso, los golpes que me daba todos los días, a los que él les decía "llamadores", ya no me dolieron tanto, aunque muchas veces mi cuero cabelludo sangraba. Las pequeñas orejas del lobo eran puntiagudas y me herían la cabeza como si fueran tachuelas afiladas. El conductor del autobús lo veía hacernos esto todos los días, pero sólo se reía junto a los cadetes mayores y decía, "así son los chamacos", como había dicho Hans la noche que vi a la rana gigante y monstruosa.

Cuando terminé mi primer año en la Academia, mi papá me llevó a Johnson's Sporting Goods, una tienda en el centro de Oceanside, y el señor Johnson inmediatamente sacó la Smith & Wesson calibre .22 que me había prometido. ¡Dios! La sensación y el balance de ese revólver eran mágicos. No se trataba de ninguna baratija, sino de un revólver de alta calidad y precisión. ¡Me creía lo máximo! Mi papá me dio una pistolera y un cinturón para las balas como los del Viejo Oeste para que pudiera practicar tiro y me enseñó un juego que consistía en ver quién sacaba la pistola y disparaba primero.

Al final de ese verano ya era tan veloz como un rayo y tenía mucha puntería. Decidí que mataría a Moses frente a frente y a mediodía, en la calle principal de Carlsbad, como en el Viejo Oeste. No me limitaría a volarlo en pedazos. No, quería que me viera avanzar hacia él por la calle principal, mientras le explicaba por qué lo iba a matar.

"Eres un maestro malo," le diría. "Un maestro cruel, al que le gusta enseñarles a los estudiantes a ser rudos. Es por eso que te voy a matar."

Sacaría mi revólver con rapidez, le dispararía en la panza y luego en cada pierna, para que viviera y pudiera sufrir y entender por qué se iba a morir: yo había disparado más de quinientas veces ese verano imaginándome que mataba a Moses con disparos certeros y maravillosos.

Dejé de escuchar el zumbido ni el ronroneo detrás de mis oídos. Pero no importaba, pues ¡comencé a escuchar el sonido de los disparos en mis oídos! ¡La sensación era SENCILLAMENTE FANTÁSTICA!

Una vez, durante mi segundo año en la Academia, algunos de mis compañeros de octavo estaban levantando pesas detrás de una caseta del jardín. Eran muy pocos los que podían levantar cien libras sin que les temblaran los brazos. Wallrick, Altomar y unos pocos más levantaban ciento veinte libras, pues eran bastante fuertes. Me dijeron que lo intentara. Yo no era capaz de levantar ni cien libras. Todos se rieron y me dijeron que más me valdría entrenar muy duro ese año, porque las cosas iban a ser muy difíciles con los chavos grandes cuando empezáramos la secundaria. Estas palabras me golpearon como una tonelada de adobes. Comprendí que tenían razón. No me bastaba con ser bueno con las armas. Tenía que adquirir fortaleza física, así como lo había hecho cuando estaba en tercero, antes de que me prohibieran jugar con mis compañeros en el descanso. Me esforcé mucho haciendo lagartijas y otros ejercicios que nos mandaban.

Entró un maestro nuevo a la escuela. Era alto, tenía un modo de andar semejante al de un caballo de raza Tennessee Walker y me recordaba al maestro suplente que habíamos tenido el año anterior. Se llamaba Brookheart y a mí me parecía un nombre bonito, como un corazón al lado de un arroyo. Al final del año me puso una *B* por equivocación. Fui a decirle que necesitaba hablar a solas con él y me respondió que lo buscara después de clases.

"Señor," le dije. Era un capitán, como Moses. "Cometió un error con mi nota."

"¿Te parece?"

"Sí," dije. "He examinado todos mis trabajos anteriores. Debí sacar *D* en vez de *B*."

"¿Quieres decir que te estás quejando porque te puse una *B* en lugar de una *D*?"

Cerré mis ojos para concentrarme. "No señor... yo... no me estoy quejando. Estoy tratando de decirle la verdad para que no se meta en problemas."

Él me miró. "¿Te preocupa mi bienestar?"

Me encogí de hombros, pues no sabía lo que quería decir la palabra "bienestar." "Lo único que sé es que usted me cae bien, que lo respeto y que..." Poco me faltó para estallar en llanto, pero me contuve. Por primera vez en varios años sentí de nuevo el zumbido detrás de mis oídos, extendiéndose por mi cabeza hasta el oído derecho. Inmediatamente supe que Papito Dios estaba otra vez conmigo, masajeándome de nuevo.

"Mira," me dijo. "No me voy a meter en problemas. Nadie examina mis calificaciones, especialmente si se trata de *Bes* o de *Ces*."

"¿Por qué no?" pregunté casi sin darme cuenta.

Rápidamente agaché la cabeza en caso de que me golpeara. Si había aprendido algo en la escuela, era que no debía hacer preguntas sin antes estar preparado para que me golpearan o me gritaran.

Sin embargo, él no me golpeó. Se sentó sobre su escritorio, tal como lo había hecho el señor Swift durante los tres días que estuvo en la Academia, y me miró con una amabilidad bastante escasa en un maestro, pero muy común en perros, gatos, caballos, cabras y a veces hasta en vacas y puercos. "Porque las directivas y los padres de familia quieren ver *Aes* y *Bes*," me dijo.

"¿Y no les importa si son o no de verdad?"

Se rió. "Realmente no." Y luego me dijo, "Mira, yo sé que Moses tiene algo contigo, pero quiero que entiendas que no se trata de nada personal. Lo que sucede es que él no pudo pasar de cabo en el Ejército —al igual que Hitler—y por eso es que los dos tienen una mentalidad tan reducida."

Lo miré completamente asombrado. No tenía la menor idea que alguien supiera que Moses se había ensañado conmigo.

"¿Entiendes lo que te estoy diciendo?"

"No del todo, señor."

"Está bien. Pero recuerda que lo más probable es que esta Academia no sea para ti. Casi todos los que estudian aquí son chicos ricos y malcriados que no han tenido una buena educación en casa. Me han dicho que tienes un verdadero hogar. Sacaste *B*, y no le hagas caso a Moses: da lástima."

Yo tampoco sabía qué significaba la palabra "lástima", pero me sentí muy bien de haber sacado una *B* y de que Brookheart estuviera libre de problemas. Sin embargo, creía que no me merecía esa *B*.

"¿Algo más?"

"Señor, no me merezco esa *B*."

"Claro que sí," me dijo. "¡Te la mereces por tener la honradez de decirme la verdad; eso no es nada común! ¡Bueno, ya basta! Si sigues reclamando te pondré una *A*."

Me fui tan rápidamente como pude y me sentí a diez pies de altura. Antes de salir a vacaciones de verano me enteré que el capitán Brookheart había sido mayor o coronel en el Ejército y que le habían pedido que dijera que su rango era inferior para que los instructores de la Academia no se sintieran mal, especialmente el director, quien decía ser coronel pero que ni siquiera había estado en el Ejército.

Más tarde descubrí que casi todos los militares de la Academia tenían rangos y títulos falsos. Esto me dejó sin saber qué pensar. Me pregunté si lo mismo sería cierto en el caso de las monjas, los sacerdotes y los maestros de las escuelas públicas. ¿Serían maestros capacitados y calificados que sabían su oficio? Era muy probable que no, y quizá por eso fueran tan rudos y desconocedores del sistema educativo. Lo cierto es que ni siquiera tenían intenciones de educarnos; sólo querían entrenarnos, y por eso necesitaban "rompernos" primero, despojarnos de nuestros espíritus, agallas y alma para que pudieran rehacernos a su propia imagen: rudos, temerosos y confundidos. Me dio mucha alegría haber sido lo suficientemente estúpido y no haber aprendido a leer: era gracias a esto que no me habían podido enseñar toda su caca.

No, sabía que yo no era muy inteligente, pero comencé a creer que tal vez fuera una especie de genio *crazy*-loco, un burro genio, porque haber podido conservar mi Espíritu durante tanto tiempo tenía que ser sinónimo de algo.

CAPÍTULO **veintiuno**

Ese verano fui con mi papá a un rancho muy grande en el valle de San Luis Rey. Una parte daba a un lado del pequeño aeropuerto situado al sur de un río. El lugar era muy hermoso, lleno de colinas y valles. Había muchos venados salvajes, caracoles, codornices, zorrillos, gatos monteses y hasta pumas. Limitaba al norte con Camp Pendleton por espacio de una milla. Mi papá me preguntó qué tal me parecía el lugar. Le respondí que me encantaba, y me dijo que a él también, que en realidad le recordaba un poco a su casa en Los Altos de Jalisco. Mi papá terminó comprando ese enorme terreno. Yo aprendí a conducir un tractor Caterpillar, sembramos cientos de acres de heno y lo apilamos. Trabajaba desde el amanecer hasta el anochecer con nuestros trabajadores que eran mexicanos. Trabajaba tanto que por las noches soñaba que apilaba heno, cargaba camiones, descargaba su contenido y lo llevaba a nuestros graneros. Yo no tenía licencia de conducción, pero conducía camiones y tractores. Este fue el verano en que conocí a John Folting, a Terry Watson, a Ted Bourland, a Little Richard, a Bill Coe y a Eddie O'Neil. Casi no volví a platicar con Nick Rorick. Todos ellos vivían en South Oceanside y fueron los primeros amigos que tuve, además de Nick Rorick, Jimmy Tucker y su primo Michael.

Iba en el autobús de la escuela el primer día después de las vacaciones y me levanté de mi silla cuando vi subir a Workson, el chavo que llevaba dos años golpeándome en la cabeza con su anillo.

"¡Estoy listo!" le dije.

"¿Listo para qué?" me dijo sorprendido.

Me llevaba una cabeza de altura, pero me importó un carajo. Había llegado la hora. "Llevas dos años diciéndome que me las vería contigo cuando entrara a secundaria. Aquí estoy, ya entré a secundaria. Así que ven ¡Estoy listo! ¡A VER SI TE ME ACERCAS!"

El corazón me latía a un millón por hora, pero sabía lo que hacía. Tenía un plan. Yo era bajito y él era alto, así que pensaba darle en los huevos para que se agachara, luego lo agarraría del pelo, le mordería su narizota y se la arrancaría así como había visto a un animal arrancarles las pelotas a nuestras cabras y ovejas.

Sin embargo, lo que hizo Workson me sorprendió por completo. Comenzó a reírse y yo no estaba preparado para eso.

"¡Aléjate de mí!" me dijo retrocediendo. "¡Estás loco!"

El corazón comenzó a latirme con fuerza.

¡GRITÉ! ¡BRAMÉ! Comencé a darles patadas a las sillas del autobús y el conductor se detuvo, pero esa vez no se rió ni dijo que así éramos los chamacos. Quería saber qué estaba pasando. Yo no podía hablar ni explicarle nada. Finalmente, Workson dijo que todo estaba bien, que yo sólo estaba confundido y que no sabía aceptar una broma.

¡Exploté de la rabia! "¡NO ES NINGUNA BROMA que lleve dos años haciéndome sangrar la cabeza todos los días!" grité.

El conductor me dijo que me calmara y me controlara porque de lo contrario me reportaría.

"¡REPÓRTAME!" le grité. "¡Qué absurdo! Pero eso sí, no te has preocupado durante todos estos años que haya pasado golpeándonos a los chamacos más pequeños, ¿verdad? ¡También te voy REPORTAR, CABRÓN!" le grité.

"Está bien, no te reportaré," dijo el conductor. Tenía miedo, podía verlo en sus ojos. Mi ataque sorpresivo había surtido efecto. "Siéntate por favor. Creo que ya te desahogaste," me dijo el conductor.

Me senté y comencé a llorar lágrimas de coraje, no de miedo. Tenía mi revólver calibre .22 Smith & Wesson en la bolsa de la escuela. ¡Le hubiera dado un puñete, mordido, disparado y matado! Pero se había reído y retrocedido. ¡Me tuvo miedo y había esquivado mi trampa mortal!

Bueno, por lo menos yo ya estaba listo para confrontar a Moses. ¡Iba a MATARLO hoy, hoy, HOY! Para eso había llevado mi revólver: para matar a Moses en público, cara a cara.

Pero sucedió algo extraño. Ese día después de clases, varios cadetes volvieron a levantar pesas detrás de la caseta del jardín. Eran muy grandes y estaban en secundaria, pero la mayoría no eran capaces de levantar cien libras arriba de la cabeza sin doblar un poco las rodillas y luego lanzar las pesas hacia delante. Sin embargo, había muchos que podían hacerlo. Me dijeron que lo intentara y les dije que no, porque no era capaz de levantar ni cien libras.

Pero ellos me insistieron y terminé por aceptar. Respiré profundo varias veces, me agaché para agarrar la barra de las pesas, creyendo que eran tan pesadas que no podría levantarlas del suelo, pero para mi sorpresa, levanté la barra y las pesas por encima de mi cabeza sin ningún esfuerzo.

Le pusieron más peso y logré levantar ciento treinta libras sin doblar las rodillas. Dios mío, apenas había comenzado la secundaria y ya era uno de los estudiantes más fuertes de toda la Academia.

Un cadete me sugirió que debería tratar de entrar al equipo de lucha. Yo no sabía que en la Academia había uno, pero fui a inscribirme de inmediato porque me encantaba.

En la oficina, un estudiante de último año que estaba en el equipo me dijo que no había cupo. No entendí. Me explicó que la lucha estaba clasificada según el peso, y que yo no tenía probabilidades de formar parte del equipo porque había luchadores muy buenos en todas las categorías. Le dije que entendía, pero que de todos modos quería entrenar, que a mí no me importaba si era miembro del equipo o no. Pero él se resistió y me respondió que le habían dicho que yo era fuerte, pero que veía que también era muy pesado como para moverme con rapidez. Me pregunté si no quería que yo fuera parte del equipo por lo que había acabado de decir o porque era mexicano. Él no me conocía, chingaos. Toda mi vida había luchado con novillos, cabras y puercos. Era más rápido que un rayo.

"Quiero entrenar con ustedes," le dije.

"Está bien," replicó. "Aceptamos carne de sobra para practicar con ella."

¡Se me quiso salir el corazón! No había sido muy listo al decirme eso, pues yo estaba decidido a romperle el trasero. "¡Ven Dios mío, dame la oportunidad!" Podía escuchar a mi papá recordando las palabras de su mamá cuando las cosas se ponían difíciles. "¡Es nuestra oportunidad para mover MONTAÑAS!"

Al cabo de una semana derroté a ese chavo que llevaba dos años en el equipo y me había llamado "carne de sobra." Comencé a correr mucho, perdí quince libras, hice parte del equipo universitario—no del júnior—y gané nueve de los doce combates contra juniors y seniors, aunque apenas estaba en primer año de secundaria.

Le dediqué tanto tiempo y energía que me olvidé por completo de matar a Moses. ¡ME ENCANTABA LA LUCHA! Y además, conseguí nuevos amigos: Juan Limberopulos, de Guadalajara, México; Mick McLeans, de North Hollywood; Hawkins, nuestro capitán, de Reno y Fred Gunther, de Temecula, al este de Oceanside.

Nuestros entrenadores eran dos *marines* de Camp Pendleton ¡Eran fantásticos! Uno de ellos casi alcanza a ser parte de la selección para los Juegos Olímpicos. Nos enseñaron que lo más importante era el sentido del equilibrio, y que luego estaban la velocidad, la destreza, la resistencia, y por último la fuerza. Entrené con todo mi corazón y mi alma, así como lo había hecho en tercer grado con las canicas, y con los rifles y las pistolas durante los últimos años.

Para la época en que terminó la temporada de lucha me sentía muy bien, pero Moses comenzó a ridiculizarme de nuevo y a hacer que todos se rieran de mí. Ese día sorprendieron a un cadete con una revista *Playboy* debajo del libro escolar. Moses le arrebató la revista, y luego nos mostró a todos lo que estaba viendo el cadete: una foto de una mujer desnuda con unos pechos enormes.

Moses se paseó por todo el salón y nos preguntó qué representaba esa foto para nosotros. Muchos sentimos tanta vergüenza que no quisimos ni ver la foto ni responder la pregunta. Él nos insistió y algunos cadetes dijeron que sexo, y otros que Marilyn Monroe. Cuando llegó donde estaba yo, meneé la cabeza y permanecí callado, pero a él le dio tanta furia que me sacudió la revista en la cara.

"¿Qué te recuerda esto?" me preguntó en tono imperativo y hundiéndome la revista en mis ojos. "¿O es que acaso eres uno de esos?"

"¿De cuáles esos?"

"De esos," dijo mirando con malicia al resto de la clase. "¡Vamos, habla!"

"Me recuerda a una vaca que ha acabado de parir a una ternera," dije finalmente al ver aquellos pechos descomunales. "O a una perra o puerca que acaba de tener una camada."

La explosión de risas en todo el salón fue impresionante, pero la más fuerte fue la suya.

"Ni siquiera es de los otros. ¡Prefiere a los puercos y a los perros!"

La risa se hizo interminable, Moses les había dado a todos mis compañeros licencia para burlarse de mí. Y cuando algunos dijeron que la foto les recordaba a Marilyn Monroe, no supe de quién estaban hablando, y entonces dijeron que tal vez yo era uno de los otros.

Me levanté para irme del salón. Ya no soportaba más. Quería irme a casa, agarrar mi revólver, regresar a la Academia y matar a Moses, quien me gritó que no podía irme del salón. Me reí. ¿Es que acaso no entendía? Salí del salón y corrí hacia la playa con la esperanza de llegar a Cassidy Street y luego a casa.

Estaba en muy buenas condiciones y nadie podría alcanzarme si lograba obtener una ventaja. Muchos cadetes de la Academia eran más rápidos, como por ejemplo Mick McLeans, que estaba en el equipo de lucha, pero muy pocos tenían tanta resistencia como yo. Quería llegar a casa, cambiarme de ropa, agarrar mi revólver, echarlo en mi bolsa, regresar a la Academia, buscar a Moses, dirigirme hacia él y decirle, "capitán Moses, necesito mostrarle algo." Abriría entonces mi bolsa, sacaría mi revólver y le pegaría dos tiros en la panza. ¡Y cuando estuviera tendido en el suelo desangrándose, le explicaría por qué tenían que morir él y su mentalidad de matón!

Nadie se interpondría en mi camino, pues yo tendría un arma cargada en mis manos. Además, a una parte de mí ya no le importaba un carajo si me agarraban o no. Mi objetivo no sólo era matar a Moses y a todos los maestros que habían abusado de mí, sino que todo el mundo supiera por qué.

Por lo tanto, no podía ser un ataque sorpresa. Tenía que ser un acto frío y premeditado, bien planeado de principio a fin, así como también lo había sido el habernos torturado a los estudiantes mexicanos desde *kínder*, para que fuéramos una gente con la cabeza siempre sometida a la autoridad, creyendo que éramos inferiores e inútiles. Comprendí que era así como se esclavizaba a las personas. Eso no ocurría por el simple hecho de traer personas encadenadas desde África. No, los convencían que eran inferiores, que no habían evolucionado y que eran infrahumanos. Después les quitaban los grilletes para que trabajaran, pero seguían esclavizados y con grilletes mentales durante varios siglos. ¡Y muchos maestros anglosajones estaban de acuerdo con este sistema de enseñanza, porque al convencernos a nosotros los mexicanos y a los negros de que éramos infrahumanos, también se habían convencido a sí mismos de ser superiores!

Llegué a casa sudando a chorros, pues había corrido todo el camino, es decir, unas cuatro millas. Me quité el uniforme, me puse mis Levi's, mis botas y mi camisa de vaquero. Me puse mi sombrero de vaquero, agarré mi revólver y mi pistolera, fui al establo para practicar tiro, ¡y vaya si fui veloz como un rayo y tuve una puntería de poca madre!

Entré por mi cuchillo de caza que era sumamente afilado y con el que le sacaría las vísceras a Moses, después de dispararle dos veces en la panza para que no pudieran salvarle la vida en ningún hospital. Quería asegurarme que tuviera una muerte lenta y dolorosa. Luego iría—antes de que llegara la policía—a liquidar a la maestra del patio y me le orinaría en su cara mientras se debatía entre la vida y la muerte y le diría, "¡Inglés no, cabrona! ¡Sólo español!" Después, si no me habían capturado aún, iría a la Misión de San Luis Rey a buscar al sacerdote que me había torturado.

Yo ya tenía dieciséis años, estaba al tope de mi forma y tenía brazos de acero. Podía hacer cien lagartijas con ambos brazos o cuarenta y cinco con uno solo. Era un tirador infalible. Las dos últimas temporadas de caza había ido a cazar ciervos a Meeker, Colorado, con mi papá y con los Thills. El último año había disparado tan bien con mi nuevo rifle Winchester 30/06 modelo 70, que fui yo quien cazó la mayoría de los animales, pues lo único que hicieron la mayoría de los otros cazadores fue beber, jugar cartas y huir de sus esposas.

El último año había matado seis ciervos enormes. Tenía una puntería excelente bien fuera con el rifle o con la pistola. Iba a liquidar a Moses con una pistola calibre .22. Utilizaría balas de puntas huecas, que partiría con mi cuchillo por la mitad para que se expandieran más rápido aún, cuando le diera un tiro en la panza desde cerca.

Estaba sacando mi cuchillo de caza y la munición del armario, cuando escuché a mis papás discutir acaloradamente. Hacía mucho tiempo que no los escuchaba gritar de ese modo. Solté la pistola, el rifle y el cuchillo, y fui a ver a qué se debía el escándalo. Mis dos hermanas estaban con mis papás, escuchándolos discutir.

"¿Qué está pasando?" le pregunté a Linda.

"El doctor Hoskins está agonizando y Papá quiere que Mamá lo acompañe a visitarlo.

"¿Por qué?" le pregunté. El corazón comenzó a latirme con fuerza.

"Nuestro hermano Joseph murió por su culpa."

Mi hermana se encogió de hombros. "Sí ya lo sé."

"Lupe, por favor," dijo Papá. "Han pasado varios años desde la muerte de *Chavaboy*, pero la vida sigue. Todos tenemos que aprender a perdonar."

"¡PUEDE QUE TÚ SÍ! ¡Pero yo no! Todavía siento una herida en el corazón. ¡Joseph apenas tenía dieciséis años! Tenía toda una vida por delante, cuando ese médico inútil y borracho..."

"Lupe, Lupe, por favor," dijo Papá. "Ya está agonizando y el artículo que salió en el periódico debió haberle partido el corazón. Necesitamos descubrir la compasión en nuestros corazones y perdonarlo, Lupe."

"¡NO! ¡NUNCA!" gritó Mamá. "¡Por mí que SE QUEME EN EL INFIERNO!"

El periódico local había publicado el día anterior un artículo en el que se decía que el doctor Hoskins había sido sorprendido trabajando borracho en el hospital y que también se rumoraba que decenas de pacientes habían muerto debido a su incompetencia.

"Lupe," dijo Papá, "No sólo se trata de perdonarle. También es una oportunidad para que expulsemos toda esta rabia que hemos sentido en nuestros corazones todos estos años."

"Pero, ¿cómo te atreves a decirme eso, Salvador? ¡Si durante todos estos años no he tenido nada más que amor en mi corazón por nuestro hijo fallecido!"

"Sí, pero ¿qué has tenido por los vivos?" dijo Papá, y luego añadió, "Dime Lupe, ¿cómo podemos esperar que Dios nos perdone si no somos capaces de perdonar a los demás?"

"¡PERO YO NUNCA HE COMETIDO SEMEJANTE PECADO como el que cometió ese monstruo con nuestro hijo! Tal vez tú que has hecho tantas cosas malas en la vida puedas encontrar la compasión, ¡PERO YO NO!" gritó.

Me quedé asombrado. Era como si Mamá hubiera cambiado, pues siempre había sido tan compasiva con todas las personas, y también tan delicada. Pero por otra parte, estaba plenamente de acuerdo con ella.

Papá cerró los ojos para pensar. "Lupe," dijo con una voz muy suave y pausada, "Jesús, de quien dicen que estaba libre de pecado, encontró en Su corazón el perdón para los que lo crucificaron. El objetivo del perdón no es ayudar a la otra persona, sino ayudarnos a encontrar la paz en nuestros corazones. Iré a ver al doctor Hoskins, y si quieres, puedes venir conmigo."

"¡NO, SALVADOR!" gritó mi mamá. "¡Te prohíbo que lo hagas! ¡ESO JAMÁS! ¡POR FIN TENDRÁ LO QUE SE MERECE! ¡Que sufra como yo he sufrido todos estos años! ¡OJALÁ SE QUEME EN EL INFIERNO!"

Yo estaba totalmente de acuerdo con mi mamá. ¡Que cayeran las cartas donde tenían que caer! Que ese hijo de la chingada sufriera como yo iba a hacer sufrir a Moses cuando fuera a buscarlo a la Academia. Era evidente que mi papá veía las cosas de una forma muy diferente. Tomó su sombrero Stetson y salió sin decir una sola palabra.

Mi hermana Linda corrió tras él. Desde hacía mucho tiempo lo seguía a todas partes y trataba de comportarse como él. Cuando tenía tres o cuatro años, montaba en su triciclo alrededor de la fuente de la entrada hasta que papá se quedaba dormido. Ella le quitaba el puro y lo fumaba como él, mientras seguía dando vueltas alrededor de la fuente y les hablaba a los peces.

Me quedé con mi mamá y con mi hermanita Teresita.

"¡Maldito sea tu papá!" dijo llorando Mamá. "¿Por qué me habla así, tratando de hacerme parecer como una persona mala delante de ustedes? ¡Por fin Hoskins va a recibir lo que se merece! ¿No te das cuenta, mijo?" me dijo. "No soy una mala persona. Lo que pasa es que no puedo perdonarle aquí en mi corazón, eso sería falso de mi parte."

"Sí," dije. "Te entiendo, Mamá, pero... bueno, tal vez Papá tenga razón. Todos necesitamos perdonar. Yo sé que a Joseph no le hubiera gustado verte sufrir por él todos estos años. De hecho, la última vez que estuve con él me dijo que lo que necesitábamos aquí en el mundo no era más...

"¡TÚ NO SABES LO QUE ES SER UNA MADRE!" me gritó Mamá llena de ira.

Me di vuelta para retirarme. Había escuchado eso muchas veces.

"¿Adónde vas?" me preguntó. Seguí caminando. "Te estoy hablando," me gritó.

Me detuve y respiré profundo. "Mamá," dije, mirándola a lo ojos. "Ya no quiero escuchar que me digas que no sé algo por no ser una mujer o una madre." El corazón me latía con fuerza. "Eso no está bien. Si de veras piensas que no puedo sentir algo, no me lo digas entonces. A veces creo que a ti te gusta sufrir para no tener que..."

Dejé de hablar. ¿Sería que yo también estaba haciendo lo mismo, es decir, valiéndome de mi rabia para no tener que hacerme cargo de mi propia vida? Respiré profundo, me quedé callado y me di vuelta de nuevo.

"¿Adónde vas?"

"No sé," dije. "Tal vez me vaya con Papá."

"¡POR FAVOR, MIJITO, NO HAGAS ESO! ¡TE LO RUEGO!"

"¡Yo te amo, Mamá!" le dije. "Pero también... bueno, tengo que ver con mis propios ojos qué es lo que hace Papá, porque... es posible que yo también me sienta mucho mejor si me libero de todo este coraje que tengo acumulado, Mamá."

La claridad de las palabras que me salieron de la boca me dejó asombrado. Nunca antes había tenido esa clase de pensamientos. ¿De dónde provenían esas palabras, y con semejante claridad? Y en ese momento volví a sentir aquel pequeño zumbido detrás de mi oído izquierdo; no lo sentía desde hacía mucho tiempo.

Salí de mi casa, y mi hermanita Teresita se quedó con mamá. Sentí pena de Teresita. Tuve la seguridad de que mi mamá no tardaría en hacerla llorar y rezar. Saqué mis armas y mi cuchillo, una caja de munición, salí y me subí a mi nueva camioneta Chevy color turquesa que mi papá me regaló al cumplir dieciséis años, y salí por el camino de entrada.

Llegué a California Street y me detuve. No sabía qué camino tomar. ¿Debería subir y ver qué estaba haciendo mi papá, o más bien debería doblar a la derecha, atravesar California Street, luego tomar Hill Street en dirección sur hacia la Academia y matar a Moses?

Puse mi pie en el acelerador y decidí doblar a la izquierda, aunque... me era mucho más fácil ir a matar a Moses. Pero en lugar de ello subí la colina hacia la casa del doctor Hoskins. Creí que Moses aún estaría en la Academia y pensé en matarlo después de ver a mi papá.

Al llegar a la casa del doctor Hoskins, vi el coche de nuestra casa estacionado al lado izquierdo del ruedo. El doctor Hoskins no montaba a caballo al estilo Oeste, sino que practicaba equitación o algún deporte británico. Estacioné mi Chevy turquesa al lado del Cadillac azul de mi papá y me bajé. Mi papá y Linda estaban hablando con el doctor Hoskins adentro del ruedo, y lo hacían con tanta suavidad como si estuvieran montando a caballo. Escuché que hablaban de sillas y bridas y de la mejor manera de mantener el cuero suave y limpio. Platicaban como viejos amigos y el doctor parecía estar muy agradecido de que mi papá lo hubiera ido a visitar.

No hablaron una sola palabra sobre mi hermano, ni tampoco acerca del artículo del periódico. Mi papá me presentó al médico, a quien toda mi vida había conocido como al monstruo.

El doctor Hoskins se quitó sus guantes, me tendió la mano y vi que sólo era un hombre viejo y cansado, que parecía estar muy cerca de la muerte.

Vacilé. Miré a mi papá, quien me asintió, pero sin embargo, me costó mucho esfuerzo darle la mano al doctor. Nos saludamos, yo retiré rápidamente mi mano y los escuché platicar. Recordé lo que me había dicho mi hermano Joseph el último día que estuvimos juntos. Me había dicho que lo que necesitábamos en la Tierra no era poder ni dinero ni nuevos inventos. No, lo que realmente necesitaba el mundo era bastante simple: paciencia, amor, compasión, perdón y entendimiento.

Una vez recordé esto, miré a mi papá y vi que estaba haciendo exactamente eso. Y no es que estuviera fingiendo. Mi papá realmente estaba perdonando a este hombre desde adentro de su corazón mientras conversaba con él. No pude explicarme por nada del mundo cómo era que mi papá podía hacer esto. Chingaos, si yo estaba listo para irme a la Academia después de esta visita para liquidar a Moses.

¡Yo quería VENGANZA! ¡Quería JUSTICIA! después de tantos años, al igual que mi mamá, ¡QUERÍA QUE MOSES SE QUEMARA EN EL INFIERNO POR TODA LA ETERNIDAD!

Y no obstante, mientras veía a mi papá que era todo un hijo de la Revolución Mexicana, un hombre que había entrado y salido tantas veces del infierno en su vida, con más odio y venganza en su corazón que diez hombres juntos, me di cuenta que estaba despojándose de todo eso mientras platicaba con el doctor.

Luego vi con mucha nitidez que mi papá estaba "perdonando" a este hombre, así como Jesús había perdonado a aquellos hombres en la cruz porque no sabían lo que hacían.

El corazón comenzó a latirme. ¡No, no, no, yo no podría CONVIVIR con eso nunca, nunca jamás! Tenía que matar a Moses y a los otros para poder vivir.

Y entonces la verdad me asaltó. ¿Cómo rayos esperaba vivir después de matar a Moses y a las demás personas? La policía vendría por mí, y no; no los mataría porque yo no tenía ninguna enemistad con la policía de Oceanside. De hecho, tres policías eran amigos nuestros. Si lo hacía, me arrestarían, me enviarían a prisión, mis padres perderían a otro hijo y se quedarían así sin sus dos hijos varones.

Así que tal vez matar no era la respuesta. Tal vez había otra forma para que el mundo supiera de los abusos que yo había sufrido y que aún sufrían tantos mexicanos.

El corazón se me quería salir. "¡Bueno, entonces podría ser!" Me dije para mis adentros, que mi papá hubiera tenido la razón cuando le dijo a Mamá, "Sí, has tenido amor para Joseph, pero, ¿qué amor has tenido para los vivos?" Porque era cierto, desde la muerte de mi hermano, Mamá había reservado su amor especialmente para las personas fallecidas. ¿Y yo qué? ¿Qué estaba haciendo?

Respiré profundo mientras mi papá seguía escuchando al doctor hablar de bridas y sillas con gran amabilidad, paciencia, compasión, y sí, también con perdón. Y me di cuenta que eso no lo hacía parecer débil. No, justamente lo contrario. Lo hacía parecer tan fuerte y sano como si fuera veinte años más joven que el doctor y sin embargo, estoy seguro que tenían casi la misma edad.

Se me humedecieron los ojos. El doctor se veía tan agradecido por esta oportunidad de "perdonarle", que parecía como si fuera a salirse de su piel para abrazar y besar a mi papá por haberlo visitarlo. Respiré una vez más y me pregunté si yo sería capaz de hacer lo que estaba haciendo mi papá, o si al igual que mi mamá, siempre sentiría tanta rabia aquí en el corazón que nunca sería capaz de perdonar.

Me di vuelta. Ya estaba bueno. Me despedí y me subí a mi camioneta. Necesitaba ir rápidamente a la Academia y matar a Moses antes de perder el impulso.

¡A fin de cuentas yo era duro! ¡Era un luchador! ¡Había matado a muchos animales! ¡Ya no era ningún cobarde! Pero pensé que a pesar de todo lo que yo hubiera padecido, mi papá había pasado por cosas mil veces peores, y sin embargo, él había descubierto en su corazón la forma de perdonar a este monstruo que había matado a su hijo.

"Joseph," dije mientras iba por California Street y doblaba a la izquierda por Hill para ir a Carlsbad a matar a Moses, "ayúdame. No sé qué hacer. Yo tenía todo muy claro antes de ver a mi papá platicando con el doctor Hoskins con tanta paz en su corazón."

Inmediatamente sentí el ronroneo detrás de mi oído izquierdo. Había pedido ayuda y ahí estaba de nuevo el viejo zumbido, el viejo ronroneo detrás de mi oído izquierdo extendiéndose a mi oído derecho. Luego escuché esa pequeña Voz interior decirme claramente— sin ninguna ambigüedad en absoluto—que doblara a la derecha por Cassidy Street y me fuera a la playa.

No supe muy bien por qué, pero confié en esa pequeña Voz interior, le hice caso y doblé por Cassidy Street. Crucé el puente del tren y me dirigí a la playa. La Voz me dijo que doblara a la derecha por Pacific y que fuera a Buccaneer Beach. Hice lo que me dijo. Más adelante, cuando llegué a la cima de la primera colina, un poco después de Buccaneer, supe que debía estacionar y bajarme de mi Chevy. Me bajé y dejé las armas en la camioneta, atravesé la calle y caminé hacia el acantilado. Y allá, ante mis ojos, saliendo de entre el mar, estaba aquella roca grande y negra.

No iba a ese sitio hacía varios años. Era la marea más baja que había visto en toda mi vida. Bajé rápidamente el acantilado y me dirigí hacia la orilla del mar. En ese entonces había muy pocas casas en la playa y todas estaban al norte o al sur de donde yo me encontraba. Miré a mi alrededor, vi que no había nadie, me desnudé con rapidez y me metí al agua. Estaba fría y agradable.

Caminé un poco y me zambullí cuando vi llegar la primera ola grande. Desde hacía un par de años me había vuelto un buen nadador. ¡El agua estaba deliciosa! Nadé hacia la roca pero me mantuve alejado para evitar que las olas me lanzaran contra ella.

Y entonces vi las aletas. Venían en dirección a mí. Los delfines comenzaron a hacerme sonidos, así como lo habían hecho con el Duque de Medianoche años atrás. Yo les hice unos sonidos bajos y guturales y ellos comenzaron a chirriar.

Me diluí. De un momento a otro, toda la rabia que tenía se disolvió en mi interior y comencé a nadar hacia los delfines. Rechinaron de la felicidad y yo les respondí. Esto era un sueño hecho realidad. Vinieron hacia mí y comenzaron a jugar conmigo. Me reí. ¡Estaba tan feliz! ¡DEMASIADO FELIZ! Comenzamos a platicar como una familia y a cantar canciones una y otra vez. ¡Yo le estaba ayudando a Papito a pintar Su Jardín del Paraíso! Había encontrado mi lugar: ya era libre.

Epílogo

Acerca de mi problema: sólo vine a saber que era disléxico en 1985, cuando mi esposa y yo llevamos a nuestros dos hijos donde un especialista en lectura, porque también tenían dificultades para aprender a leer. A uno de nuestros hijos le diagnosticaron una dislexia leve, y al otro, dislexia moderada. El puntaje iba de 1 a 20, cifra que indicaba una dislexia severa. Nuestros dos hijos estaban entre 8 y 12. Nos dijeron que la dislexia era una palabra muy ambigua y que algunas modalidades eran hereditarias. Decidí someterme a una prueba de dislexia pero me imaginé que no se aplicaría en mi caso, pues a los cuarenta y cinco años, ya sabía leer muy bien.

Hice los exámenes. Cuando una de las trabajadoras regresó con mis resultados, vi que estaba a punto de llorar. Me dijo que mi caso era fuera de serie, que mi dislexia era tan severa que era un milagro que hubiera aprendido a leer, a escribir, e incluso a oír porque yo tenía dislexia visual y auditiva. Lloré. Por fin, alguien había entendido todo el "infierno" por el que tuve que pasar desde niño, cuando había comenzado a entender el lenguaje. Y sin embargo, en otras formas de comunicación como la pintura, la música, las matemáticas, la solución de problemas y el ajedrez, yo había obtenido muy buenos resultados. De hecho, cuando aprendí a jugar ajedrez en secundaria, comencé a jugar con la velocidad de un rayo, veía intuitivamente todas las posibilidades al mismo tiempo y gané más de cien partidas sin perder una sola. Y en varias de ellas derroté a maestros que se consideraban muy buenos ajedrecistas.

¿Qué significaba entonces esto de que la dislexia era una palabra muy ambigua? ¿Era gracias a esto que yo podía sentir aquel zumbido detrás de mis oídos? ¿Era esto lo que a veces me permitía ver cómo el mundo renacía con luces y colores? ¿Era la dislexia un don? ¿Sería que todos habíamos sido "disléxicos" en una época en la que reconocíamos que el Reino de Dios estaba dentro de nosotros y en la que sabíamos cómo sacar al mundo lo que teníamos en nuestro interior?

En el 2003, recibí un e-mail que creía haberme dado una pequeña parte de la respuesta:

> De aceudro a uan ivnestigiacón de uan uinvresidad ignlesa, no ipmotra en que odren etsén las palarbas, lo úinco impotratne es que la primrea y la útlima lerta etsén en el luagr corretco. El retso peude ser un coas y pordás leer sin porlbemas. Etso se debe a que no leeoms cada palarba por sepradado sino como un todo y el cererbo se ecnarga de descifarlo.

¿Sería que estábamos reprimiendo la genialidad de nuestros hijos al alejarlos prematuramente de sus corazones y encasillarlos en los confines estrechos y delimitados del pensamiento lineal? Durante miles de años, se les dijo a las mujeres que se volverían muy emotivas si profundizaban en sus sentimientos. Y a los hombres se les decía que si hacían lo mismo serían unos peleles. Y no obstante, ¿sería que sólo saliéndonos de nuestras "cabezas" y adentrándonos en nuestros "corazones" y "almas" podíamos tener acceso a nuestro Genio Intuitivo, a nuestra Guía Espiritual para conectarnos de nuevo con nuestras Trece Percepciones Sensoriales y naturales?

Sobre "Sólo inglés": Permítanme contarles una historia que sucedió en Houston, Texas, antes de ser un escritor reconocido. Conocí a una joven en la Universidad de Houston. Ella parecía tener sangre negra, blanca e india americana. Era asombrosamente bella y tenía unos ojos verdes e inmensos. Hablaba español. Le pregunté si le gustaban los Estados Unidos y me dijo que no, que tan pronto se graduara regresaría a Panamá. Le pregunté por qué. Me dijo que había tenido un novio durante cuatro años. "Y el otro día me dijo, 'Creo que te amo' y lo dejé tan pronto como pude. Dios mío," añadió ella, "habían pasado cuatro años y seguía pensando en nuestro amor. No puedo estar con personas que siempre están pensando tanto."

Me reí. Entendí perfectamente lo que quería decir, porque uno nunca dice en español "creo que te amo," especialmente después de cuatro años; eso sería un insulto. Más bien, uno diría, "siento que mi amor por ti es tan profundo, que cuando pienso en ti comienzo a temblar y el corazón me late con fuerza." ¿Por qué? Porque el español es un idioma basado en los sentimientos, que proviene en primera instancia del corazón, así como el inglés es un idioma basado en el pensamiento, que proviene en primera instancia del cerebro. Y el yaqui, el navajo y los cincuenta y siete dialectos de Oaxaca son idiomas cambiantes que provienen inicialmente del alma, luego pasan al corazón y por último al cerebro.

Me dijeron que en un dialecto maya de la península de Yucatán, en el sur de México, existen veintiséis formas diferentes para decir "amor," así como también me han dicho que en la lengua esquimal existen veintiséis formas para decir "nieve." Y cuando un hombre o una mujer casados tienen un romance con otra persona, existe una palabra para designar este tipo de amor breve y feliz, así como también existe otra palabra para el tipo de amor largo, armonioso e incondicional que une a la pareja casada sin sentir que han sufrido una traición. De hecho, la traición en el matrimonio no es un concepto que se pueda encontrar en el dialecto maya, porque el amor, con sus fuertes vaivenes y giros inesperados, siempre crece, cambia y se profundiza al ritmo continuo de nuestros corazones y almas eternas.

¿Podría decirse entonces que vivimos en un mundo muy pequeño y limitado porque hablamos un solo idioma? ¿Podría decirse entonces que "solo uno" de algo aprisiona el pensamiento—en términos religiosos, sociales y políticos—y que un solo idioma es el primer síntoma del fin de cualquier nación?

¿Podría decirse también que en la etapa inicial, los niños pueden aprender fácilmente dos o tres idiomas de manera simultánea y por vía oral, por medio de juegos y de historias curativas, expandiendo su capacidad mental mucho más allá de lo que consideramos como normal, y acceder así a la genialidad? ¿Podría decirse que enseñarles a los niños a leer y a escribir antes de que hayan alcanzado la plenitud de sus sueños, juegos y aventuras equivale a reprimirlos para toda la vida? ¿Podría decirse que el futuro de nuestro país, de los Estados Unidos de América, depende de qué tan rápido podamos abandonar los confines estrechos y derechos de "sólo inglés"—que tuvo su lugar durante poco tiempo—y que ingresemos al entendimiento de las comunicaciones para que sea más grande, flexible y global?

Personalmente, tuve que pasar seis meses de mi vida adulta sin hablar antes de poder re-encontrar mi Voz Interior y de ser un escritor. Y durante ese tiempo, pude entender varias cosas muy interesantes. Una de ellas era que tal vez, sólo tal vez, incluso el mismo Jesús, no hubiera aprendido, deliberadamente, a leer ni a escribir hasta después de los doce años y que todo lo que sabía de la Biblia hasta ese entonces se lo habían leído. ¿Por qué? Porque Él no quería atestar su mente de cosas, de tal manera que Su corazón y Su alma se enredaran en las minucias del pensamiento lineal si iba a realizar Su Trabajo Terrestre en una vida tan corta. Créanme, los niños realmente son nuestros últimos mensajeros de Dios, como me decía mi abuela, y cada uno es único y maravillosamente brillante.

Una historia adicional. Unos dos meses después de mi plática en Long Beach, California, en la convención de la CATE, vi a Moses saliendo de la oficina de correos de Carlsbad. Inmediatamente traté de escabullirme, para que no me viera, pero él se dio vuelta y me miró.

"¡Hey!" me dijo, "¿No eres el... el escritor?"

Los periódicos del sur de California y del área de la Bahía de San Francisco habían dicho muchas cosas sobre mí luego de la conferencia de la CATE.

"Sí," le dije. "Yo soy el escritor."

Él sonrió y me miró, como si estuviera tratando de ubicarme. Lucía viejo y cansado, y no era tan grande como yo lo recordaba.

"Fuiste estudiante mío, ¿verdad?"

Yo asentí. "Sí, señor."

"Eso era lo que había pensado," me dijo. Luego dijo algo que nunca olvidaré mientras viva. "Nos divertimos, ¿verdad?" me preguntó.

Me dieron ganas de matarlo. Me imagino que no se acordaba de todas las torturas a las que me sometió. Sonreí. Me reí. Así que yo era el único que recordaba todas las maldades que me había hecho. Sentí deseos de darle un golpe en la boca. Pero, ¿cómo podría ser capaz de hacer algo semejante? Él ya se veía tan viejo, débil e inspiraba tanta lástima, así como Brookheart se había referido a él.

"Sí." Le dije finalmente. "Nos divertimos mucho, señor."

"Eso pensaba," me dijo sonriendo.

También sonreí. ¿Qué otra cosa podía hacer? "Su esposa," dije, "¿Cómo está?"

Su rostro se frunció. "Murió hace varios años," dijo.

"Ah, no lo sabía," le dije. "Siempre me simpatizó. Era una mujer muy decente y con un corazón muy grande."

Sus ojos viejos y arrugados se llenaron de lágrimas. "Ella ha sido lo mejor que me ha sucedido."

Asentí. "Seguro que sí. Adiós," dije.

"Adiós," me dijo. "¡Me alegra verte!" me gritó. "Sigue trabajando así de bien. ¡Todos estamos orgullosos de ti!"

Salí de la oficina de correos, crucé la calle, entré al restaurante que estaba al frente y pedí una cerveza.

"A Ti, Dios," dije brindando, "a Ti y a Tu disparatado sentido del humor." Me tomé la cerveza, me subí a bicicleta y me fui a la playa. Una parte de mí se dio cuenta que yo tenía que agradecerle a Moses, porque gran parte del odio que sentía por él fue lo que me permitió seguir durante todos esos años.

Llegué a la playa, me bajé de la bicicleta y miré el mar. Más allá de los surfistas, el mar estaba calmado. No había olas realmente buenas, no por lo menos para surfear. Respiré y quedé fascinado por el suave movimiento del agua, mientras miraba las grandes olas y la enorme extensión de océano, nuestra madre, el lugar de donde proviene toda la vida.

Dije una pequeña oración por Moses y por su esposa. Luego pensé que su nombre era como el del Moisés de la Biblia. Nunca antes había hecho la relación, a pesar de ser bastante obvia. Comencé a reírme. Ay, Señor Dios mío, realmente había un plan mucho más grande y sublime que nosotros los mortales no podíamos ver. Moses había realizado su trabajo una vez más. Había sido "él" quien me había conducido desde el desierto a la tierra prometida en el interior de mi alma.

Comencé a sentir aquel pequeño ronroneo detrás de mi oído izquierdo, extendiéndose por la base de mi cabeza hasta mi oído derecho. Empecé a ver todo el mundo a mi alrededor renaciendo con luces y colores. Una vez más era otro maravilloso día en el Paraíso.

Gracias.

Agradecimientos

Quisiera agradecer en primer lugar a ustedes los lectores, que han adquirido y leído mis libros durante todos estos años. Sin ustedes yo no tendría un oficio y no habría escrito ningún libro. Gracias de mi familia a todos ustedes y a sus familias. Y gracias especiales a ustedes los lectores que nos han escrito o nos han enviado e-mails, porque aunque no les hayamos respondido a todos, hemos leído y apreciado sus cartas. Un lector de Washington D.C., nos dijo que le había leído *Rain of Gold* a su padre todas las tardes, durante las dos últimas semanas de su vida que pasó en el hospital. Me dijo que más que cualquier otra experiencia, el libro los había vinculado a él y a su padre a través de varias generaciones. Gracias; me dan una lección de humildad, como nos dice una historia tras otra acerca de cómo estos libros de nuestra familia han cobrado vida propia y han validado las historias de las familias de nuestros lectores. ¡Entiendan que realmente son USTEDES QUIENES han validado las sinceras luchas de nuestra *crazy*-loca familia! ¡Los saludo con todo mi corazón!

También quisiera agradecer a René Alegría, mi editor que más ha vivido; bueno, no es que él sea viejo, sino que es el único que ha "vivido" todo este tiempo conmigo. Te quiero, René y te respeto. Y sí, a veces también te odio, pero eso es lo que sucede cuando te vuelves familia, así como Margarita McBride, mi agente de tantos años también es familia y nos ha visto pasar por las duras y las maduras. Gracias a ti, Margret y a tu maravilloso equipo: Donna, Renee, Faye, y Anne. Y gracias a ti, Andrea de Colombia, la asociada de René. Muchas gracias también a Gary Cosay, mi agente cinematográfico, y a Chuck Scott, mi abogado de tantos años, quienes han estado conmigo durante más de treinta años, así como a Mark Hollaran, mi nuevo abogado.

También quiero darle las gracias a mi hermana Linda, que ha dirigido mi oficina para pláticas y conferencias durante varios años. Después de tantos años de discusiones entre hermanos, lo estamos haciendo realmente bien. Gracias también a Jackie, quien maneja mis finanzas, y a Jolyn, quien ha escrito para mí hasta la medianoche, y por último, pero no por ello menos importante, gracias a mi esposa Juanita por conservar la calma incluso cuando salto de la cama a las dos de la mañana, sintiéndome tan lleno del Gran Espíritu de la escritura que no puedo estarme quieto. Gracias, Juanita.

Y ahora le doy las gracias a Dios, a Papito, y a mi hermano Joseph, a mi papá y a mi mamá, quienes ya fallecieron, y a mis Guías Espirituales que me fueron asignados desde que nací. Gracias, mis Angelitos de Luz, y a Isaac Salvador, nuestro primer nieto, cuyo nombre significa "Salvador risueño".